"国家级一流本科课程"配套教材

新形态计算机专业系列规划教材

编译原理

◎ 编 著 王克朝 詹丽丽 姜德迅 刘 琳

大连理工大学出版社
Dalian University of Technology Press

图书在版编目(CIP)数据

编译原理 / 王克朝等编著. -- 大连：大连理工大学出版社，2024.7(2024.7重印)
新形态计算机专业系列规划教材
ISBN 978-7-5685-4800-7

Ⅰ. ①编… Ⅱ. ①王… Ⅲ. ①编译程序－程序设计－教材 Ⅳ. ①TP314

中国国家版本馆 CIP 数据核字(2024)第 010603 号

BIANYI YUANLI

大连理工大学出版社出版

地址：大连市软件园路 80 号　邮政编码：116023
发行：0411-84708842　邮购：0411-84708943　传真：0411-84701466
E-mail:dutp@dutp.cn　URL:https://www.dutp.cn

辽宁虎驰科技传媒有限公司印刷　　　大连理工大学出版社发行

幅面尺寸：185mm×260mm	印张：15.25	字数：352 千字
2024 年 7 月第 1 版		2024 年 7 月第 2 次印刷

责任编辑：孙兴乐　　　　　　　　　　　　　　　责任校对：齐　欣
　　　　　　　　　　封面设计：张　莹

ISBN 978-7-5685-4800-7　　　　　　　　　　　定　价：50.80 元

本书如有印装质量问题，请与我社发行部联系更换。

新形态计算机专业系列规划教材编审委员会

主 任 委 员　李肯立　湖南大学

副主任委员　陈志刚　中南大学

委　　　员　（按姓名拼音排序）

　　　　　　　程　虹　湖北文理学院

　　　　　　　邓晓衡　中南大学

　　　　　　　付仲明　南华大学

　　　　　　　李　莉　东北林业大学

　　　　　　　刘　辉　昆明理工大学

　　　　　　　刘文杰　大连理工大学

　　　　　　　刘永彬　南华大学

　　　　　　　马瑞新　大连理工大学

　　　　　　　潘正军　广州软件学院

彭小宁　怀化学院

钱鹏江　江南大学

屈武江　大连海洋大学

瞿绍军　湖南师范大学

孙玉荣　中南林业科技大学

万亚平　南华大学

王克朝　哈尔滨学院

王智钢　金陵科技学院

阳小华　南华大学

周立前　湖南工业大学

前言 Preface

《编译原理》是新形态计算机专业系列规划教材编审委员会组编的计算机类课程规划教材之一。

为了适应计算机教育迅猛发展的需要,本教材根据编著者多年教授"编译原理"课程的教学经验,在总结历届本科生学习中所遇到的问题的基础上,编写了适合高等学校计算机相关专业教学的《编译原理》,旨在帮助读者正确理解编译原理中的概念和原理,把握重点和难点,进而达到深刻理解程序设计语言的设计及实现原理和技术,真正了解程序设计语言的相关理论,在宏观上把握程序设计语言的目标。

"编译原理"是计算机科学领域的一门重要课程,它涵盖编程语言、词法分析、语法分析、语义分析、代码优化和目标代码生成等多个方面。编译器作为计算机程序语言处理的核心工具,能够将高级语言编写的源代码转化为计算机能够执行的机器代码。因此,学习和掌握编译原理对于读者理解计算机语言处理的全过程,提高软件开发能力和优化程序性能具有重要意义。编译程序的原理和技术在软件工程、逆向工程、软件再工程、语言转换、代码重构、程序优化等领域有着广泛的应用,对于其他计算机相关领域的工作也有着一定的启发和指导作用。

本教材系统介绍了编译程序在设计和实现方面的基本原理、基本方法和实现技术。通过对本教材的学习,读者能够掌握编译系统的结构、工作流程及编译程序各组成部分的设计原理和常用的编译技术与方法,为之后从事软件程序的设计、开发、测试和评价工作打下一定的理论基础,为软件工程领域进行复杂的过程设计和算法实现提供借鉴,同时更是为使用高级程序设计语言进行代码编写的工作者在撰写代码、实现系统的工作中提供理论依据和实际便利。

本教材在编写过程中，力求做到内容丰富、结构清晰、实例生动，帮助读者更好地理解和掌握编译器的设计与实现过程。主要内容包括绪论、文法和语言、词法分析、语法分析、语义分析与中间代码生成、符号表、运行时存储组织与管理、代码优化、目标代码生成等。

本教材响应党的二十大精神，推进教育数字化，建设全民终身学习的学习型社会、学习型大国，及时丰富和更新了数字化微课资源，以二维码形式融合纸质教材，使得教材更具及时性、内容的丰富性和环境的可交互性等特征，使读者学习时更轻松、更有趣味，促进了碎片化学习，提高了学习效果和效率。

本教材是编著者多年来从事编译原理课程教学实践的积累成果。编著者所教授的"编译原理"课程获批"第二批国家级一流本科课程"。

本教材可作为高等学校计算机相关专业本科生的教材和教学参考书，也可作为报考相关专业硕士研究生或全国计算机技术与软件专业技术资格（水平）考试的读者的复习参考书，此外对相关科研和技术人员也有一定参考价值。

本教材由哈尔滨学院王克朝、詹丽丽、姜德迅、刘琳编著。具体编写分工如下：第1章、第4章、第5章由姜德迅负责，第2章、第3章由詹丽丽负责，第6章由刘琳负责，第7章至第9章由王克朝负责。全书由王克朝统稿并定稿。

在编写本教材的过程中，编著者参考、引用和改编了国内外出版物中的相关资料及网络资源，在此表示深深的谢意！相关著作权人看到本教材后，请与出版社联系，出版社将按照相关法律的规定支付稿酬。

希望本教材能够成为读者学习编译原理的良师益友，为读者在计算机科学领域的探索和发展提供有力的支持。同时，编著者也期待与读者一起探讨和交流编译原理的相关问题，共同推动计算机科学领域的发展与进步。

最后，感谢所有为本教材编写付出辛勤努力的工作人员，也感谢读者们的信任和支持。

编著者

2024 年 7 月

所有意见和建议请发往：dutpbk@163.com
欢迎访问高教数字化服务平台：https://www.dutp.cn/hep/
联系电话：0411-84708445　84708462

目录 Contents

第1章 绪 论 ………………………… 1
1.1 程序设计语言与编译程序 …… 1
1.2 编译过程和编译程序的
    基本结构 …………………… 4
1.3 编译程序的设计和实现方式 … 8
1.4 编译程序的配套工具 ………… 9
1.5 编译程序的发展及应用 ……… 11
1.6 本章小结 …………………… 12
习题1 ……………………………… 12

第2章 文法和语言 ……………… 15
2.1 语言的基本概念 …………… 15
2.2 文法和语言的形式定义 …… 17
2.3 短语、直接短语和句柄 …… 24
2.4 语法树和文法的二义性 …… 26
2.5 文法的实用限制和等价变换 … 30
2.6 文法和语言的分类 ………… 33
2.7 本章小结 …………………… 35
习题2 ……………………………… 36

第3章 词法分析 ………………… 41
3.1 词法分析概述 ……………… 41
3.2 正规式与正规集 …………… 43
3.3 正规式与正规文法的转换 … 45
3.4 有穷自动机 ………………… 48
3.5 正规式与有穷自动机的
    等价性 ……………………… 57

3.6 正规文法与有穷自动机的
    等价性 ……………………… 60
3.7 词法分析程序的构造 ……… 63
3.8 词法分析程序的自动生成
    工具LEX …………………… 70
3.9 本章小结 …………………… 75
习题3 ……………………………… 76

第4章 语法分析 ………………… 80
4.1 语法分析概述 ……………… 80
4.2 非确定的自顶向下分析法的
    思想 ………………………… 82
4.3 文法的左递归性和回溯的
    消除 ………………………… 83
4.4 递归下降分析法 …………… 89
4.5 预测分析法 ………………… 90
4.6 自底向上分析法的一般原理 … 94
4.7 LR分析法 ………………… 95
4.8 语法分析程序的自动生成
    工具 ………………………… 121
4.9 本章小结 …………………… 122
习题4 ……………………………… 123

第5章 语义分析与中间代码生成 … 130
5.1 语义分析概述 ……………… 130
5.2 语法制导翻译 ……………… 132
5.3 属性文法 …………………… 136

5.4 几种常见的中间语言………… 140
5.5 递归下降语法制导翻译………… 145
5.6 自底向上语法制导翻译………… 146
5.7 本章小结……………………… 153
习题 5 ……………………………… 153

第 6 章 符号表 ………………… 158
6.1 符号表概述…………………… 158
6.2 符号表的结构与存放………… 161
6.3 符号表的管理………………… 163
6.4 本章小结……………………… 166
习题 6 ……………………………… 166

第 7 章 运行时存储组织与管理 …… 168
7.1 运行时存储组织概述………… 168
7.2 静态存储分配………………… 170
7.3 栈式存储分配………………… 171
7.4 堆式存储分配………………… 172
7.5 活动记录……………………… 173

7.6 本章小结……………………… 180
习题 7 ……………………………… 181

第 8 章 代码优化 ………………… 183
8.1 代码优化概述………………… 183
8.2 局部优化……………………… 184
8.3 循环优化……………………… 194
8.4 本章小结……………………… 200
习题 8 ……………………………… 200

第 9 章 目标代码生成 …………… 204
9.1 目标代码生成概述…………… 204
9.2 简单代码生成器实例………… 207
9.3 代码生成器的自动生成技术 … 209
9.4 本章小结……………………… 209
习题 9 ……………………………… 210

参考文献 …………………………… 211

习题答案 …………………………… 212

第 1 章 绪 论

编译程序是计算机系统中重要的系统软件,是高级语言的支撑基础。本章主要介绍编译程序的基本知识,让读者掌握编译程序中涉及的基本概念,对编译过程有初步的了解。本章主要介绍 5 个方面的内容。

(1) 程序设计语言与编译程序
(2) 编译过程和编译程序的基本结构
(3) 编译程序的设计和实现方式
(4) 编译程序的配套工具
(5) 编译程序的发展及应用

1.1 程序设计语言与编译程序

1.1.1 程序设计语言的翻译程序

语言是人与人之间传递信息的媒介和手段。人与计算机之间的信息交流,需要翻译。每种计算机只懂得自己独特的指令系统,即它只能直接执行用机器语言编写的程序,这对人们来说很不方便,其原因是机器语言对计算机依赖性强、直观性差、编写程序工作量大、程序的结构也欠清晰。因此使用过现代计算机的人们多数都是用接近自然语言的高级程序设计语言来编写程序,但是计算机不能够直接接受和执行用高级语言编写的程序,需要通过一个翻译程序将它翻译成等价的机器语言程序才能执行。

所谓翻译程序是指这样一个程序,它把一种语言(称作源语言)所写的程序(源程序)翻译成与之等价的另一种语言(称作目标语言)的程序(目标程序),其功能如图 1-1 所示。

源程序 → 翻译程序 → 目标程序

图 1-1　翻译程序功能

1.1.2 编译程序和解释程序

如果源语言是高级语言,如 Pascal、C、Ada、Java 语言等,目标语言是诸如汇编语言或机器语言之类的低级语言,那么称这样的翻译程序为编译程序,它所执行的转换工作如图 1-2 所示。

源程序 → 编译程序 → 目标程序
高级语言　　　　　　　汇编语言或
所写程序　　　　　　　机器语言程序

图 1-2　编译程序功能

编译程序是一种翻译程序,它将高级语言所写的源程序翻译成等价的机器语言或汇编语言的目标程序。采用编译方式在计算机上执行用高级语言编写的程序,需分阶段进行,一般分为两大阶段,即编译阶段和运行阶段,如图 1-3 所示。

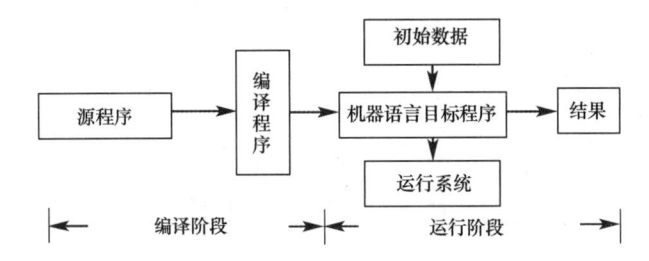

图 1-3　源程序的编译阶段和运行阶段过程

如果编译阶段生成的目标程序不是机器语言程序,而是汇编语言程序,则程序的执行需分 3 个阶段,即编译阶段、汇编阶段和运行阶段,如图 1-4 所示。

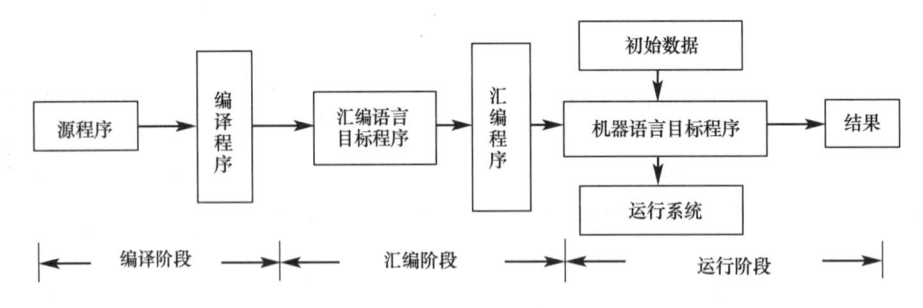

图 1-4　源程序的编译阶段、汇编阶段和运行阶段

用高级语言编写的程序也可通过解释程序来翻译执行。解释程序也是一种翻译程序,它将源程序作为输入,一句一句地翻译并执行,即边解释边执行。它与编译程序的主要区别是在解释程序的执行过程中不产生目标程序,而是按照源语言的定义解释执行源程序本身。本书主要介绍设计和构造编译程序的基本原理和方法。

综上,有关翻译程序、编译程序、解释程序等概念,它们之间的关系和区分可以这样理解。

（1）翻译程序是指这样的一个程序，它能够把某一种语言程序（称为源语言程序或源程序）转换成另一种语言程序（称为目标语言程序或目标程序），而后者与前者在逻辑上是等价的；

（2）从分类上说，翻译程序根据所处理的对象和实现的途径不同又分为汇编程序、编译程序和解释程序。其中，如果源语言是某种汇编语言，而目标语言是某种计算机的机器语言，这样的翻译程序就称为汇编程序；如果源语言是某种高级语言，而目标语言是某种低级语言（汇编语言或机器语言），这样的翻译程序就称为编译程序；而如果在翻译过程中，按照高级语言源程序在计算机上执行的动态顺序对源程序的语句逐条翻译（解释），边解释边执行，则称为解释程序。

1.1.3 学习编译程序带来的益处

编译原理及技术从本质上来讲就是算法问题，当然由于这个问题十分复杂，其解决算法也相对复杂。前导课程"数据结构与算法"也是讲算法的，不过讲的是基础算法，换句话说讲的是算法导论，而编译原理这门课程讲的就是比较专注解决"将一种语言高效转换成另外一种语言"的算法。

编译原理课程和操作系统、计算机组成原理课程一样有助于使学生能够全面、深入地理解计算机系统。具体来说，学习编译原理课程，学习编译技术，主要可以在以下几个方面带来益处。

1. 了解语言本质

通过学习编译原理，可以了解程序设计语言是如何转换成计算机可以识别的语言，以及在这过程中发生了什么。可以通过对语言编译过程的分析，客观比较不同语言的差异。

2. 优化程序代码

通过学习编译技术，能够对程序进行分析，即使是完成相同任务的两种代码写法，也会有一种执行起来会更快、更准确、存在更少隐患。可以通过改进现有的编译器，让编译器更快地自动优化代码。了解编译器的实现原理，可以更好地理解编译机制及程序的运行原理，对于优化程序结构，提高程序运行效率都有一定的参考价值，有利于提高软件人员的素质和能力。

3. 做出改变和创新

计算机行业日新月异，学习本课程的学生，以后可能不会继续学习和从事编译技术的改进工作，甚至不会从事软件开发方向的工作。但是通过学习编译技术，学生普遍具备编译技术的算法思维，对学生今后在各个领域的发展都会有很大的启发和帮助。

此外，计算机业界流行的大量集成开发环境（Integrated Development Environment，IDE）和文本编辑器的语法高亮及代码补全功能都涉及编译技术的应用。计算机语言有很多，如果创建一门专属自己的程序设计语言，是不是特别有成就感？

总之，学习编译原理及相关技术，会在编程行业之路甚至事业之路上逐渐发挥作用。

1.2 编译过程和编译程序的基本结构

1.2.1 编译过程

编译程序的功能是把用高级程序设计语言编写的源程序翻译成等价的机器语言或汇编语言表示的目标程序。既然编译过程是一种语言的翻译过程,那么它的工作过程就类似于外文的翻译过程。例如,要将英文句子"I wish you happiness."翻译成中文句子,其翻译的大致过程是:

(1)词法分析。根据英语的词法规则,从由字母、空格字符和各种标点符号所组成的字符串中识别出一个一个的英文单词。

(2)语法分析。根据英语的语法规则,对词法分析后的单词串进行分析、识别,并做语法正确性的检查,看其是否组成一个符合英语语法的句子。

(3)语义分析。对正确的英文句子分析其含义,并用汉语表示出来。

(4)根据上下文的关系以及汉语语法的有关规则对词句做必要的修饰工作。

(5)最后翻译成中文。

类似地,编译程序是将一种语言形式翻译成另一种语言形式,因此其工作过程一般可划分为下列5个阶段:词法分析、语法分析、语义分析及中间代码生成、代码优化和目标代码生成。

例如,计算圆柱体表面积的程序段如下:

```
float r,h,s;
s=2*3.14*r*(h+r)
```

第1阶段 词法分析

词法分析阶段的任务是对构成源程序的字符串从左到右进行扫描和分解,根据语言的词法规则,识别出一个一个具有独立意义的单词(也称单词符号,简称符号)。

词法规则是单词符号的形成规则,它规定了哪些字符串构成一个单词符号。上述源程序通过词法分析识别出如下单词符号:

基本字	float
标识符	r,h,s
常数	3.14,2
运算符	*,+
界符	( ) ; , =

第2阶段 语法分析

语法分析的任务是在词法分析的基础上,根据语言的语法规则从单词符号串中识别出各种语法单位(如表达式、说明、语句等)并进行语法检查,即检查各种语法单位在语法结构上的正确性。

语言的语法规则规定了如何从单词符号形成语法单位,换言之,语法规则是语法单位的形成规则。

上述源程序,通过语法分解,根据语言的语法规则识别单词符号串 s＝2＊3.14＊r＊(h＋r),其中"s"是〈变量〉,单词符号串"2＊3.14＊r＊(h＋r)"组合成〈表达式〉这样的语法单位,由〈变量〉＝〈表达式〉构成〈赋值语句〉这样的语法单位。在识别各类语法单位的同时进行语法检查,可以看到,上述源程序是一个语法上正确的程序。

第 3 阶段　语义分析及中间代码生成

语义分析的任务是首先对每种语法单位进行静态的语义审查,然后分析其含义,并用另一种语言形式(比源语言更接近目标语言的一种中间代码或直接使用目标语言)来描述这种语义。上述源程序中,赋值语句的语义为:计算赋值号右边表达式的值,并把它送到赋值号左边的变量所确定的内存单元中。先检查赋值号右边表达式的值和左边变量的类型是否一致,然后再根据赋值语句的语义,对它进行翻译可得到如下形式的四元式中间代码:

(1)(＊,	2,	3.14,	T_1)
(2)(＊,	T_1,	r,	T_2)
(3)(＋,	h,	r,	T_3)
(4)(＊,	T_2,	T_3,	T_4)
(5)(＝,	T_4,	－,	s)

其中,T_1、T_2、T_3、T_4 是编译程序引进的临时变量,存放每条指令的运算结果。上述每一个四元式所表示的语义为:

2	＊	3.14	⇒	T_1
T_1	＊	r	⇒	T_2
h	＋	r	⇒	T_3
T_2	＊	T_3	⇒	T_4
T_4			⇒	s

第 4 阶段　代码优化

代码优化的任务是对前阶段产生的中间代码进行等价变换或改造,以期获得更为高效的,即省时间和空间的目标代码。优化主要包括局部优化和循环优化等,例如上述四元式经局部优化后得到:

(1)(＊,	6.28,	r,	T_2)
(2)(＋,	h,	r,	T_3)
(3)(＊,	T_2,	T_3,	T_4)
(4)(＝,	T_4,	－,	s)

其中,2 和 3.14 两个运算对象都是编译时的已知量,在编译时就可计算出它的值为 6.28,而不必等到程序运行时再计算,即不必生成(＊,2,3.14,T_1)的运算指令。

第 5 阶段　目标代码生成

目标代码生成的任务是将中间代码变换成特定机器上的绝对指令代码或可重定位的指令代码或汇编指令代码。

编译程序需要记录源程序中所使用的变量的名字,并且收集与名字属性相关的各种信息。名字属性包括一个名字的存储分配、类型、作用域等信息。如果名字是一个函数名,还会包括其参数数量、类型、参数的传递方式以及返回类型等信息。符号表数据结构可以为变量名字创建记录条目,来登记源程序中所提供的或在编译过程中所产生的这些信息,编译程序在工作过程的各个阶段需要构造、查找、修改或存取有关表格中的信息,因此在编译程序中必须有一组管理各种表格的程序。

如果编译程序只处理正确的程序,那么它的设计和实现将会大大简化。但是程序设计人员还期望编译程序能够帮助定位和跟踪错误。无论程序员如何努力,程序中难免会有错误出现。虽然错误很常见,但很少有语言在设计的时候就考虑到错误处理问题。从一开始就计划好如何进行错误处理,不仅可以简化编译程序的结构,还可以改进错误处理方法。一个好的编译程序在编译过程中,应具有广泛的程序查错能力,并能准确地报告错误的种类及出错位置,因此在编译程序中还必须有一个出错处理程序。

1.2.2 编译程序的基本结构

编译过程的这5个阶段的任务分别由5个程序完成,这5个程序分别称为词法分析程序、语法分析程序、语义分析及中间代码生成程序、代码优化程序和目标代码生成程序,另外再加上表格管理程序和出错处理程序。这些程序是编译程序的主要组成部分,一个典型的编译程序结构如图1-5所示。

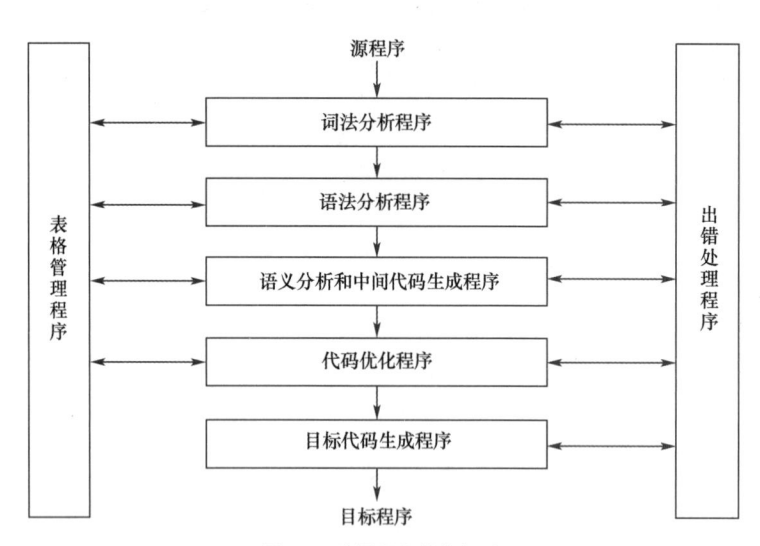

图1-5 编译程序结构框图

1.2.3 遍

需要注意的是,图中所给出的各个阶段之间的关系是指它们之间的逻辑关系,不一定是执行时间上的先后关系。实际上,可按不同的执行流程来组织上述各阶段的工作,这在很大程度上依赖于编译过程中对源程序扫描的遍数以及如何划分各遍扫描所进行的工作。此处所说的"遍",是指对源程序或其等价的中间语言程序从头到尾扫描一遍,并完成规定加工处理工作的过程。例如,可以将前述5个阶段的工作结合在一起,对源程序从头到尾扫描一遍来完成编译的各项工作,这种编译程序称为一遍扫描的编译程序。对于某些程序设计语言,用一遍扫描的编译程序去实现比较困难,可采用多遍扫描的编译程序结构,每遍可完成上述某个阶段的一部分、全部或多个阶段的工作,且每一遍的工作是从前一遍获得的工作结果开始的,最后一遍的工作结果是目标语言程序,第一遍的输入则是用户书写的源程序。

1. 一遍扫描的编译程序

这种编译程序对源语言程序进行一遍扫描就完成编译的各项任务。

在这种结构中,编译程序的核心是语法分析程序。一遍编译程序的工作过程是:

(1)每当语法分析程序需要一个新的单词符号时,就调用词法分析程序。词法分析程序则从源程序中依次读入字符,并组合成单词符号,将其记号返回给语法分析程序。

(2)每当语法分析程序识别出一个语法成分时,就调用语义分析及代码生成程序对该语法成分进行语义分析(如类型检查),并生成目标程序。

(3)当源程序全部处理完后,转善后处理,即整理目标程序(如优化等),并结束编译。

2. 多遍扫描的编译程序

有的编译程序把编译的几个逻辑部分应完成的工作分遍进行,每一遍完成一个或相连几个逻辑部分的工作。多遍扫描编译程序的工作过程是:编译程序的主程序调用词法分析程序;词法分析程序对源程序进行扫描,并将它转换为一种内部表示,称为中间表示形式1,同时产生有关的一些表;然后,主程序调用语法分析程序,语法分析程序以中间表示形式1作为输入,进行语法分析,产生中间表示形式2;最后,主程序调用目标代码生成程序,该程序把输入的中间代码转换为等价的目标程序。

3. 编译程序分遍的取舍

一个编译程序是否分遍以及如何分遍,要视具体情况而定,如计算机主存容量的大小、源语言的繁简、目标程序质量的高低等。

多遍扫描的编译程序较一遍扫描的编译程序少占存储空间,遍数多一些,可使各遍所要完成的功能独立而单纯,其编译程序逻辑结构清晰,但遍数多势必增加输入输出开销,这将降低编译效率。一个编译程序究竟应分成几遍和它所面临的源语言的特征、机器规模、设计的目标等因素有关。

1.2.4 编译程序的前端和后端

编译过程主要分为词法分析、语法分析、语义分析及中间代码生成、代码优化和目标代码生成这几个阶段。统一来看,可以将这几个过程分成两个部分,称为编译程序的前端和后端。具体地说,把"语义分析及中间代码生成"及之前阶段划分为编译程序的前端,之后的阶段称为编译程序的后端。

利用这种划分方式,可以将编译程序的前端和后端独立开来。前端仅与编译的源语言有关,后端则仅与编译的目标语言及运行环境有关。而在前端和后端之间,仅通过一种中间代码进行信息的表示和传递,具体可以是三地址或者四元式形式等。这样,无论在编译过程的前端是对哪种编程语言进行处理,都不会影响后端的处理过程。

将编译程序划分成前端和后端,可以在多种源语言和多种目标语言的开发过程中,灵活搭配组合,消除重复开发的工作量,提高编译系统的开发效率。

把编译程序划分成前端和后端,便于编译程序的移植和构造。比如,重写某个编译程序的后端,可以将该源语言的编译程序移植到另一种机器上,这种方法已经得到了普遍应用;重写某编译程序的前端,使之能把一种新的程序设计语言编译成同一种中间语言,利用原编译程序的后端,从而可构造出新语言在此机器上的编译程序。总之,"端"概念的提出对于编译技术的发展起到了至关重要的作用。

编译过程体现了系统工程的思维和方法,以及编译程序的复杂性和系统性,通过编译过程的学习,能够培养系统思维能力和全局观念。可以认识到在计算机科学中,稳定性和可靠性是保障系统正常运行的重要基石。

1.3 编译程序的设计和实现方式

编译程序是一个复杂的系统程序,要生成一个编译程序,一般要考虑下面几个方面。

1. 对源语言和目标语言认真分析

编译程序的功能是把某语言的源程序翻译成某台计算机上的目标程序。因此,首先要熟悉源语言(如 C 语言),要正确理解它的语法和语义;其次要搞清楚目标语言和目标机的性质,在此基础上,确定编译程序的结构和所采用的具体策略。

2. 设计编译算法

设计编译算法是构造编译程序过程中关键的一步。把一种语言程序翻译成另一种语言程序的方法很多,但在算法设计中要着重考虑如何使编译程序具有易读性、易改性和易扩充性。

3. 选择语言编制程序

根据所设计的算法选用某种语言(如机器语言、汇编语言、Pascal 或 C 语言等)编写出编译程序。早期人们使用机器语言或汇编语言并用手工方式编写编译程序,虽然目标程序效率高但可靠性差,不便于阅读、修改和移植。从 20 世纪 80 年代开始,几乎所有编译程序都用高级语言来编写,这样可以提高开发效率,而且构造出来的编译程序增加了易读性、易修改性和可移植性。

4. 调试编译程序

通过大量实例对编写好的编译程序进行调试,调试过程中不断修改、完善编译程序。

5. 提交相关文档资料

为了方便用户,需提交一份有关编译程序的文档资料,内容包括源语言的文法、目标机指令系统、编译程序结构和所采用的具体策略、错误信息表及使用说明等。

希望能有一个自动生成编译程序的软件工具,只要把源程序的定义以及机器语言的描述输入到这个软件工具中去,就能自动生成该语言的编译程序。

随着编译技术和自动机理论的发展,近年来已研制出了一些编译程序的自动生成系统。如目前已广泛使用的词法分析程序自动生成系统 LEX、FLEX 和语法分析程序自动生成系统 YACC、Bison 等。此外，还有可用来自动产生整个编译程序的软件工具——编译程序产生器，它的功能是将任一语言的词法规则、语法规则和语义解释的描述作为输入，自动生成该语言的编译程序。

生成编译程序的方法还常采用自编译方式和移植方式。采用自编译方式生成编译程序的思想是先用目标机的汇编语言或机器语言对源语言的核心部分构造一个小小的编译程序（可以用手工实现），再以它为工具构造一个能够编译更多语言成分的较大编译程序。如此地扩展下去，直到生成人们所期望的整个源语言的编译程序。

通过移植生成编译程序的思想是把某机器上已有的编译程序移植到另一台机器上去。如利用 A 机器上已有的高级语言 L 编写一个能够在 B 机器上运行的高级语言 L 的编译程序。使用交叉编译技术也可生成编译程序，所谓交叉编译是指一个源语言在宿主机（运行编译程序的计算机）上经过编译产生目标机的机器语言或汇编语言代码，例如用 A 机器上的编译程序来产生可在 B 机器上运行的目标代码。

1.4 编译程序的配套工具

1.4.1 预处理器

1. 宏处理

用户可以在框架源程序中定义宏，宏是较长结构的一种缩写。如在 C 语言程序中：

#define prompt(s) fprintf(stderr,s)

这是一个宏定义，预处理器先对源程序进行宏处理，用 fprintf(stderr,s) 代替程序中出现的所有 prompt(s)。

宏处理器处理两类语句，即宏定义和宏调用。宏定义通常用关键字标识，如 define 或 macro，宏定义由宏名字及宏体组成，并且宏定义中允许使用形参（如上述语句中的 s）。宏调用由调用宏的命令（通常是宏名）和所提供的实参组成。宏处理器用实参代替宏体中的形参，再用变换后的宏体替换宏调用本身。

2. 文件包含

预处理器把框架源程序中的文件包含声明扩展为程序正文。例如 C 语言程序中的"头文件"包含声明行：

include < stdio.h>

当 C 语言的预处理器处理到该语句时，就用文件 stdio.h 的内容替换此语句。

3. 语言扩充

有些预处理器用更先进的控制结构和数据结构来增强源语言。例如，可以将类似于 while 或 case 语句结构的内部宏提供给用户使用，而这些结构在原来的程序设计语言中是没有定义的。当程序中使用了这样的结构时，由预处理器通过宏调用实现对语言功能的扩充。

1.4.2 汇编程序

有些编译程序产生汇编语言的目标代码,然后由汇编程序做进一步的处理,生成可重定位的机器代码。当然,也有些编译程序直接生成可重定位的机器代码,然后再由连接装配程序生成可执行的机器代码。还有的编译程序直接生成可执行的机器代码。

汇编语言用助记符表示操作码,用标识符表示存储地址。如赋值语句 b=a+2 对应的汇编语言代码为:

```
MOV R1,a
ADD R1,#2
MOV b,R1
```

标识符 a、b 表示存储地址,R 表示寄存器,#2 是立即常数。通常,汇编语言也提供宏设施,这样的汇编语言称为宏汇编语言。

简单的汇编程序通过两遍扫描,完成汇编语言程序到机器指令代码的转换。

第一遍,找出标明存储单元的所有标识符。首次遇到某标识符时,为它分配存储空间,确定存储地址,并将标识符及其存储地址记录到汇编程序符号表中。假定一个字由 4 个字节组成,每个变量占一个字,则对上述汇编代码完成第一遍扫描后,得到汇编符号表。

第二遍,把每条用助记符表示的汇编语句翻译为二进制表示的机器指令,根据汇编符号表中的记录,将汇编语句中的标识符翻译为该标识符所对应的存储地址。

1.4.3 连接装配程序

连接装配程序的作用是把多个经过编译或汇编的目标模块连接装配成一个完整的可执行程序。早期的源程序规模较小,编译程序直接产生机器可以执行的目标程序。20 世纪 60 年代中期以来,由于源程序的规模不断扩大,通常需要由若干人在不同的时间分别进行程序设计(甚至会采用不同的程序设计语言)。于是出现了将源程序按结构分成不同的模块分别进行设计、编译的方法。采用这种方法,编译程序或汇编程序产生的可重定位目标程序一般由 3 部分组成,即:

(1) 正文:这是目标程序的主要部分,包括指令代码和数据。

(2) 外部符号表:也称全局符号表,其中记录由本程序段引用的名字和被其他程序段引用的名字。

(3) 重定位信息表:其中记录有重定位所需要的有关信息。

连接装配程序由连接编辑程序和重定位装配程序组成。连接编辑程序扫描外部符号表,寻找所连接的程序段,根据重定位信息表,解决外部引用和重定位,最终将整个程序涉及的目标模块逐个调入内存并连接在一起,组合成一个待装入的程序。重定位装配程序的作用是把目标模块的相对地址转换成绝对地址。连接装配程序不仅为个别编译提供了连接装配能力,而且便于用户直接调用程序库中的程序。

1.5 编译程序的发展及应用

1.5.1 编译程序的发展

虽然只有少数人从事构造或维护程序语言编译程序的工作,但是大部分系统软件和应用软件的开发,通常要用到编译原理和技术。例如,设计词法分析器的串匹配技术已经用于正文编辑器、信息检索系统和模式识别程序,上下文无关文法和语法指导定义已用于创建诸如排版、绘图系统和语言结构化编辑器,代码优化技术已用于程序验证器和从非结构化的程序产生结构化程序的编程之中。通常,在软件开发过程中,需要将某种语言开发的程序转换成另一种语言程序,这种转换过程和编译程序的工作过程是类似的,需要对被转换的语言进行词法分析和语法分析,只不过生成的目标语言不一定是可执行的机器语言或汇编语言。

1.5.2 编译技术的应用

1. 高级程序设计语言的实现

用高级程序设计语言编程比较容易,但是比较低效,即目标程序运行较慢。反之,使用低级程序设计语言能够更多地控制一个计算过程,可以产生更加高效的代码。但是低级程序比较难以编写,并且可移植性较差。所以优化编译技术包括提高所生成代码性能的技术,弥补了因高层次抽象而引入的低效率。

结构化编辑器不仅具有正文编辑和修改功能,而且还能像编译程序那样对用户所输入的源程序进行分析。把恰当的层次结构加在程序上,让用户在源语言的语法指导下编写程序。

2. 针对计算机体系结构的优化

几乎所有的高性能系统都利用了并行和内存层次结构技术,用于提高计算机的潜在性能,但是这些技术必须被编译器有效利用才能够真正为一个应用提供高性能计算。

3. 新计算机体系结构的设计

在计算机体系结构设计的早期,编译器是在机器建造好之后再开发的。现在,这种情况已经有所改变。在现在计算机体系结构的开发中,编译器在处理器设计阶段就进行开发,然后编译得到代码并运行于模拟器上。这些代码被用来评价体系结构特征。

4. 程序翻译

通常编译被看作是从一种高级语言到机器语言的翻译过程。同样的技术也可以应用到不同种类的语言之间的翻译。在软件开发过程中,常常需要将用某种高级语言开发的程序翻译为另一种高级语言程序。特别是在推行一种新语言的时候,为了在一个部门或一个系统内采用新语言以实现语言的统一,就需要将用旧的语言编写的程序翻译为新语言程序。

5. 提高软件生产率

程序具备相当多的细节。为使得程序能够完全正确运行，每个细节都必须是正确的。但是在通常程序测试中，仅能够在由输入数据组合执行的路径上寻找错误。更有效的测试方法是，通过数据流分析技术静态地定位错误，在所有可能的执行路径上找到错误。从这个角度，原本用于编译器优化的数据流分析技术可以用作静态分析，完成静态测试的功能。

1.6 本章小结

本章重点介绍了什么是编译程序及编译程序的结构。

编译程序是一种翻译程序，它将高级语言所写的源程序翻译成等价的机器语言或汇编语言的目标程序。

整个编译过程可以划分为 5 个阶段：词法分析、语法分析、语义分析及中间代码生成、代码优化和目标代码生成。

编译程序的结构按上述 5 个阶段的任务分模块进行设计。

本章的关键概念如下：翻译程序、编译程序、解释程序、编译过程、编译程序的基本结构、遍、编译程序的前端和后端、编译程序的配套工具。

习题 1

1. 选择题（从下列各题提供的备选答案中选出一个或多个正确答案写在题干中的横线上）

(1) 若源程序是高级语言编写的程序，目标程序是_____，则称它为编译程序。

A. 汇编语言程序或高级语言程序　　B. 高级语言程序或机器语言程序
C. 汇编语言程序或机器语言程序　　D. 连接程序或运行程序

(2) 编译程序是对_____程序进行翻译。

A. 高级语言　　B. 机器语言　　C. 自然语言　　D. 汇编语言

(3) 如果编译程序生成的目标程序是机器代码程序，则源程序的执行分为两大阶段：_____和_____。

A. 编译阶段　　B. 汇编阶段　　C. 运行阶段　　D. 置初值阶段

(4) 编译程序的工作过程一般可划分为下列 5 个基本阶段：词法分析、_____、_____、代码优化和目标代码生成。

A. 出错处理　　　　　　　　　　B. 语义分析和中间代码生成
C. 语法分析　　　　　　　　　　D. 表格管理

(5)编译过程中,词法分析阶段的任务是_____。
A.识别表达式　　　B.识别语言单词　　C.识别语句　　　　D.识别程序
(6)下面叙述中正确的是_____。
A.编译程序是将高级语言程序翻译成等价的机器语言程序的程序
B.机器语言因其使用过于困难,所以现在计算机根本不使用机器语言
C.汇编语言是计算机唯一能够直接识别并接受的语言
D.高级语言接近人们的自然语言,但其依赖具体机器的特性是无法改变的
(7)将编译过程分成若干"遍"是为了_____。
A.提高编译程序的执行效率
B.使编译程序的结构更加清晰
C.利用有限的机器内存并提高机器的执行效率
D.利用有限的机器内存但降低了机器的执行效率
(8)构造编译程序应掌握_____。
A.源程序　　　　　B.目标语言　　　　C.编译方法　　　　D.A~C项
(9)编译程序绝大多数时间花在_____上。
A.出错处理　　　　B.词法分析　　　　C.目标代码生成　　D.表格管理
(10)编译程序是对_____。
A.汇编程序的翻译　　　　　　　　　B.高级语言程序的解释执行
C.机器语言的执行　　　　　　　　　D.高级语言的翻译
(11)编译程序的后端通常包括_____。
A.中间代码的生成　　　　　　　　　B.语法分析
C.目标代码的生成　　　　　　　　　D.目标代码的优化
(12)采用_____方式生成编译程序的思想是先用目标机的汇编语言或机器语言对源语言的核心部分构造一个小的编译程序,再以它为工具构造一个能够编译更多语言成分的较大的编译程序。
A.交叉编译　　　　B.移植　　　　　　C.自编译　　　　　D.机器语言编写
2.判断题(正确的在括号内打"√",错误的在括号内打"×")
(　　)(1)编译程序是一种常用的应用软件。
(　　)(2)C语言的编译程序可以用C语言来编写。
(　　)(3)编译方式与解释方式的根本区别在于是否生成目标代码。
(　　)(4)编译程序与具体的语言无关。
(　　)(5)编译程序与具体的机器有关。
(　　)(6)对编译程序而言,代码优化是不可缺少的一部分。
(　　)(7)对编译程序而言,中间代码生成是不可缺少的一部分。
(　　)(8)编译程序生成的目标程序一定是可执行的程序。
(　　)(9)含有优化部分的编译程序的执行效率高。
(　　)(10)交叉编译是指一个源语言在运行编译程序的计算机上经过编译产生目标机的机器语言或汇编语言代码。

(   )(11)产生同一种源语言在不同类型机器上的编译器,可以基于同一个后端,只需要重写其前端。

(   )(12)编译程序可以自动生成,通过编译程序产生器实现。例如能自动产生词法分析程序的工具YACC和自动产生语法分析程序的工具LEX。

(   )(13)高级语言的源程序进行编译时,需要先将源程序进行词法分析,词法分析全部完成后才能进行语法分析。

3. 什么是编译程序?

4. 编译过程的5个阶段是什么?

5. 请给出编译程序的结构框图。

6. 在计算机编译程序中,什么是"遍"?

7. 将编译程序划分成前端和后端的目的是什么?

8. 编译程序有哪些配套工具,它们的作用是什么?

第 2 章 文法和语言

编译程序的处理对象是用高级语言编写的程序,为完成编译工作,首先必须对高级程序设计语言给出明确的定义和描述。语言学家乔姆斯基(Chomsky)在 1956 年首先建立了形式语言的描述。他提出了一种用来描述语言的数学系统。形式语言理论对计算机科学有着很深的影响,对程序设计语言的设计和编译程序的构造有着重要的作用,是编译的重要理论基础。本章主要介绍编译理论中涉及的有关形式语言理论的基本概念,这些知识是学习后续章节的基础。本章主要介绍以下 6 个方面的内容。

(1) 形式语言的基本概念
(2) 文法和语言的形式定义
(3) 短语、直接短语和句柄
(4) 语法树及文法的二义性
(5) 文法的实用限制和等价变换
(6) 文法和语言的分类

2.1 语言的基本概念

语言是人类社会生活中必不可少的交流工具,它必须有一系列的生成规则和理解规则,只有当使用者都遵循这些规则来构造语句和理解语句时,才能达到交流信息的目的。高级程序设计语言是人和计算机系统之间的信息交流工具,程序设计语言实现的基础首先是有明确的语言定义,语言的定义决定了该语言具有的语言功能、程序结构,以及具体的使用形式等细节问题。为了精确定义和描述程序设计语言,需要采用形式化的方法进行定义和描述。形式化的方法指用一整套带有严格规定的符号体系来描述问题的方法,仅考虑数学符号间的推演,不涉及符号的具体含义。在形式语言理论中,形式语言是一个字母表上按某种规则构成的所有符号串的集合。一个形式语言可以包含无限多个字符串。形式语言作为计算机科学的基础,体现了科学严谨性和精确性。下面我们介绍形式语言中字母表和符号串的有关概念。

2.1.1 字母表和符号串

1. 字母表

字母表是元素的非空有穷集合,通常用 Σ 表示。字母表中的元素称为符号或字符,字母表也称为符号集。字母表包含了语言中允许出现的全部符号,字母表中的字符是组成语言中句子的最基本的不可再分的元素。典型的符号可以是字母、数字、各种标点符号、运算符或其他符号。

不同的语言有不同的字母表,例如,英语的字母表中包含的符号是 26 个字母和一些标点符号(如逗号、句号和括号等)。机器语言的字母表由符号 0 和 1 组成,即 Σ={0,1}。ASCII 码表是字母表的一个重要例子,被用于很多软件系统中。程序设计语言的字母表由字母、数字和若干专用符号组成。一个语言的合法句子只能由该语言字母表中存在的符号组成。

2. 符号串

定义在某个字母表上的符号串是由该字母表中的符号组成的有穷序列。例如,字母表 Σ={a,b,c}上的符号串有:a,ab,ba,abc,…。字母表 Σ={0,1}上的符号串有:0,01,001,…。符号串是有序的,在符号串中符号的顺序是很重要的,ab 和 ba 是字母表上两个不同的符号串。

符号串中包含的符号个数称为符号串的长度。如果某个符号串 x 中有 n 个符号,则称其长度为 n,表示为|x|=n。例如,符号串 abc 的长度为 3,记为|abc|=3。不包含任何符号的符号串称为空符号串(空串),用希腊字母 ε 表示,其长度|ε|=0。

2.1.2 符号串及其集合的运算

1. 符号串的连接

设 x 和 y 是两个符号串,将 y 直接拼接到 x 之后所得的新符号串称为 x 与 y 的连接,记为 xy。例如,若 x=ab,y=10,则 xy=ab10,而 yx=10ab。

空符号串 ε 与任何符号串 x 的连接还是 x 本身,即 εx=xε=x。

2. 符号串的幂运算

把某个符号串自身相继地重复连接若干次,便得到该符号串的幂。设 x 是符号串,x 的 n(n 为非负整数)次幂 x^n 定义为:

$$x^n = x^{n-1}x = xx^{n-1} = \underbrace{xx\cdots xx}_{n\text{个}x}$$

当 $n=0$ 时,定义 $x^0=\varepsilon$。

例如,设 A={a,b},则

$x^0=\varepsilon$
$x^1=ab$
$x^2=xx=abab$

$x^3 = xxx = ababab$

...

3. 符号串集合的乘积

若集合 A 中所有元素都是某个字母表上的符号串，则称 A 为字母表上的符号串集合。通常用大写字母 A,B,C 等表示。符号串集合可以是有穷的，也可以是无穷的。

设 A,B 为两个符号串集合，则 A,B 的乘积定义为 $AB = \{xy \mid x \in A, y \in B\}$。集合的乘积是满足 $x \in A, y \in B$ 的所有符号串 xy 所构成的集合。

例如，设有集合 A={ab,bc}，集合 B={01,10} 则 AB={ab01,ab10,bc01,bc10}。

因为对任一符号串 x 有 $\varepsilon x = x\varepsilon = x$，所以对任一集合 A 有 $\{\varepsilon\}A = A\{\varepsilon\} = A$。不包含任何元素的集合称为空集合，记为 $\varnothing$，即 $\varnothing = \{\}$。对任一集合 A，有 $\varnothing A = A\varnothing = \varnothing$。

● 注意 ● $\varepsilon \notin \varnothing$，即空符号串并不属于空集 $\varnothing$，所以 $\{\varepsilon\} \neq \varnothing$。

4. 符号串集合的幂运算

设 A 是符号串的集合，则集合 A 的 n（n 为非负整数）次幂定义为：

$$A^n = A^{n-1}A = AA^{n-1} = \underbrace{AA\cdots AA}_{n \uparrow A}$$

当 $n = 0$ 时，定义 $A^0 = \{\varepsilon\}$。

例如，设 A={a,b}，则

$A^0 = \{\varepsilon\}$

$A^1 = \{a, b\}$

$A^2 = \{aa, ab, ba, bb\}$

$A^3 = AAA = \{aaa, aab, aba, abb, baa, bab, bba, bbb\}$

...

5. 符号串集合的正闭包 A^+ 和闭包 A^*

设 A 是符号串的集合，则集合 A 的正闭包 A^+ 定义为：$A^+ = A^1 \cup A^2 \cdots \cup A^n \cdots$。

集合 A 的闭包（Kleene 闭包）A^* 定义为：$A^* = A^0 \cup A^1 \cup A^2 \cdots \cup A^n \cdots = \{\varepsilon\} \cup A^+ = A^+ \cup \{\varepsilon\}$。

显然，$A^* = A^0 \cup A^+ = \{\varepsilon\} \cup A^+ = A^+ \cup \{\varepsilon\}$，$A^+ = AA^* = A^*A$。

例如，设 A={a,b}，则：

$A^+ = \{a, b, aa, ab, ba, bb, aaa, aab, \cdots\}$

$A^* = \{\varepsilon, a, b, aa, ab, ba, bb, aaa, aab, \cdots\}$

2.2 文法和语言的形式定义

2.2.1 文法的形式定义

文法是一种用于描述程序设计语言语法的形式化表示方法。例如，Java 中 if-else 语句通常具有如下形式：if(表达式) 语句 else 语句，如果用

变量 *expr* 来表示表达式，*stmt* 表示语句，那么这个构造规则可以表示为 *stmt*→if(*expr*) *stmt* else *stmt*，这种表示语法结构的形式称为规则或产生式。在一个规则中，像 if 和括号这样的元素称为终结符号，像 *expr* 和 *stmt* 这样的变量称为非终结符号。

文法是用来描述语言的语法结构的形式规则，是规则的非空有穷集合，通常表示成四元组 G=(V_N,V_T,P,S)，其中：

V_N 是一个非空有穷集合，其中每个元素称为非终结符(nonterminal)，V_N 称为非终结符集合。非终结符是能够派生出符号或符号串的那些符号，即每个非终结符表示一定符号串的集合。

V_T 是一个非空有穷集合，其中每个元素称为终结符(terminal)，V_T 称为终结符集合。终结符是不属于非终结符的那些符号，是组成语言的基本符号。$V_T \cap V_N = \emptyset$，通常 V=$V_T \cup V_N$，V 称为文法 G 的文法符号集。

P 是文法规则的非空有穷集合，规则也称产生式(production)，通常写作 α→β 或 α::=β，其中 α 称为规则的左部或头，β 称为规则的右部或体，"→"表示"定义为"或"生成"，α∈V^+，β∈V^*，即 α,β 是由终结符和非终结符组成的符号串，并且 α 中至少包含一个非终结符。

S 是一个特殊的非终结符，称为文法的开始符号，它至少要在一条规则的左部出现一次。由它开始，识别出文法所定义的语言。也就是这个符号产生的符号串集合就是这个文法生成的语言。按照惯例，首先列出开始符号的产生式，约定第一个产生式的左部符号是文法的开始符号。

在语法规则定义中，对于若干个左部相同的规则，如：

α→$β_1$
α→$β_2$
…
α→$β_n$

可以缩写为：α→$β_1$|$β_2$|…|$β_n$，其中"|"表示"或"，每个 $β_i$(i=1,2,…,n) 称为 α 的一个候选式。

通常，可以直接用规则的集合代替四元组来描述文法。约定第一个产生式的左部仅有一个非终结符，该非终结符是文法的开始符号。

在本书中符号表示的约定如下：

(1)终结符：
字母表中次序靠前的小写字母，如 a,b,c 等；
运算符号，如+,/,* 等；
各种标点符号，如逗号、括号等；
数字，如 0,1,…,9 等；
正体字符串，如 id,if,else 等。

(2)非终结符：
字母表中次序靠前的大写字母，如 A,B,C 等；
大写字母 S 常作为文法的开始符号；

小写的斜体符号串,如 *expr*,*stmt* 等。

(3)字母表中排在后面的大写字母(比如 X,Y,Z)表示文法符号(终结符或非终结符)。

(4)在字母表中排在后面的小写字母(主要是 u,v,…,z)常用来表示终结符串(包括空符号串)。

(5)小写的希腊字母,比如 α,β 常用来表示文法的符号串(包括空符号串)。

【例 2-1】 设字母表 $\Sigma=\{a,b\}$,试设计一个文法,描述语言 $L=\{ab^{2n+1}a \mid n \geq 0\}$。

解 设计一个文法来描述一个语言 L,重点是设计一组规则生成语言中的符号串。因此,为设计该语言文法,必须分析这个语言是由哪些符号串组成的,这些符号串的结构特征是什么。

当 $n=0$ L={aba}
当 $n=1$ L={abbba}
当 $n=2$ L={abbbbba}
…
L={aba,abbba,abbbbba,…}

即语言 L 的结构特征是由 a 开始,a 结束,中间含有奇数个 b 的符号串组成的集合。

所以,假设定义语言的文法为 $G=(V_N,V_T,P,S)$,其中

$V_N=\{A,B\}$
$V_T=\{a,b\}$
$P=\{A \rightarrow aBa,B \rightarrow bBb \mid b\}$
$S=A$

考虑描述语言的文法是否是唯一的呢?

根据语言 L 还可以设计出如下文法:

$G'=(V_N,V_T,P,S)$ 其中
$V_N=\{A,B,C\}$
$V_T=\{a,b\}$
$P=\{A \rightarrow aBa,B \rightarrow Cb,C \rightarrow Bb \mid \varepsilon\}$
$S=A$

G' 的规则定义不同于 G。由此可见,对于一个给定的语言,描述该语言的文法是不唯一的。如果文法 G 和文法 G' 是两个不同的文法,但是它们描述的语言相同,则称 G 和 G' 为等价文法。

再考虑如下文法 G'',是否也是描述该语言的文法?

$G''=(V_N,V_T,P,S)$ 其中
$V_N=\{A,B\}$
$V_T=\{a,b\}$
$P=\{A \rightarrow aBa,B \rightarrow Bb \mid b\}$
$S=A$

对于文法 G'' 来说,它所产生的符号串为 aba,abba,…。可见,该文法定义的语言超出了题目要求的语言的范围,因此不是该语言的文法。根据语言设计文法时,设计的文法

必须和所定义语言的范围完全相同,既不能超出所定义语言的范围,也不能缩小所定义语言的范围。

【例 2-2】 设字母表 $\Sigma=\{a,b\}$,试设计一个文法描述语言 $L=\{a^n b^n | n \geqslant 0\}$。

解 分析该语言中符号串的结构特征如下。

当 $n=0$,L={ε}

当 $n=1$,L={ab}

当 $n=2$,L={aabb}

…

L={ε,ab,aabb,…}

所以,定义语言的文法为 G=(V_N,V_T,P,S),其中

V_N={A}

V_T={a,b}

P={A→aAb | ε}

S=A

【例 2-3】 设 E 代表算术表达式,i 代表单个变量或常数,用文法定义一个含+、−、*、\、(、)和单个变量或常数组成的算术表达式。若 E 是算术表达式,则 E+E、E−E、E*E、E\E、(E) 也是算术表达式。

解 定义算术表达式的文法为 G=(V_N,V_T,P,S),其中

V_N={E}

V_T={I,+,−,*,/,(,)}

P={E→i | E+E | E−E | E*E | E/E | (E)}

S=E

【例 2-4】 设计一个文法描述程序设计语言中的标识符。假设程序设计语言中标识符的定义为以字母开头,后面可以接字母或数字的任意组合。

解 首先根据标识符的定义,分析标识符的结构特征。

定义标识符的文法 G=(V_N,V_T,P,S),其中

V_N={I,L,D}

V_T={a,b,…,y,z,A,B,…,Y,Z,0,…,9}

P={I→L | IL | ID

L→a | b |…| y | z | A | B |…| Y | Z

D→0 | 1 | 2 | 3 | 4 | 5 | 6 | 7 | 8 | 9}

S=I

2.2.2 语言的形式定义

当给定一个文法时,便可以确定此文法描述的语言。根据已知文法得到其定义的语言,首先需要介绍推导等有关概念。

1. 直接推导

设文法 G=(V_N,V_T,P,S),A→γ 是 G 的一条规则,符号串 α,β∈(V_N∪V_T)*,则有 αAβ⇒αγβ,称 αAβ 直接推导出 αγβ,其中"⇒"表示直接推导。直接推导利用产生式对左

边符号串中的一个非终结符 A 进行替换,得到右边的符号串,也就是说从符号串 αAβ 直接推导出 αγβ 仅使用一次规则。

例如,设有文法 G=({E},{i,+,−,∗,/,(,)},P,S)其中 P={E→i | E+E | E−E | E∗E | E/E |(E)}。

有如下直接推导:

E⇒i   使用规则 E→i

E⇒E+E   使用规则 E→E+E

(E)⇒(E∗E)   使用规则 E→E∗E

2. 推导

如果存在一个直接推导序列:$\alpha_0 \Rightarrow \alpha_1 \Rightarrow \alpha_2 \Rightarrow \cdots \Rightarrow \alpha_n$,则称这个序列是一个从 α_0 到 α_n 的长度为 n 的推导,记为 $\alpha_0 \overset{+}{\Rightarrow} \alpha_n$。推导指从 α_0 出发,经一步或若干步(使用一次或若干次规则)可推导出 α_n,其中 $\overset{+}{\Rightarrow}$ 表示经过一步或多步直接推导。

例如,设有文法 G=({E},{i,+,−,∗,/,(,)},P,S)其中 P={E→i | E+E | E−E | E∗E | E/E |(E)}

对 i∗i+i 有如下推导序列:

E⇒E+E⇒E∗E+E⇒i∗E+E⇒i∗i+E⇒i∗i+i 可记为 $E \overset{+}{\Rightarrow} i*i+i$。

3. 广义推导

广义推导 $\alpha_0 \overset{*}{\Rightarrow} \alpha_n$ 表示 $\alpha_0 \overset{+}{\Rightarrow} \alpha_n$ 或 $\alpha_0 = \alpha_n$,也就是说从 α_0 出发,经 0 步或若干步可推导出 α_n(所谓 0 步推导或长度为 0 的推导指没有使用任何产生式进行推导,即 $\alpha_0 = \alpha_n$)。

例如,设有文法 G=({E},{i,+,−,∗,/,(,)},P,S) 其中 P={E→i | E+E | E−E | E∗E | E/E |(E)}

有 $E \overset{*}{\Rightarrow} E$ 和 $E \overset{*}{\Rightarrow} i*i+i$。

推导每前进一步总是引用文法中的一个产生式。直接推导的长度为 1,推导的长度大于等于 1,而广义推导的长度大于等于 0。

4. 句型、句子和语言

设有文法 G[S](S 是文法 G 的开始符号),如果 $S \overset{*}{\Rightarrow} x, x \in (V_N \cup V_T)^*$,则称符号串 x 为文法 G[S]的句型。句型是由文法开始符号推导出来的由终结符和非终结符组成的符号串。

如果 $S \overset{*}{\Rightarrow} x, x \in V_T^*$ 则称符号串 x 为文法 G[S]的句子。句子是由文法开始符号推导出来的由终结符组成的符号串,仅含终结符号的句型是一个句子。

例如,设有文法 G=({E},{i,+,−,∗,/,(,)},P,S) 其中 P={E→i | E+E | E−E | E∗E | E/E |(E)}

有 E⇒E+E

$E \overset{*}{\Rightarrow} i*i$

$E \overset{*}{\Rightarrow} i*E+E$

$E \overset{*}{\Rightarrow} i*i+i$

显然,符号串 E+E,i*i,i*E+E,i*i+i 都是文法 G 的句型,而 i*i 和 i*i+i 为文法的句子。

文法 G[S]产生的所有句子的集合称为文法 G 所定义的语言,记为 L(G[S])={x| $S \stackrel{+}{\Rightarrow} x$ 且 $x \in V_T^*$}。

从已知文法确定语言的基本思想是:从文法的开始符号出发,反复连续地使用规则替换、展开非终结符,通过句子找出规律,用式子或自然语言将语言描述出来。

例如:式子描述 L={yx^n | n≥0}。

自然语言描述 L={x|x∈{0,1}$^+$ 且 x 中 0,1 个数相同}。

正规式描述 L=yx*。

一个符号串是某个文法定义的语言的句子,那么符号串必须符合文法的规则,否则对于这个语言来说,就是一个非法的符号串。如同规则在社会生活中的重要性,人们需要遵守法律法规、道德规范,养成良好的规则意识,形成用规则约束和规范自身行为的良好习惯,才能推动社会向有序、和谐的方向发展。

【例 2-5】 设有文法

G[S]:
S→aa | aAa
A→b | Ab

求该文法所定义的语言。

解 由文法开始符号 S 出发,分析推导出的句子,找出其中的规律,用式子或自然语言描述出来。

分析得到 S⇒aAa⇒aBa⇒aBba⇒⋯⇒ab^{n}a(n≥0)

该文法定义的语言是由 a 开头和结尾的,中间可以包含 0 个或若干个 b。

该文法定义的语言用式子描述为 L(G[S])={ab^{n}a|n≥0}。

【例 2-6】 设有文法 G[S]:S→S0 | S1 | 0 | 1 求该文法所定义的语言。

解 分析得到 L(G[S])={0,1,00,01,10,11,001,⋯}

该文法定义的语言为 L(G[S])={x| x∈{0,1}$^+$}

文法与语言之间并不存在一一对应的关系。给定一种语言,能写出其文法,但这种文法不是唯一的。但是给定一个文法,就能从结构上唯一确定其所产生的语言。

5. 规范推导和规范归约

对于一个给定的文法来说,从其开始符号到某一句型,或从一个句型到另一个句型间的推导序列可能不唯一。

例如 设有文法

G[S]:
S→AB
A→aA | a
B→bc | bBc

其句型 abbcc 可以有如下的推导序列:

(1)S⇒AB⇒aB⇒abBc⇒abbcc

(2) S⇒AB⇒AbBc⇒Abbcc⇒abbcc
(3) S⇒AB⇒AbBc⇒aBbc⇒abbcc

同一个句型可以通过不同的推导序列推导出来,因为一个句型中可能含有一个以上的非终结符,先对哪个非终结符进行推导对最终推导结果没有影响,只是推导过程中产生的中间句型不完全相同而已。

为了使句型(句子)能够按一种确定的推导序列来产生,以便对句型(句子)的结构进行确定性的分析,通常仅考虑两种特殊推导:**最左推导和最右推导**。

所谓最左(最右)推导,指在构造一个推导序列的过程中,每一步的直接推导 α⇒β,都是对 α 中的最左(最右)边的非终结符进行替换。例如在上述 3 个推导序列中,(1)是最左推导,(2)是最右推导。

最右推导也称为规范推导,用规范推导方式推导出的句型称为**规范句型**。例如上述推导序列(2)中产生的所有中间句型都是规范句型。

归约是与推导相对的概念,推导是把句型中的非终结符用规则的一个右部来替换的过程,而归约则是把句型中的某个子串用一个非终结符来替换的过程。

若用 ⇒ 表示归约,设 A→α 是文法 G 中的一个规则,则有 xAy⇒xαy,xAy 直接推导出 xαy,xαy⇒̇xAy,xαy 归约为 xAy。

规范推导的逆过程称为**最左归约**,也称为**规范归约**。

例如上述中推导序列(2)为规范推导,则对句型 abbcc 有规范归约:
abbcc⇒̇Abbcc⇒̇AbBc⇒̇AB⇒̇S

【例 2-7】 设有文法

G[E]:
E→E+T|T
T→T*F|F
F→(E)|i

请给出句子 i+i*i 的最左、最右推导序列。

解 最左推导序列:E⇒E+T⇒T+T⇒F+T⇒i+T⇒i+T*F⇒i+F*F⇒i+i*F⇒i+i*i

最右推导序列:E⇒E+T⇒E+T*F⇒E+T*i⇒E+F*i⇒E+i*i⇒T+i*i⇒F+i*i⇒i+i*i

2.2.3 递归规则与文法的递归性

一个包含有限多个规则的文法能生成包含无限句子的语言,主要借助于递归实现。递归的概念在编译技术中是一个非常重要的概念。

1. 递归规则

递归规则指在规则的左部和右部具有相同的非终结符的规则。

如果文法中有规则 A→A… 称为左递归规则。

如果文法中有规则 A→…A 称为右递归规则。

如果文法中有规则 A→…A… 称为递归规则。

2. 文法的递归性

文法的递归性指对文法中任意非终结符,若能建立一个推导过程,在推导所得的符号串中又出现了该非终结符本身,则文法具有递归性,否则文法是无递归性的。

若文法中有推导 $A \overset{+}{\Rightarrow} A\cdots$ 称文法左递归或左递归文法。

若文法中有推导 $A \overset{+}{\Rightarrow} \cdots A$ 称文法右递归或右递归文法。

若文法中有推导 $A \overset{+}{\Rightarrow} \cdots A \cdots$ 称文法递归或递归文法。

【例 2-8】 设有文法 G[S]:S→S0 | S1 | 0 | 1,判断该文法是否为递归文法,其定义的语言是什么?

解 该文法有直接左递归规则,所以该文法为左递归文法。

该文法定义的语言为 $L(G[S]) = \{x \mid x \in \{0,1\}^+\}$。

【例 2-9】 设有文法

G[S]:
S→Aa
A→Sb | b

判断该文法是否为递归文法,其定义的语言是什么?

解 该文法中没有递归规则,但是有 S⇒Aa⇒Sba,则该文法是左递归的。该文法定义的语言为 $L(G[S]) = \{(ba)^n \mid n \geqslant 1\}$。

【例 2-10】 设有文法

G[S]:
S→aa | aA
A→b | c

判断该文法是否为递归文法,其定义的语言是什么?

解 该文法不是递归文法,该文法描述的语言为:$L(G[S]) = \{aa, ab, ac\}$。由于该文法无递归性,所以由它所描述的语言是有穷的。

在文法中使用递归规则,实现用有限的规则去定义无穷集合的语言。当一个语言是无穷集合时,则定义该语言的文法一定是递归的。程序设计语言都是无穷集合,因此描述它们的文法必定是递归的。如文法一样有限规则的重复使用,使得句子能够无限延长,那么每天进步一点点,持之以恒,积少成多是成功的必经之路。

2.3 短语、直接短语和句柄

设 G[S]是一个文法(S 是文法的开始符号),假设 αγβ 是文法 G 的一个句型,如果有 $S \overset{*}{\Rightarrow} \alpha A \beta$ 且 $A \overset{+}{\Rightarrow} \gamma$,则称 γ 是句型 αγβ 相对于非终结符 A 的短语。如果有 $S \overset{*}{\Rightarrow} \alpha A \beta$ 且 $A \Rightarrow \gamma$,则称 γ 是句型 αγβ 相对于非终结符 A 的直接短语。一个句型最左端的直接短语称为该句型的句柄。

短语和直接短语的区别在于第二个条件,直接短语中的第二个条件表示有文法规则 A→γ,因此,每个直接短语都一定是某规则右部。

【例 2-11】 设有文法

G[S]：
S→AB
A→aA | a
B→bc | bBc

求出句型 abbcc 中的全部短语、直接短语和句柄。

解 根据定义,可以从句型的推导过程中找出其全部短语、直接短语和句柄。

对文法,首先建立 abbcc 的两种特殊的推导过程：

最左推导序列：S⇒AB⇒aB⇒abBc⇒abbcc

根据最左推导序列可得

$S \overset{*}{\Rightarrow} S$

$S \overset{+}{\Rightarrow} abbcc$

句型本身是(相对于非终结符 S)句型 abbcc 的短语。

$S \overset{*}{\Rightarrow} aB$

$B \overset{+}{\Rightarrow} bbcc$

句型 abbcc 中的子串 bbcc 是(相对于非终结符 B)句型 abbcc 的短语。

$S \overset{*}{\Rightarrow} abBc$

$B \Rightarrow bc$

句型 abbcc 中的子串 bc 是(相对于非终结符 B)句型 abbcc 的短语,且为直接短语。

最右推导序列：S⇒AB⇒AbBc⇒Abbcc⇒abbcc

根据最右推导序列可得(和最左推导重复的不再赘写)

$S \overset{*}{\Rightarrow} Abbcc$

$A \Rightarrow a$

句型 abbcc 中的子串 a 是(相对于非终结符 A)句型 abbcc 的短语,且为直接短语。

对于此句型,从最左推导和最右推导序列已经能够求出所有短语、直接短语和句柄了,不再考虑其他的推导序列。

所以 a、bc、bbcc、abbcc 是句型 abbcc 的短语。

　　a、bc 是句型 abbcc 的直接短语。

　　a 是句型 abbcc 的句柄。

短语可以直观地理解为是前面句型中的某个非终结符所能推出的符号串。根据定义求句型的短语和句柄比较烦琐,2.4 节介绍通过语法树来求句型的短语、直接短语和句柄就比较直观和简单。

2.4 语法树和文法的二义性

2.4.1 语法树

1. 语法树的构造

语法树用图形方式展现了从文法的开始符号推导出相应语言中的句型的过程,是对句型的推导过程的一种图形表示,因此也称推导树。语法树有助于直观地分析文法的句型结构。

设文法 $G=(V_N,V_T,S,P)$,对 G 的任何句型都能构造与之关联的、满足下列条件的一棵语法树。

(1)语法树的每个节点对应一个标记,此标记可以是非终结符、终结符或 ε 中的一个符号。

(2)语法树的根节点是文法的开始符号。

(3)若某一节点有一个或多个子节点,则称为内部节点,该节点上的标记一定是非终结符。

(4)若非终结符 A 是某个内部节点的标号,并且有 k 个分支节点,其分支节点的标记分别为 $A_1,A_2 \cdots A_k$($A_1,A_2 \cdots A_k$ 既可以是终结符也可以是非终结符)则 $A \rightarrow A_1 A_2 \cdots A_k$ 一定是 G 的一条规则。

(5)语法树的末端节点也叫作叶子节点,是指没有分支向下射出的节点。

例如,设有文法

G[E]:
E→E+T | T
T→T*F | F
F→(E) | i

根据推导,画出句型 i+i*i 的语法树。

解 首先给出句型 i+i*i 的最左推导序列:E⇒E+T⇒T+T⇒F+T⇒i+T⇒i+T*F⇒i+F*F⇒i+i*F⇒i+i*i

构造语法树的过程:首先以文法的开始符号作为根节点,从它开始对每一步的直接推导向下画一分支。在一次直接推导中某个非终结符被它的某个候选式所替换时,这个非终结符的相应节点就向下形成了新的分支,分支节点的个数与当前所选候选式中所含有的符号的个数相同,分支节点的标记从左到右为当前所选候选式中从左至右的每个文法符号,根据推导序列逐步向下构造整个语法树。句型 i+i*i 的语法树如图 2-1 所示。

语法树中从左到右的叶子节点连接起来,就构成了语法树所表示的那个推导序列推导出的符号串。如果叶子节点都是由终结符组成的,那么这些叶子节点组成的就是一个句子,否则就是句型。

构造语法树也可以以句型或句子的各个符号作为语法树的叶子节点,从语法树的末端出发,根据归约的序列,逐步向上构造语法树,最后构造出以文法的开始符号标记的节点为根节点的整个语法树。

因为文法的每一个句型(句子)都存在一个推导,所以文法的每个句型(句子)都存在一棵对应的语法树。一个句型可能存在多个不同的推导序列,那么是否不同的推导序列都会对应一棵不同的语法树呢?

对句型 i+i*i,给出最右推导序列:E⇒E+T⇒E+T*F⇒E+T*i⇒E+F*i⇒E+i*i⇒T+i*i⇒F+i*i⇒i+i*i。

根据最右推导序列构造语法树,发现结果仍然是图 2-1。

所以,一棵语法树表示了一个句型的种种可能的(但未必是所有的)不同推导过程,包括最左(最右)推导。就是说不是一种推导对应一棵语法树,也不能说一棵语法树就代表了所有的推导过程。

2. 子树

语法树的子树是由某一非末端节点连同其所有分支组成的部分。子树与短语之间存在着十分密切的关系。一棵语法树的一棵子树的所有叶子节点从左至右排列形成的符号串是该句型的一个相对于该子树根节点的短语。如图 2-2 所示为图 2-1 的一棵子树。

3. 简单子树

语法树的简单子树是指只有单层分支的子树,即只有父子两代的子树。简单子树的所有叶子节点从左至右排列形成的符号串,是该句型相对于该子树根节点的直接短语。语法树中最左简单子树的叶子节点从左至右排列形成的符号串是句柄。如图 2-3 所示为图 2-1 的一棵简单子树。

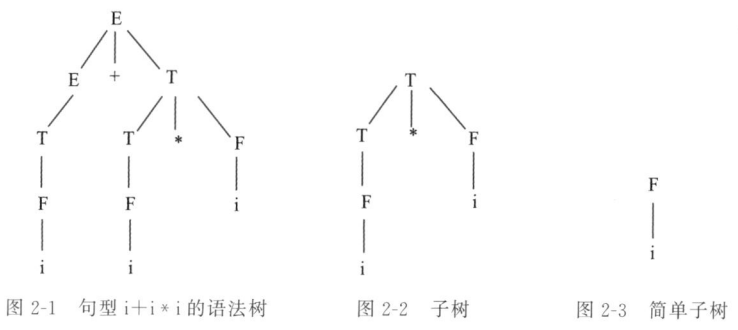

图 2-1 句型 i+i*i 的语法树　　图 2-2 子树　　图 2-3 简单子树

【例 2-12】 对例 2-11 中的文法

G[S]:
S→AB
A→aA | a
B→bc | bBc

画出句型 abbcc 的语法树并求出句型中的全部短语、直接短语和句柄。

解 首先根据句型 abbcc 的推导过程画出对应的语法树,如图 2-4 所示。

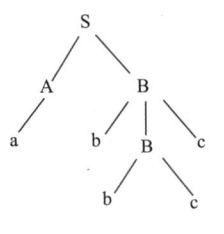

由语法树得:

abbcc 为句型的相对于 S 的短语。
a 为句型相对于 A 的短语,且为直接短语和句柄。
bc 为句型相对于 B 的短语,且为直接短语。
bbcc 为句型相对于 B 的短语。

图 2-4 例 2-12 语法树

2.4.2 文法的二义性

从前面的例子分析知道,对于文法 G 中任一句型的推导序列,总能为它构造一棵语法树,而且对于句型的不同推导序列可能对应了相同的一棵语法树。那么一个句型是否都只能对应唯一的一棵语法树呢?也就是,一个句型是否只有唯一的一个最左(最右)推导呢?

【例 2-13】 设有文法 G[E]:E→E+E | E∗E | (E) | i,画出句子 i+i∗i 的语法树。

解 对于句子 i+i∗i 可以构造两个最左推导序列。

最左推导 1:E⇒E∗E⇒E+E∗E⇒i+E∗E⇒i+i∗E⇒i+i∗i

最左推导 2:E⇒E+E⇒i+E⇒i+E∗E⇒i+i∗E⇒i+i∗i

根据最左推导 1 构建语法树,如图 2-5 所示。根据最左推导 2 构建语法树,如图 2-6 所示。两个最左推导序列分别对应两棵不同的语法树。

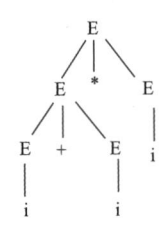

图 2-5 最左推导 1 对应语法树 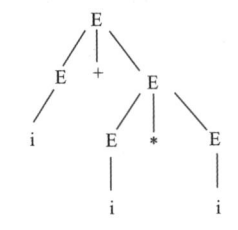　　图 2-6 最左推导 2 对应语法树

如果一个文法存在某个句子对应两棵或两棵以上的语法树,则说明这个文法是二义性的。或者说,如果一个文法中存在某个句子,它有两个不同的最左(最右)推导序列,则这个文法是二义性的。例 2-13 的文法即二义性文法。

需要注意,一个文法是二义性的,并不能说明该文法所描述的语言也是二义性的。文法的二义性和语言的二义性是两个不同的概念。通常只说文法的二义性,而不说语言的二义性,因为可能有两个不同的文法 G 和 G′,其中一个是二义性的,另一个是无二义性的,但这两个文法所描述的语言却是相同的。如果一个语言,不存在它的无二义性文法,则称这样的语言为先天二义性的语言。

例如:L={$a^i b^j c^k$ | i=j 或 j=k 且 i≥1,j≥1,k≥1}便是这种语言。

已经证明,文法的二义性问题是不可判定的,即不存在一种算法能在有限步内确切地判定一个文法是否是二义性的。但是,通常可以通过找出一些充分条件,当文法满足这些条件时,可以判定该文法是无二义性文法。

一个句子有两棵不同的语法树,说明其含义(语义)是不唯一的,这给编译带来了不确定性的问题。对于一个程序设计语言来说,常常希望它的文法是无二义性的,因为希望对它的每个语句的分析和理解是唯一的。对某些二义性文法,可以通过改写文法或增加附加规则消除其二义性。

2.4.3 文法二义性的消除

1. 改写文法规则

有些二义性文法可以通过改写文法规则消除其二义性,构造一个等价的无二义性文法。

例如,对于文法 G[E]:E→E+E│E*E│(E)│i

产生二义性的原因是文法中没有定义+、*运算符的结合律和优先级,将运算符的优先顺序和结合规则:*优先于+;+、*左结合加到原有文法中,可构造出无二义性文法如下:

E→E+T│T
T→T*F│F
F→(E)│i

则句子 i+i*i 只有唯一一棵语法树,如图 2-1 所示。

2. 定义附加规则

在不改变二义性文法的原有语法规则的情况下,仅加入一些附加规则来消除二义性。

例如,对于文法 G[E]:E→E+E│E*E│(E)│i

加入附加规则:*优先于+,+、*左结合。则句子 i+i*i 只有唯一一棵语法树,如图 2-6 所示。

【例 2-14】 已知有如下二义性文法

G[S]:
S→if a then S
S→if a then S else S
S→b

试消除文法的二义性。

解 显然,符号串 if a then if a then b else b 应是上述语言中的一个合法语句。但是,它却存在两种不同的理解,即存在两种不同的最左推导。

最左推导1:S⇒if a then S⇒if a then if a then S else S⇒if a then if a then b else S⇒if a then if a then b else b

最左推导2:S⇒if a then S else S⇒if a then if a then S else S⇒if a then if a then b else S⇒if a then if a then b else b

两种最左推导对应两个不同的语法树,如图 2-7 所示。

所以这个文法是二义性文法。分析引起二义性的原因是 then 和 else 后面可以是 if 语句,else 和哪个 then 匹配则没有规定。因此改写文法规定每个 else 和最近的尚未匹配的 then 匹配。消除该文法的二义性可以采用两种方法。

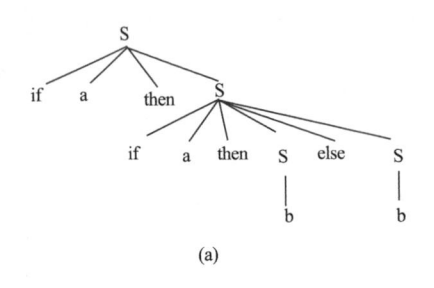

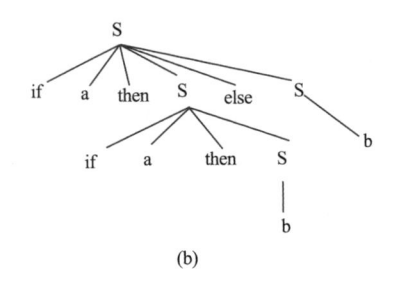

图 2-7 例 2-14 语法树

```
S→S1|S2
S1→if a then S1 else S1|b
S2→if a then S|if a then S1 else S2
```

(1)改写文法规则

改写后的文法对于句子 if a then if a then b else b 只有一棵语法树,如图 2-8 所示。

(2)定义附加规则

规定每个 else 和前面最近的、尚未匹配的 then 对应。

这样句子 if a then if a then b else b 就只对应唯一的一棵语法树,如图 2-7(a)所示。

·注意· 并不是所有二义性文法都能够消除其二义性的。

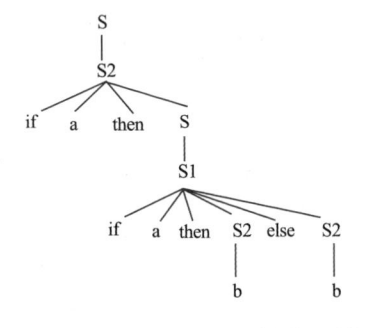

图 2-8 例 2-14 改写文法规则后的语法树

2.5 文法的实用限制和等价变换

在实际使用文法时,经常会对文法有所限制,使它满足某种具体的编译方法的要求。

2.5.1 文法的实用限制

1. 有害规则

文法中不能含有形如 A→A 的规则。这种规则我们称之为有害规则。如果一个句型中含有非终结符 A,那么可任意多次使用规则 A→A 进行替换,这只会造成同一句型具有不同的语法树从而引起二义性。

例如,设有文法 G[S]:S→aSb | ab

该文法是一个无二义性的文法,它定义的语言 $L(G[S]) = \{a^n b^n | n \geqslant 1\}$。

如果此文法再添加一条 S→S 的产生式,则文法变为 S→S | aSb | ab,此文法便具有二义性,如句子 aabb 会对应多个不同的语法树。

2. 无用规则

文法中不能有无用规则。无用规则指文法中任何句子的推导都不会用到的规则,主要指文法中出现的以下两种规则:

(1)某条规则 A→α 的左部符号 A 不在所属文法的任何一个句型中出现,即在推导文法的所有句子中始终都不可能用到的规则,即 A 为不可达文法符号。

(2)对文法中的某个非终结符 A,无法从它推导出任何终结符串来,即 A 为不可终止的文法符号。

如果符合以上任何一种情况,则称 A 为无用非终结符。如果一个规则左部或右部含有无用非终结符,则此规则称为无用规则,也称为多余规则。

例如,设有文法

G[S]:
S→aAb | bBa
A→aAb | ab
B→bBa
C→c
D→ef

分析发现,此文法中的非终结符 C、D 不可能出现在任何一个句型中,非终结符 B 不能推导出任何终结符串,所以 B、C 和 D 都是无用非终结符,包含它们的规则 C→c、D→ef、S→bBa 和 B→bBa 则为无用规则,删除无用规则后的文法如下:

S→aAb
A→aAb | ab

若程序设计语言的文法含有多余规则,其中必定有错误存在,因此检查文法中是否含有多余规则是很重要的。

2.5.2 文法的等价变换

无用规则包括两种情况,先删除无法推导出任何终结符串的无用非终结符和相关的无用规则。

文法的
等价变换

算法 2-1 删除无法推导出任何终结符号串的无用非终结符和相关的无用规则
输入:文法 $G=(V_N, V_T, S, P)$
输出:文法 $G'=(V_N', V_T, S, P')$
方法:

(1)初始 $V_N'=\Phi, P'=\Phi$。

(2)对 P 中每个产生式 $A→X_1X_2\cdots X_n$,若 $X_i \in V_T \cup \{\varepsilon\}(i=1,2\cdots n)$,则将 A 置于 V_N' 中。

(3)重复步骤(2)至 V_N' 不再增大为止。

(4)对 P 中每个产生式 $A→X_1X_2\cdots X_n$,若 $A \in V_N'$ 且 $X_i \in V_N' \cup V_T \cup \{\varepsilon\}(i=1,2\cdots n)$,则将 $A→X_1X_2\cdots X_n$ 置于 P' 中。

算法执行终止后,V_N' 中将只包含所有能推导出终结符串的非终结符。

在执行以上算法对文法改写的基础上,删除不可达文法符号和相关的无用规则。

> **算法 2-2** 删除不可达文法符号和相关的无用规则
> 输入:文法 $G=(V_N,V_T,S,P)$
> 输出:文法 $G'=(V'_N,V'_T,S,P')$
> 方法:
> (1) 初始 $V'_N=\{S\}, V'_T=\Phi, P'=\Phi$。
> (2) 对 P 中每个产生式 $A\rightarrow X_1X_2\cdots X_n$,若 $A\in V'_N$,则将 $X_1X_2\cdots X_n$ 中的全部非终结符号置于 V'_N 中,而将其中的全部终结符号置于 V'_T 中。
> (3) 重复步骤(2)至 V'_N 和 V'_T 都不再增大为止。
> (4) 对 P 中左右部分仅含有 $V'_N\cup V'_T\cup\{\varepsilon\}$ 中符号的所有规则置于 P' 中。

对于任意语言非空文法 G,先执行算法 2.1 将其变化为 G1,再对 G1 执行算法 2.2 得到文法 G2,则 G2 为与 G 等价的且不含无用规则的文法。

·注意· 算法 2-1 和算法 2-2 的执行顺序不能颠倒。$A\rightarrow A$ 这种有害规则也需要去掉。

【例 2-15】 设有文法 $G=(\{S,A,B,C,D\},\{a,e,f\},P,S)$ 其中规则集合 P 如下:

S→Be
B→Ce
B→Af
A→Ae
A→e
C→Cf
D→a

对文法进行等价变换,删除无用规则。

解 对文法 G[S]执行算法 2-1。
初始,$V'_N=\Phi, P=\Phi$
根据 $A\rightarrow e, D\rightarrow a, V'_N=\{A,D\}$
根据 $A\rightarrow Ae, B\rightarrow Af, S\rightarrow Be, V'_N=\{A,D,S,B\}$
$P'=\{S\rightarrow Be, B\rightarrow Af, A\rightarrow Ae, A\rightarrow e, D\rightarrow a\}$
可得文法 $G1[S]=(\{S,A,B,D\},\{a,e,f\},\{S\rightarrow Be, B\rightarrow Af, A\rightarrow Ae, A\rightarrow e, D\rightarrow a\},S)$
对文法 G1[S]执行算法 2.2。
初始:$V'_N=\{S\}, V'_T=\Phi, P'=\Phi$
根据 $S\rightarrow Be, V'_N=\{S,B\}, V'_T=\{e\}$
根据 $B\rightarrow Af, V'_N=\{S,B,A\}, V'_T=\{e,f\}$
根据 $A\rightarrow Ae, A\rightarrow e, V'_N=\{S,B,A\}, V'_T=\{e,f\}$
$P'=\{S\rightarrow Be, B\rightarrow Af, A\rightarrow Ae, A\rightarrow e\}$

可得文法 G2[S]=({S,A,B},{e,f},{S→Be,B→Af,A→Ae,A→e},S)

2.6 文法和语言的分类

著名的语言学家乔姆斯基根据对文法中规则施加不同的限制,将文法和语言分为四大类,即 0 型、1 型、2 型、3 型。

1.0 型文法(短语文法)

若文法 G=(V_N,V_T,P,S)中的每一条规则 α→β 都满足 α∈(V_N∪V_T)$^+$ 且 α 中至少含有一个非终结符,β∈(V_N∪V_T)*,则称 G 是 0 型文法,也称短语结构文法。0 型文法定义的语言称为 0 型语言。0 型文法因为对于规则基本没有加任何限制条件,所以又称为无限制文法,相应的语言称为无限制语言。

例如,设有文法 G[S]:({S,A,B,C,D,E},{a},P,S),其中 P 为:

S→ACaB
Ca→aaC
CB→DB | E
aD→Da
AD→AC
aE→Ea
AE→ε

该文法是一个 0 型文法,所产生的语言为 L(G[S])={a^n | n 是 2 的正整数方}

0 型文法是限制最少的一种文法,平时见到的文法几乎都属于 0 型文法。

2.1 型文法(上下文有关文法)

若文法 G=(V_N,V_T,P,S)中的每一条规则 α→β,都满足 |α|≤|β|,其中 α=$γ_1$A$γ_2$,β=$γ_1$μ$γ_2$,A∈V_N,$γ_1$,$γ_2$∈(V_N∪V_T)*,μ∈(V_N∪V_T)$^+$,则称 G 是 1 型文法。1 型文法描述的语言是 1 型语言。在定义中符号串 $γ_1$ 和 $γ_2$ 可以看作是当前的上下文,A 只有在 $γ_1$ 和 $γ_2$ 的这种上下文环境中才允许用 μ 替换,而且 μ 不允许为 ε 空符号串。因此,1 型文法也称为上下文有关文法,相应的语言又称为上下文有关语言。

·注意· 在句型的推导过程中,每次直接推导所得到符号串的长度永远不会缩短。所以 1 型文法中不应含有 ε 产生式,但是如果语言中含有空符号串 ε,那么可以包含规则 S→ε,但此时文法的任何产生式规则都不能在右侧包含 S。

例如,文法 G[S]:({S,A,B},{a,b,c},P,S),其中 P 为:

S→aSAB | abB
BA→BA'
BA'→AA'
AA'→AB
bA→bb
bB→bc
cB→cc

该文法是一个1型文法,所产生的语言为 $L(G[S])=\{a^n b^n c^n \mid n \geqslant 1\}$

3. 2型文法(上下文无关文法)

若文法 $G=(V_N,V_T,P,S)$ 中的每一条规则的形式为 $A \rightarrow \beta$,其中:$A \in V_N, \beta \in (V_N \cup V_T)^*$,则称 G 是 2 型文法。2 型文法描述的语言是 2 型语言。2 型文法在对规则左侧非终结符进行替换时不需要考虑当前所处上下文环境,所以 2 型文法又称上下文无关文法,其产生的语言又称为上下文无关的语言。通常采用上下文无关文法定义程序设计语言的语法规则。

例如,文法 G[S]:

S→AB
A→aA | a
B→bc | bBc

该文法是一个 2 型文法,所产生的语言为 $L(G[S])=\{a^n b^m c^m \mid n \geqslant 1, m \geqslant 1\}$

4. 3型文法(正规文法)

若文法 $G=(V_N,V_T,P,S)$ 中的每一条规则的形式为 $A \rightarrow aB$ 或 $A \rightarrow a$,其中:$A、B \in V_N, a \in V_T^*$,则称 G 是右线性文法。

若文法 $G=(V_N,V_T,P,S)$ 中的每一条规则的形式为 $A \rightarrow Ba$ 或 $A \rightarrow a$,其中:$A、B \in V_N, a \in V_T^*$,则称 G 是左线性文法。

右线性文法和左线性文法都称为 3 型文法。3 型文法描述的语言是 3 型语言。3 型文法也称正规文法,正规文法产生的语言称为正规语言。通常采用正规文法定义程序设计语言的词法规则。

定理 2-1 设 G 为一个右线性文法,那么存在一个文法 G′,使得 L(G′)=L(G),而且 G′中的产生式都有 S→ε,A→a,A→aB 三种形式。其中 S 为开始符号,A,B 为非终结符,a 为终结符。

推论 2-1 设 G 为一个左线性文法,那么存在一个文法 G′,使得 L(G′)=L(G),而且 G′中的产生式都有 S→ε,A→a,A→Ba 三种形式。

例如,在字母表 $\Sigma=\{0,1\}$ 上用左线性文法和右线性文法定义由 0,1 组成的任意非空符号串。

以下只给出文法的规则集合:

左线性文法的规则集 P:A→A0 | A1 | 0 | 1。

右线性文法的规则集 P:A→0A | 1A | 0 | 1。

例如,用左线性文法和右线性文法定义程序设计语言中的标识符。假设标识符只能是以字母开头,由字母、数字组成的符号串。

用 I 代表标识符;l 代表任意一个字母;d 代表任意一个数字;则定义标识符的文法如下。

左线性文法:P:I→l | Il | Id

右线性文法:P:I→l | lT ,T→l | d | lT | dT

定理 2-1 和推论 2-1 的意思相同,都指出对左线性文法或右线性文法的产生式右边的符号串,不仅非终结符最多出现一次,终结符也可以改为只出现一次,即终结符串长度最大为1。要进行证明很简单,只需要引入新的非终结符和新的产生式把右边终结符串长度大于1的产生式分解为终结符串长度为1的产生式。

例如,对规则 A→abB 可以改写为

A→aC
C→bB

由上述四类文法的定义可知,从 0 型文法到 3 型文法,对规则的限制逐渐增加,所以四类文法之间是逐级"包含"的关系。每一种正规文法都是上下文无关文法,3 型文法都是 2 型文法,2 型文法都是 1 型文法,1 型文法都是 0 型文法。但是有特例,包含 A→ε 产生式的 2 型、3 型文法不属于 1 型文法。

2.7 本章小结

本章首先介绍了在编译原理中应用到的相关的形式语言的基本概念。然后重点介绍了文法和语言的形式描述。文法通常表示成四元组 $G=(V_N,V_T,P,S)$,它定义了一个语言的语法结构。当给定一种语言设计定义其文法时,首先分析已知语言的句子结构特征,设计出相应的文法。设计的文法必须能定义已知语言,而且定义的范围不能扩大也不能缩小。一种语言对应的文法并不是唯一的。如果语言是无穷集合,那么描述它的文法一定是递归的。

当给定一个文法,可根据推导定义推导出文法的句子,从而确定出该文法所定义的语言。对于一个给定的文法,它所定义的语言是唯一的。

语法树是对句型的推导过程给出的一种图形表示,语法树有助于直观地分析文法的句型结构。一棵语法树的所有叶节点形成的符号串是文法的一个句型,它的一棵子树的所有叶子节点形成的符号串是该句型的一个短语,它的一棵简单子树的所有叶子节点形成的符号串是该句型的一个直接短语,最左侧的直接短语是句柄。常利用语法树求句型的短语、直接短语和句柄。

如果一个文法存在某个句子对应两棵或两棵以上的语法树,则说明这个文法是二义性的。或者说,若一个文法中存在某个句子,它有两个不同的最左(最右)推导,则这个文法是二义性的。

在实际使用文法时,经常会对文法有所限制,使它满足某种具体的编译方法的要求,通常要求文法中无有害规则和无用规则。

著名的语言学家乔姆斯基根据对文法中规则施加不同的限制,将文法和语言分为四大类,即 0 型、1 型、2 型、3 型。从 0 型文法到 3 型文法,是逐渐增加对规则的限制条件而得到的,所以四类文法之间是逐级"包含"的关系。

本章的关键概念如下:形式语言、字母表、符号串、符号串集合的正闭包和闭包、文法、推导、直接推导、广义推导、句型、句子、语言、规范推导、规范句型、规范归约、递归规则、文法的递归性、短语、直接短语、句柄、语法树、文法的二义性、文法的分类。

习题 2

1.选择题(从下列各题提供的备选答案中选出一个或多个正确答案写在题干中的横线上)

(1)为了使编译程序能正确地对程序设计语言进行翻译,通常采用_____方法定义程序设计语言。

  A. 非形式化   B. 形式化

  C. 自然语言描述问题   D. 自然语言和符号体系相结合

(2)设 x 是符号串,符号串的幂运算 $x^0 =$ _____。

  A. 0   B. x   C. ε   D. 空集

(3)设 A 是符号串的集合,则 $A^* =$ _____。

  A. $A^1 \cup A^2 \cup \cdots \cup A^n \cdots$ B. $A^0 \cup A^1 \cup A^2 \cdots \cup A^n \cdots$

  C. $A^0 \cup A^+$ D. $A^+ \cup \{ε\}$

(4)文法是用来描述语言的语法结构的形式规则,它由如下 4 个部分组成:文法的开始符号和_____。

  A. 文法终结符集合   B. 文法规则的集合

  C. 文法非终结符集合   D. 文法的结束符号

(5)在规则 α→β 中,符号"→"表示_____。

  A. 恒等于   B. 等于   C. 定义为   D. 生成

(6)在 α→$β_1$|$β_2$|…|$β_n$ 规则中,符号"|"表示_____。

  A. 与   B. 或   C. 非   D. 引导开关参数

(7)设文法 G[S]的规则如下:S→S1|S0|Sa|Sb|a|b|c,下列哪些符号串是该文法的句子_____。

  A. ca01   B. abc01   C. bbb   D. bc10

(8)如果在推导过程中的每一步 α⇒β,都是对 α 的最右非终结符进行替换,则称这种推导为_____。

  A. 直接推导   B. 最左推导   C. 最右推导   D. 规范推导

(9)描述语言 L={$0^m 1^n | n \geq m \geq 1$}的文法为_____。

  A. S→ABb A→0A|0 B→1B|1   B. S→0A1 A→A1|0A1|ε

  C. S→S1|A A→0A1|01   D. S→AB1 A→A0|0 B→0B1|1

(10)文法 G 产生的_____的全体是该文法描述的语言。

  A. 句型   B. 句子   C. 终结符集合   D. 非终结符集合

(11)设有文法 G[S],其中规则的集合为{S→aA|a,A→aS},该文法所描述的语言是_____。

A. L(G[S])＝{a^n | $n \geq 0$}　　　　　　B. L(G[S])＝{a^{2n} | $n \geq 0$}
C. L(G[S])＝{a^{2n+1} | $n \geq 0$}　　　D. L(G[S])＝{a^{2n+1} | $n \geq 1$}

(12)设有文法 G[S]，其中规则的集合为{S→aA，A→bB，B→a | aS}，该文法所描述的语言是_____。
A. L(G[S])＝{$(ab)^n a$ | $n \geq 1$}　　　B. L(G[S])＝{$(aba)^n$ | $n \geq 1$}
C. L(G[S])＝{$(aba)^n$ | $n \geq 0$}　　　D. L(G[S])＝{$a(ba)^n$ | $n \geq 1$}

(13)一个句型最左边的_____称为该句型的句柄。
A. 短语　　　　B. 素短语　　　　C. 直接短语　　　　D. 规范短语

(14)以下关于句型的语法树说法正确的是_____。
A. 语法树是对句型的推导过程给出的一种图形表示
B. 语法树的根节点是文法的开始符号
C. 若某一节点没有子节点，则称为叶子节点，该节点上的标记一定是终结符
D. 一个句型的每个不同的推导都对应一棵不同的语法树

(15)设文法有 G[E]：

E→E＋T | E－T | T
T→T∗F | T/F | F
F→(E) | i

该文法句型 E－(T∗F)的句柄是下列符号串_____。
A. E　　　　B. E－(T∗F)　　　　C. T∗F　　　　D. (T∗F)

(16)设文法有 G[T]：

T→T∗F | F
F→F↑P | P
P→(T) | a

该文法句型 T∗P∗(T∗F)的直接短语是下列符号串_____。
A. P　　　　B. (T∗F)　　　　C. T∗F　　　　D. T

(17)如果一个文法满足_____，则称该文法是二义性文法。
A. 文法的某一个句子存在两棵(包括两棵)以上的语法树
B. 文法的某一个句子，它有两个(包括两个)以上的最右(最左)推导
C. 文法的某一个句子，它有两个(包括两个)以上的最右(最左)归约
D. 文法的某一个句子存在一棵(包括一棵)以上的语法树

(18)文法 E→E＋E | E∗E | i 的句子 i＋i∗i 有_____棵不同的语法树。
A. 1　　　　B. 2　　　　C. 3　　　　D. 4

(19)在下列描述含＋，∗算术表达式的文法中，属于二义文法的是_____。
A. E→E＋E | E∗E | (E) | i
B. E→EAE | (E) | i　A→＋ | ∗
C. E→E＋T | T　T→T∗F | F　F→(E) | i
D. E→EAT | T　T→TBF | F　F→(E) | i　A→＋　B→∗

(20)乔姆斯基把法文分成四种类型，即 0 型、1 型、2 型和 3 型。3 型文法也称

为_____。
　　A.上下文无关文法　　　　　　B.正规文法
　　C.上下文有关文法　　　　　　D.无限制文法
(21)已知文法 G[E]：

E→E+T | T
T→T*F | F
F→(E) | a

该文法在乔姆斯基文法分类中属于_____。
　　A.上下文无关文法　B.正规文法　　C.上下文有关文法　D.无限制文法
(22)以下文法 G 中的多余规则编号有_____。
　　a.S→Bd　　　　　b.A→Ad | d　　　c.B→Cd　　　　　d.B→Ae
　　e.C→Ce　　　　　f.D→e
　　A.(c)　　　　　　B.(d)　　　　　　C.(e)　　　　　　D.(f)

2.判断题(正确的在括号内打"√",错误的在括号内打"×")
　　(　)(1)任何语言的字母表指出了该语言中允许出现的一切符号。
　　(　)(2)空符号串的集合{ε}={ }=Φ。
　　(　)(3)空符号串 ε 属于文法中的终结符。
　　(　)(4)设 A 是符号串的集合,则 A^0=ε。
　　(　)(5)设 G 是一个文法,S 是文法开始符号,如果 S⇒x 且 x∈V_T^*,则称 x 为文法 G[S]的句型。
　　(　)(6)在形式语言中,最右推导的逆过程也称为规范归约。
　　(　)(7)语言和文法是一一对应的,一个语言的文法是唯一的。
　　(　)(8)若一个语言是无穷集合,则定义该语言的文法一定具有递归性。
　　(　)(9)一个句型中出现某一个产生式的右部,则此右部一定是此句型的句柄。
　　(　)(10)每个直接短语都是某规则的右部。
　　(　)(11)用二义性文法定义的语言也是二义性的。
　　(　)(12)任何正规文法都是上下文无关文法。
　　(　)(13)正规文法对规则的限制比上下文无关文法对规则的限制要多一些。
　　(　)(14)对文法中的某个非终结符 A,无法从它推出任何终结符串来,则有 A 出现的规则都为多余规则。
　　(　)(15)所有二义性文法都能通过改写文法消除其二义性。
　　(　)(16)如果文法 G 中的一个句子存在多个推导序列,则称文法 G 是二义性的。
　　(　)(17)每一个左线性文法 G,一定存在一个右线性文法 G',使得 L(G)=L(G')。

3.给出下面语言相应的文法。
　　(1)L1={$a^n b^n c^m$ | n≥1,m≥0}
　　(2)L2={$a^n b^n c^m d^m$ | n,m≥1}
　　(3)L3={a^{2n+1} | n≥0}
　　(4)L4={$a^{2m+1} b^{m+1}$ | m≥0}∪{$a^{2m} b^{m+2}$ | m≥0}

(5) L5＝{$0^n1^m0^m1^n$ | $n≥0,m≥0$}

(6) L6＝{a^nb^n | $1≤n≤m≤2n$}

(7) L7＝{$a^{2n+1}b^{2m}a^{2p+1}$ | $n≥0,p≥0,m≥1$}

(8) L8＝{$a^{2n}b^{3n}$ | $n≥0$}

4. 给出下面文法所生成的语言。

(1) G：S→aSb｜c

(2) G：S→SD｜D,D→0｜1｜2

(3) G：S→0A,A→1B,B→0｜0S

(4) G：S→aa｜aRa,R→b｜Rb

(5) G：S→U0｜V1,U→S1｜1,V→S0｜0

(6) G：S→aB｜bA,A→a｜aS｜BAA,B→b｜bS｜ABB

5. 给出句型的语法树，并找出句型的所有短语、直接短语和句柄。

已知文法 G[E]：

S →(L)｜aS｜a

L →L,S｜S

画出句型(S,(a))的语法树，写出句型的所有短语、直接短语和句柄。

6. 试证明下面的文法是二义性的。

(1) S→aSbS｜aS｜a

(2) S→aSb｜Sb｜b

7. 描述布尔运算的二义性文法为：S→S and S｜S or S｜not S｜0｜1｜(S)，试为它写一个等价的无二义性文法。

8. 判断下列文法是几型文法？

(1) S→0｜1｜0S 1S

(2) S→0A｜1B,A→0｜0A,B→1｜1B

(3) S→A｜B｜AA｜BB,A→0｜0A,B→1｜1B

(4) S→0｜1｜0S0｜1S1

9. 求以下文法删除多余规则后的文法。

(1) 文法 G=({S,A,B,C,D},{d,e},P,S)

P：S→Bd

A→Ad｜d

B→Cd｜Ae

C→Ce

D→e

(2) 文法 G=({S,U,V,W},{a,b,c},P,S)

P：S→aS｜W｜U

U→a

V→bV｜aV

W→aW

10. 设文法 G 的规则如下：

A→B=C
B→a | b | c
C→BOB
O→+ | −

现有句子 b=a+c

(1)写出句子的最左推导和最右推导序列。

(2)画出相应的语法树。

(3)指出句子的短语、直接短语和句柄。

(4)判断该文法是否为二义性文法。

第3章 词法分析

词法分析是编译的第一阶段,正规表达式(简称正规式)和有穷自动机是进行词法分析的理论基础。本章主要介绍正规式和有穷自动机的基本概念,以及正规式、正规文法和有穷自动机之间的转换,词法分析程序的设计原理和构造方法。构造词法分析程序可以采用手工方式和采用自动生成工具。本章主要介绍下面8个方面的内容:

(1) 词法分析概述
(2) 正规式与正规集
(3) 正规式与正规文法的转换
(4) 有穷自动机
(5) 正规式与有穷自动机的等价性
(6) 正规文法与有穷自动机的等价性
(7) 词法分析程序的构造
(8) 词法分析程序的自动生成工具 LEX

3.1 词法分析概述

3.1.1 词法分析程序的功能

词法分析的任务是对字符串表示的源程序从左到右地进行扫描和分解,根据语言的词法规则识别出一个一个具有独立意义的单词符号。词法分析是在单词的级别上分析和翻译源程序。执行词法分析的程序称为词法分析程序,或称为词法分析器或扫描器。

词法分析程序在识别单词符号之前,通常需要对输入的源程序进行预处理。预处理阶段完成一些不需要生成单词符号的处理工作,主要包括删除无用的空格、回车、换行等编辑性字符和注释部分。可以将词法分析程序作为独立的一遍来实现,此时可以将词法分析程序的输出放到一个中间文件中,语法分析程序从该中间文件中获取它的输入。有些编译程序将词法分析和语法分析安排在一遍实现,词法分析程序作为语法分析程序的一个子程序,每当语法分析程序需要一个新的单词符号时就调用词法分析程序,每调用一次,词法分析程序就从源程序中识别出一个具有独立意义的单词符号发送给语法分析程序,如图 3-1 所示。

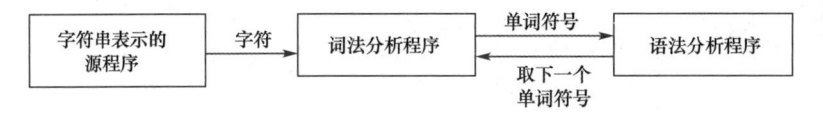

图 3-1　词法分析程序

3.1.2　语言的单词符号

　　语言的单词符号是指语言中具有独立意义的最小语法单位。程序设计语言的单词符号一般分为五类:关键字、标识符、常数、运算符和分界符。

　　关键字:也称基本字或保留字,例如,C 语言中的 if、else、for 等,这些单词在程序设计语言中具有固定的意义,一般不能用作其他用途。

　　标识符:表示各种名字,如变量名、数组名和函数名等。

　　常数:各种类型的常数,如整型常数 123、实型常数 3.14、布尔型常数 TRUE 等 。

　　运算符:如算术运算符＋、－、＊、／,关系运算符＜、＞,逻辑运算符 or、and 等。

　　分界符:也称界限符、界符,如;,,(,)等 。

　　目前,多数程序设计语言的单词符号都能用正规文法或正规式来定义,二者具有相同的表达能力。但是这两种定义方式各有不同的特点,正规式定义简洁而清晰,正规文法定义易于识别。

　　例如,分别用正规式和正规文法描述程序设计语言标识符的集合,设标识符集合是以字母开头、由字母和数字组成的符号串的集合。用 letter 代表任一英文字母,digit 代表 0、1、…、9 任一数字。

　　定义标识符集合的正规文法为:＜标识符＞→letter|＜标识符＞letter|＜标识符＞digit

　　定义标识符集合的正规式为:letter(letter | digit)*

3.1.3　词法分析程序输出单词的形式

　　词法分析程序输出的单词符号通常表示成如下的二元组形式:
$$(单词种别,单词的值)$$

1. 单词种别

　　单词种别表示单词的类别,它是语法分析需要的信息,常用助记符或整数编码表示。

　　一种程序设计语言的单词符号如何分类、如何编码,主要取决于技术上的方便。通常,为处理方便将每类单词用一个整数编码来表示。对于关键字来说,因为是提前定义好的,数量是确定的,所以既可以将全体关键字对应于一个种别编码,也可以为关键字中每个单词符号对应一个单独的种别编码。运算符和分界符的情况与关键字相同。标识符因为使用时数量不确定,所以通常将标识符全体对应一个种别编码。常数的情况与标识符类似,可以将常数全体对应一个种别编码,也可按常数类型(整型、实型、布尔型等)对应不同的种别编码。

2. 单词的值

一个种别如果只对应一个单词,可以不必再给出单词的值。因为根据类别编码能完全确定其值,种别编码就代表了这个单词符号。对于基本字、运算符和分界符通常都是一个种别只对应一个单词。

一个种别如果包含多个单词,必须同时给出单词的值用于区分同一种类中的不同单词。标识符全体对应一个种别编码时,其单词的值通常表示成按机器字节划分的内部码(如ASCII码)。常数按类型分类别,每个常数类型对应一个种别编码时,常数的值通常表示成二进制形式或逻辑值。对于标识符和常数也可以用指向某类表格一个特定项目指针值来区分同类中不同的单词。例如,对于标识符用它在符号表的入口指针作为它自身值。

【例 3-1】 if(a>100) b=200;

假设:关键字、运算符和分界符都是一个单词对应一个种别编码;标识符自身的值用自身的字符串表示;常数自身的值用常数本身的值表示。

假设:

标识符的种别编码为整数 35 ; 常数的种别编码为整数 32 ;
基本字 if 种别编码为 5 ;   赋值号的种别编码为 18 ;
大于号的种别编码为 23 ;   左括号的种别编码为 25 ;
右括号的种别编码为 26 ;   分号的种别编码为 27 ;

则程序段:if(a>100) b=200;在经词法分析程序扫描后,它所输出的单词符号串如下:

(5,—)	关键字 if
(25,—)	左括号(
(35,'a')	标识符 a
(23,—)	大于号 >
(32,100)	常数 100
(26,—)	右括号)
(35,'b')	标识符 b
(18,—)	赋值号 =
(32,200)	常数 200
(27,—)	分号 ;

3.2 正规式与正规集

正规式和文法类似,也是一种用于描述语言结构的重要的表示形式,

正规式与正规集

常用以描述程序设计语言单词符号的结构。正规式定义的集合称为正规集。下面给出正规式和正规集的递归定义。

设有字母表 $\Sigma=\{a_1,a_2,\cdots,a_n\}$，在字母表 Σ 上的正规式和它所表示的正规集可用以下规则来定义：

(1) $\varnothing$ 是 Σ 上的正规式，它所表示的正规集是 $\varnothing$，即空集 $\{\}$。

(2) ε 是 Σ 上的正规式，它所表示的正规集是仅含有一个空符号串的集合，即 $\{\varepsilon\}$。

(3) a_i 是 Σ 上的一个正规式，它所表示的正规集是由字母表中的单个符号 a_i 所组成的集合，即 $\{a_i\}$。

(4) 假设 e_1 和 e_2 是 Σ 上的正规式，它们所表示的正规集分别为 $L(e_1)$ 和 $L(e_2)$，则：

① $e_1 | e_2$ 是 Σ 上的一个正规式，它所表示的正规集为 $L(e_1 | e_2) = L(e_1) \bigcup L(e_2)$

② $e_1 \cdot e_2$ 是 Σ 上的一个正规式，它所表示的正规集为 $L(e_1 \cdot e_2) = L(e_1)L(e_2)$

③ $(e_1)^*$ 是 Σ 上的一个正规式，它所表示的正规集为 $L((e_1)^*) = (L(e_1))^*$

正规式中包含三种基本运算符：其中的"|"读作"或"。"·"读作"连接"，通常可省略不写。"*"读作"闭包"，表示任意有限次的自重复连接。可以随意地使用括号以保持正规式的可理解度，在不致混淆的情况下括号可省去，运算符的优先顺序从高到低依次为"*"、"·"、"|"，都是左结合的。

正规式的定义是递归的，上述规则(1)、(2)、(3)是基本定义，(4)是归纳步骤，仅由有限次使用(4)中三个规则而定义的表达式才是 Σ 上的正规式，仅由这些正规式所表示的集合才是 Σ 上的正规集。

【例3-2】 设有字母表 $\Sigma=\{x,y\}$，根据正规式与正规集的定义，则有：

(1) x 和 y 是正规式，相应正规集为 $L(x)=\{x\},L(y)=\{y\}$

(2) $x|y$ 是正规式，相应正规集为 $L(x|y)=L(x)\bigcup L(y)=\{x,y\}$

(3) xy 是正规式，相应正规集为 $L(xy)=L(x)L(y)=\{x\}\{y\}=\{xy\}$

(4) $(x|y)(x|y)$ 是正规式，相应正规集为 $L((x|y)(x|y))=L(x|y)L(x|y)=\{x,y\}\{x,y\}=\{xx,xy,yx,yy\}$

(5) $(x|y)^*$ 是正规式，相应正规集为 $L((x|y)^*)=(L(x|y))^*=\{x,y\}^*=\{\varepsilon,x,y,xx,xy,yx,yy,\cdots\}$，即它是由 x,y 组成的所有可能的符号串的集合。

(6) $(x|y)^* xy$ 是正规式，相应正规集为 $L((x|y)^* xy)=L((x|y)^*)L(x)L(y)=\{x,y\}^*\{xy\}=\{xy,xxy,yxy,xxxy,xyxy,yxxy,\cdots\}$，即它是由 x,y 组成的所有以 xy 结尾的符号串的集合。

【例3-3】 设字母表 $\Sigma=\{0,1\}$，则 $00^* 11^*$ 是 Σ 上的一个正规式，它所表示的正规集是什么？

解 根据正规式分析正规集中包含的句子得 $L=\{01,001,0011,011,\cdots\}=\{0^m 1^n | m \geqslant 1, n \geqslant 1\}$

【例3-4】 设字母表 $\Sigma=\{0,1\}$，写出表示不以 0 开头的，以 00 结尾的符号串的正规集的正规式。

解 正规式为：$R=1(0|1)^* 00$

如果正规式 R1 和 R2 描述的正规集相同,则我们称正规式 R1 与 R2 等价,记为 R1=R2。

【例 3-5】 证明 b(ab)* 和 (ba)*b 是等价的正规式。

解 L(b(ab)*)=L(b)L((ab)*)=L(b)(L(ab))*=L(b)(L(a)L(b))*={b}{ab}*={b}{,ab,abab,ababab,⋯}={b,bab,babab,bababab,⋯}

L((ba)*b)=L((ba)*)L(b)=(L(ba))*L(b)=(L(b)L(a))*L(b)={ba}*{b}={,ba,baba,bababa,⋯}{b}={b,bab,babab,bababab,⋯}

因为两个正规式定义的正规集是相同的,所以两个正规式是等价的。

正规式遵循许多代数定律,利用这些定律可以对正规式进行等价变换。令 R,S 和 T 均为正规式,则有如下代数定律:

R|S=S|R	"|"运算满足交换律
R|(S|T)=(R|S)|T	"|"运算满足结合律
R(ST)=(RS)T	连接运算满足结合律
R(S|T)=RS|RT,(R|S)T=RT|ST	连接运算对"|"运算满足分配律
Rε=εR=R	
R*=RR*|ε|R*=(R|ε)*	*和ε之间的关系
(R*)*=R*	

3.3 正规式与正规文法的转换

正规集既可以用正规式描述也可以用正规文法描述。有些语言适合用正规式描述,有些语言适合用正规文法描述。正规文法和正规式具有等价性,即对任意一个正规文法,存在一个定义同一语言的正规式,反之亦然。本节主要介绍正规文法和正规式之间的相互转换方法。

1. 正规文法转换为正规式

方法:首先由正规文法的各个产生式写出对应的正规方程式,获得一个联立方程组。依照求解规则:

(1)若 A=xB,B=y,则正规式 A=xy。

(2)若 A=x,A=y,则正规式 A=x|y。

(3)若 A=xA|y 则解为 A=x*y;若 A=Ax|y 则解为 A=yx*。

正规式方程组中的变元是非终结符,使用求解规则和正规式的代数定律求解这个正规式方程组,最后得到一个关于开始符号的解,这个解中不含非终结符,即为所求解的正规式。

【例 3-6】 设有正规文法 G:

S→0A
A→0A|0B
B→1A|1

试给出该文法生成语言的正规式。

解 首先给出相应的正规式方程组

S=0A　　　　　　　(1)
A=0A｜0B　　　　(2)
B=1A｜1　　　　　(3)

将(3)代入(2)中的B得

A=0A｜01A｜01　　(4)

对(4)利用分配律得

A=(0｜01)A｜01　　(5)

对(5)使用求解规则得

A=(0｜01)*01　　　(6)

将(6)代入(1)式中的A得

S=0(0｜01)*01

即正规文法G[S]所生成语言的正规式是R=0(0｜01)*01

【例3-7】 设有正规文法G：

S→aA
A→bA｜aB｜b
B→aA｜ε

试给出该文法生成语言的正规式。

解 首先给出相应的正规式方程组

S=aA　　　　　　　(1)
A=bA｜aB｜b　　　(2)
B=aA｜ε　　　　　(3)

将(3)代入(2)中的A得

A=bA｜aaA｜a｜b　(4)

对(4)利用分配律得

A=(b｜aa)A｜(a｜b)　(5)

对(5)使用求解规则得

A=(b｜aa)*(a｜b)　　(6)

将(6)代入(1)式中的A得

S=a(b｜aa)*(a｜b)

即正规文法G[S]所生成语言的正规式是R=a(b｜aa)*(a｜b)

2. 正规式转换为正规文法

将字母表Σ上的正规式R转换成等价的正规文法(V_N, V_T, P, S)的步骤如下。

(1)令 $V_T=\Sigma$。

(2)对任何正规式R选择一个非终结符，比如S，生成规则S→R，并令S为文法的开始符号。

(3)按照如下规则对S→R进行分解和转换：

①若a和b都是正规式，对形如A→ab的规则转换成A→aB和B→b两规则，其中B

是新增的非终结符。

②若 a 和 b 都是正规式,对形如 A→a*b 的规则转换成 A→aA|b。

(4)不断利用步骤(3)中规则进行分解和变换,直到每条规则最多含有一个终结符为止。

以上方法将正规式转换成等价的右线性文法,如果转换成左线性文法,则步骤(3)中的规则为:

①若 a 和 b 都是正规式,对形如 A→ab 的规则转换成 A→Bb 和 B→a 两规则,其中 B 是新增的非终结符。

②若 a 和 b 都是正规式,对形如 A→ba* 的规则转换成 A→Aa|b。

【例 3-8】 将正规式 R=0(0 | 01)* 01 转换成正规文法

解 令 S 是文法开始符号,根据步骤(2)变换为 S→0(0 | 01)* 01

根据步骤(3)转换过程如下:

S→0A
A→(0 | 01)* 01

对 A 进行分解和变换得:

A→(0 | 01)A | 01
A→0 A | 01A | 01
A→0(A | 1A | 1)

对 A 进行进一步变换得:

A→0 B
B→A | 1A | 1

最终转换为正规文法为:

S→0A
A→0B
B→A | 1A | 1

若转换为左线性文法,则为:

令 S 是文法开始符号,根据步骤(2)变换为 S→0(0 | 01)* 01

根据步骤(3)转换过程如下:

S→A1
A→B 0
B→0(0 | 01)*

对 B 进行分解和变换得:

B→B(0 | 01) | 0
B→B0 | B01 | 0

对 B 进行进一步变换得:

B→B0 | C1 | 0
C→B 0

最终转换为正规文法为:

S→A1
A→B0
B→B0 | C1 | 0
C→B0

3.4 有穷自动机

有穷自动机(Finite Automata)也称为有限自动机,是具有离散输入与输出系统的一种抽象数学模型。有穷自动机可以作为一种识别装置,它能准确地识别正规集,即识别正规文法所定义的语言和正规式所表示的集合,所以它可以作为一种语法检测器。有穷自动机分为确定的有穷自动机(Deterministic Finite Automata,DFA)和非确定的有穷自动机(Nondeterministic Finite Automata,NFA)两种,这两种有穷自动机都能准确地识别正规集。

4.1 确定的有穷自动机

一个确定的有穷自动机 M 是一个五元组 $M=(Q,\Sigma,f,S,Z)$,其中:

(1)Q 是一个非空有穷状态集合,它的每一个元素称为一个状态。

(2)Σ 是一个有穷输入字母表,它的每个元素称为一个输入字符。通常认为代表空串的 ε 不是字母表中的元素。

(3)f 是一个从 $Q\times\Sigma$ 到 Q 的单值映射,也称为状态转换函数。$f(p,a)=q(p\in Q,q\in Q,a\in\Sigma)$ 表示当前状态为 p,输入字符为 a 时,自动机将转换到下一个状态 q,q 称为 p 的一个后继状态。f 是单值映射是指若有 $f(p,a)=q$,则在状态 p 时遇到输入字符 a 只有唯一的一个后继状态 q。

(4)$S\in Q$,是唯一的一个初态,又称为初始状态或启动状态。

(5)$Z\subseteq Q$,是一个终态集,它的每个元素称为终止状态,也称接受状态或结束状态。

需要说明的是 Z 中的状态称为终止状态,并不是说有穷自动机到达这个状态就必须终止了,而是一旦有穷自动机在处理完所有输入字符串时正好到达这个状态,说明当前处理的字符串被有穷自动机所接受或识别成功,所以终止状态又叫作接受状态。

【例 3-9】 设 DFA $M=(\{q_0,q_1,q_2\},\{a,b\},f,q_0\{q_2\})$

其中 $f(q_0,a)=q_1$ $f(q_1,a)=q_1$ $f(q_1,b)=q_2$ $f(q_2,b)=q_2$

有穷自动机的直观表示常用状态转换矩阵(状态转换表)和状态转换图两种形式。

状态转换矩阵的行表示状态,列表示输入字符,矩阵元素为状态转换函数的值,表示相应状态行和输入字符列下的新状态,即 p 行 a 列为 $f(p,a)$ 的值。其中空白元素表示对于相应的"状态-字符"对,没有状态转换函数。例 3-9 中的 DFA M 对应的状态转换矩阵见表 3-1。

表 3-1　例 3-9 中的 DFA M 对应的状态转换矩阵

状态	字符	
	a	b
q_0	q_1	
q_1	q_1	q_2
q_2		q_2

有穷自动机也可以表示成一张状态转换图，状态转换图是由一组有向边连接的有限个节点所组成的有向图。假设一个 DFA M 含有 m 个状态和 n 个输入字符，那么这个状态图含有 m 个状态节点，状态节点用单层圆圈表示，终止状态节点用双层圆圈表示。整个图含有唯一一个初态节点和若干个终态节点。状态节点之间用有向边连接，有向边上标记一个字符 a∈Σ，表示从有向边的射出状态出发，识别一个字符 a 后，将进入箭头所指向的状态。每个节点最多含有 n 条箭弧射出和其他状态节点相连接，且每条箭弧用 Σ 上的不同的输入字符来做标记。为了明确有穷自动机的开始状态，通常用一个箭头指向作为开始状态的节点。

例 3-9 中的 DFA M 对应的状态转换图如图 3-2 所示。

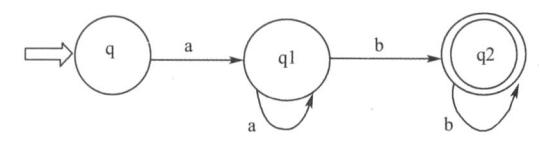

图 3-2　例 3-9 中的 DFA M 对应的状态转换图

对 Σ* 中的任何符号串 α，若 DFA M 的状态转换图中存在一条从初态节点到某个终态节点的通路，且这条通路上所有弧的标记连接成的符号串等于 α，则说明 α 能够被 DFA M 所识别(或接受)。若 DFA M 的初态节点同时又是终态节点，则 ε 可为 DFA M 所识别。DFA M 所识别的符号串的全体记为 L(M)，称为 DFA M 所识别的语言。例 3-9 中的 DFA M 所识别的语言为 L(M)=aa*bb*。

显然，若从初态出发分别沿一切可能的路径到达终态节点，并将路径中弧线上所标记的字符依次连接起来，便得到状态转换图所能识别的全部符号串，这些符号串组成的集合构成了该状态转换图识别的语言。

【例 3-10】　设 DFA M=({0,1,2,3},{a,b},f,0,{3})，其中 f 定义如下：
f(0,a)=1　f(0,b)=2　f(1,a)=3　f(2,b)=3　f(3,a)=3　f(3,b)=3
对应的状态转换矩阵见表 3-2。DFA M 对应的状态转换图如图 3-3 所示。

表 3-2　例 3-10 中的 DFA M 对应的状态转换矩阵

状态	字符	
	a	b
0	1	2
1	3	
2		3
3	3	3

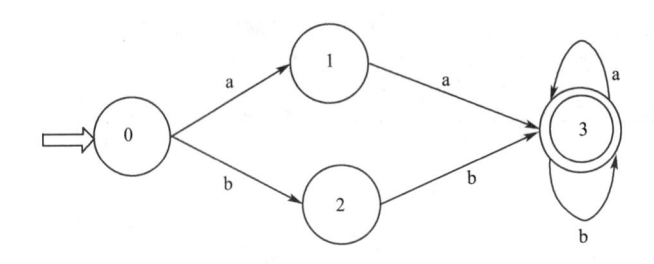

图 3-3　例 3-10 中的 DFA M 对应的状态转换图

DFA M 所识别的语言为 L(M)=(aa|bb)(a|b)*。

3.4.2　非确定的有穷自动机

一个非确定的有穷自动机 M 是一个五元组 M=(Q,Σ,f,S,Z),其中:

(1)Q、Σ 和 Z 的意义和 DFA 相同。

(2)f 是一个从 Q×Σ 到 Q 的子集的多值映射,即 f(p,a)={某些状态的集合},某一个状态通过识别一个符号可以到达不止一个状态,也就是后继状态可以有多个。非确定的有穷自动机还允许 f(p,ε)={某些状态的集合}。

(3)S⊆Q 是非空的初态集,它的每个元素称为初始状态或启动状态。

非确定的有穷自动机和确定的有穷自动机的主要区别:

(1)NFA 的初态是一个集合,而 DFA 只有唯一的一个初始状态。

(2)NFA 的状态转换函数 f 是一个从 Q×Σ 到 Q 的子集的多值映射,而 DFA 的 f 是一个从 Q×Σ 到 Q 的单值映射。

(3)NFA 允许在没有扫描到任何输入符号的情况下转移到下一个状态,也就是允许输入是 ε,表示为 f(p,ε)={某些状态的集合}。

NFA 也可以用状态转换矩阵和状态转换图来表示。假设一个 NFA M 含有 m 个状态和 n 个输入字符,那么这个状态转换图含有 m 个状态节点,同一个字符或 ε 可能出现在同一个状态射出的多条弧线上。整个图中含有至少一个初态节点和若干个终态节点。

【例 3-11】　设有 NFA M=({0,1,2},{a,b},f,{0,2},{1})　其中:

f(0,a)={2}　　f(0,b)={0,1}　　f(1,b)={2}　　f(2,b)={1}

例中 NFA M 对应的状态转换矩阵见表 3-3。例中 NFA M 对应的状态转换图如图 3-4 所示。

表 3-3　例 3-11 中的 NFA M 对应的状态转换矩阵

状态	字符 a	b
0	{2}	{0,1}
1	Φ	{2}
2	Φ	{1}

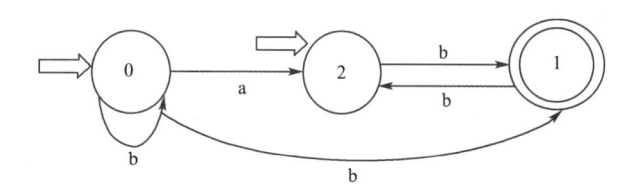

图 3-4 例 3-11 中的 NFA M 对应的状态转换图

对于 Σ^* 中的任何一个符号串 α，若 NFA M 的状态转换图中存在一条从某一初态节点到某一终态节点的通路，且这条通路上所有弧的标记依序连接成的符号串等于 α，则称 α 可为 NFA M 所识别(或接受)。

若 NFA M 的某些节点既是初态节点又是终态节点，或者存在一条从某个初态节点到某个终态节点的通路，其上所有弧的标记均为 ε，那么空串 ε 可为 NFA M 所接受。NFA M 所识别的符号串的全体记为 L(M)，称为 NFA M 所识别的语言。例 3-11 中 NFA M 所识别的语言为 $L(M)=b^*(b|ab)(bb)^*$。

3.4.3 DFA 与 NFA 的等价性

有穷自动机作为一种识别装置，主要是判断一个输入符号串是否是当前有穷自动机能够接受的，即是否是某个语言中的符号串，DFA 和 NFA 都能够准确地做出这种判断。但是由 NFA 的定义可知，如果在某个状态下，对某个输入符号可能存在多个后继状态，那么当有穷自动机处于该状态时，就无法在当前情况下确定其下一个状态，所以 NFA 识别输入符号串时会有一个试探过程，为了能走到终态，往往要走许多弯路(带回溯)，这影响了识别符号串的效率。

例如例 3-11 中 NFA M，对符号串 α=bbb 的识别过程。若从状态 0 开始，可以由状态 0 识别第一个 b 到状态 0，状态 0 识别第二个 b 到状态 0，状态 0 识别第三个 b 到状态 0。输入串识别完成发现没有在终态上，那么识别就失败了。这时就需要尝试其他的路径，比如若从状态 0 开始，可以从状态 0 识别第一个 b 到状态 0，状态 0 识别第二个 b 到状态 0，状态 0 识别第三个 b 到状态 2，此时识别成功。实际上对符号串 α=bbb 的识别可以有多条路径，这种不确定性不利于计算机去模拟实现。因此，需要将一个 NFA 转换成一个识别相同语言的 DFA。事实上，DFA 是 NFA 的特例，对任意一个 NFA M，总可以构造一个 DFA M′，使 L(M′)=L(M) 成立，这就是 NFA 与 DFA 的等价性。下一小节我们将介绍如何把 NFA 转化成等价的 DFA。

3.4.4 NFA 确定化为 DFA

NFA 确定化为 DFA 是指对给定的 NFA，能够构造出等价的 DFA，使它们所识别的语言是一样的。将 NFA 确定化为 DFA 的方法通常称为"子集构造法"，其基本思想是：让构造得到的 DFA 的每一个状态代表 NFA 的一个状态集合。

在介绍子集构造法的算法之前，先介绍与状态集合 I 相关的几个概念。

1. 状态集合 I 的 ε-闭包的概念。

设 I 是 NFA M 的一个状态子集，定义 ε-closure(I) 如下：

(1)若 s∈I,则 s∈ε-closure(I)。

(2)若 s∈I,那么从 s 出发经过任意条 ε 弧而能到达的任何状态 s′,都属于 ε-closure(I)。

由定义可知,ε-closure(I)表示所有那些从 I 中的元素出发经过 ε 弧所能到达的 NFA 的状态所组成的集合,I 中任何状态也在其中,因为它们是通过 ε 通路到达自身的。该集合对 DFA 来说是一个状态。

2. 状态集合 I 的 a 弧转换 Ia

设 a 是 Σ 中的一个字符,I 是 NFA M 的一个状态子集,定义 Ia=ε-closure(J)。

其中,J 为 I 中的每个状态出发经过一条 a 弧而到达的状态集合。

通过一个例子来理解状态集合 I 的 ε-闭包和状态集合 I 的 a 弧转换 Ia。

【例 3-12】 如图 3-5 所示为一个 NFA 对应的状态转换图。

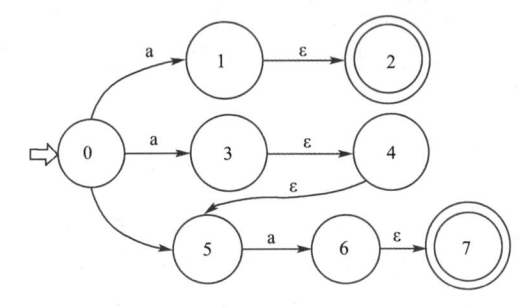

图 3-5 例 3-12 中 NFA 对应的状态转换图

已知:ε-closure({0})={0,5},ε-closure({3})={3,4,5}

设 I={0,5} 则 Ia=ε-closure(J)

J=f(I,a)=f(0,a)∪f(5,a)={1,3,6}

Ia=ε-closure(J)=ε-closure({1,3,6})

　=｛1,3,6,2,4,5,7｝

设 I={3,4,5} 则 Ia=ε-closure(J)

J=f(I,a)=f(3,a)∪f(4,a)∪f(5,a)={6}

Ia=ε-closure(J)=ε-closure({6})={6,7}

理解了状态集合 I 的 ε-闭包和状态集合 I 的 a 弧转换 Ia 这两个状态,下面给出由 NFA 确定化为 DFA 的算法。

算法 3-1 由 NFA 确定化为 DFA 的算法

输入:NFA M=(Q,Σ,f,S,Z)

输出:一个与 NFA M 等价的 DFA M′=(Q′,Σ,f′,S′,Z′)。

步骤:构造 DFA M′ 的状态转换矩阵

(1)首先置 DFA M′ 中的 Q′,f′,S′,Z′ 为空集。

(2)构造一个 DFA M′ 的状态转换矩阵,其中列标题是字母表中各字符 a∈Σ,行标题是 Q′ 中各状态,初始时因为 Q′ 为空集,所以没有任何行标题。

(3)置第 1 行行标题为 ε-closure({S})

(4) 根据当前行标题,求出对应每一列的 Ia 并填入对应的列中,如果此 Ia 没有出现在已有行标题中,则将 Ia 作为新一行的行标题填入状态转换矩阵。

(5) 重复步骤(4),直至所有状态子集 Ia 都在行标题中出现为止。

(6) 把状态转换矩阵中的每个子集看成一个状态,重新命名该矩阵中的每个行标题对应的状态子集,得到 DFA M′ 对应的状态转换矩阵,每一行行标题对应的新状态构成了它的状态集合 Q′,初始状态是 ε-closure({S}) 所对应的状态。它的终态集由含有原终态集 Z 中元素的子集对应的状态组成。矩阵的元素就是映射函数 f′。

【例 3-13】 利用子集构造法将例 3-11 中的 NFA 确定化为等价的 DFA。

解 构造确定化后的状态转换矩阵见表 3-4。构造确定化后的 DFA 状态转换图如图 3-6 所示。

表 3-4　　图 3-4 NFA 确定化后的状态转换矩阵

状态	Q′	a	b
A	{0}	{2}	{0,1}
B	{2}		{1}
C	{1}		{2}
D	{0,1}	{2}	{0,1,2}
E	{0,1,2}	{2}	{0,1,2}

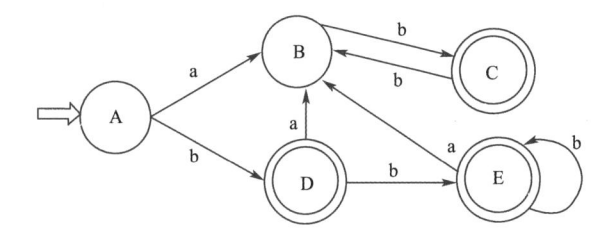

图 3-6　构造确定化后的 DFA(例 3-13)状态转换图

【例 3-14】 设 NFA M 的字母表 Σ={a,b},状态转换图如图 3-7 所示,求 NFA M 确定化后的 DFA。

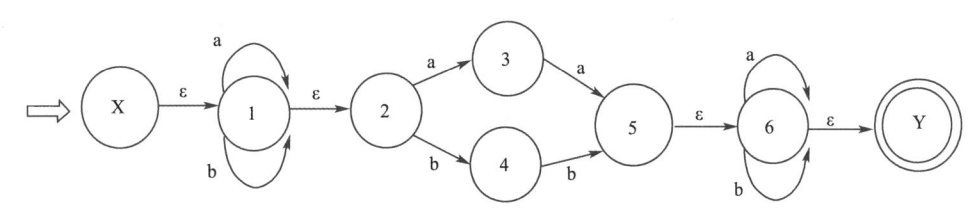

图 3-7　NFA M 的状态转换图

解 构造确定化后的状态转换矩阵见表 3-5。

表 3-5　　　图 3-7 NFA 确定化后的状态转换矩阵

状态	Q'	a	b
A	{X,1,2}	{1,3,2}	{1,4,2}
B	{1,2,3}	{1,3,5,2,6,Y}	{1,4,2}
C	{1,2,4}	{1,3,2}	{1,4,5,2,6,Y}
D	{1,2,3,5,6,Y}	{1,3,5,6,2,Y}	{1,4,6,2,Y}
E	{1,2,4,5,6,Y}	{1,3,6,2,Y}	{1,4,5,6,2,Y}
F	{1,2,4,6,Y}	{1,3,6,2,Y}	{1,4,5,6,2,Y}
G	{1,2,3,6,Y}	{1,3,5,6,2,Y}	{1,3,6,2,Y}

构造确定化后的 DFA 状态转换图如图 3-8 所示。

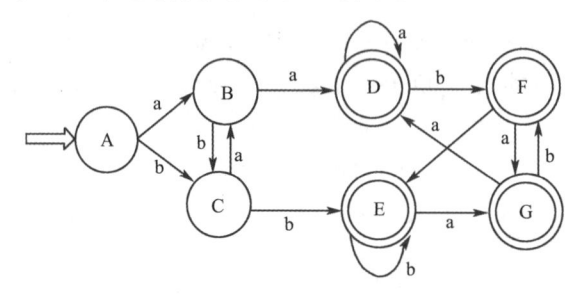

图 3-8　构造确定化为 DFA 状态转换图（例 3-14）

NFA 确定化的 DFA 的方法不难掌握，但是求解过程需要有耐心、认真细致。

3.4.5　DFA 化简

对于同一个语言可以由多个 DFA 识别，这些 DFA 的状态数目不同，通常希望使用的 DFA 的状态数目尽可能少。从理论上讲，任何正规语言都有一个唯一的状态数目最小的 DFA。而且，从任何一个等价的 DFA 出发，通过分组合并等价的状态，总可以构建得到这个状态数最少的 DFA。

对于一个 NFA，当确定化为 DFA 后可能状态数有所增加，所以应对其进行化简。本节将介绍将任意一个 DFA 转化为等价的状态数最少的 DFA 的方法，即 DFA 的化简。一个 DFA M 的化简是指寻找一个状态数比 M 少的 DFA M'，使得 L(M')＝L(M)。化简后的 DFA 应满足下面两个条件。

1. 状态集中没有多余状态

有穷自动机的多余状态是指从该自动机的开始状态出发，任何输入串都不能到达的状态，即从初始状态无法到达的状态或者从这个状态没有通路到达终态的状态。

例如图 3-9 中的 DFA，其中 D 为多余状态，因为从 D 无法到达终态 B。

2. 状态集中没有等价状态

设 DFA M＝(Q,Σ,f,S₀,F)，s,t∈Q，若对任何 α∈Σ*，f(s,(α))∈F 当且仅当 f(t,α)∈F，则称

图 3-9　含有多余状态的 DFA

状态 s 和 t 是等价的,否则称 s 和 t 是可区别的。

两个状态等价的意思是如果从状态 s 出发能读出某个符号串 α 而停止于终态,那么同样,从 t 出发也能读出 α 而停止于终态;反之亦然。例如,终态与非终态一定是可区别的。设 s 为终态,则 f(s,ε)=s,所以从终态 s 有一条到达自身的 ε 道路;设 t 为非终态,f(t,ε)=t,非终态 t 没有到达终态的 ε 道路。

两个状态等价需要满足两个条件:

(1) 状态 s 和 t 必须同时为终态或非终态。

(2) 状态 s 和 t 遇到任意输入符号 a,必须转到等价的状态里。

DFA M 最小化的基本思想:无多余状态下把 DFA M 的状态集 Q 划分成一些不相交的子集,使得每个子集中的状态都是等价的,而任何两个属于不同子集的状态都是可区别的。在每个子集中任取一个状态作为"代表",删去子集中其余等价状态,并把射向其余状态的箭弧都改作射向作为"代表"的状态上。

算法 3-2 DFA 化简

给定 DFA $M=(Q,\Sigma,f,S_0,Z)$,化简 M 的具体算法如下:

(1) 将 DFA M 的状态集 Q 分成两个子集:终态集 Z 和非终态集 Q-Z,形成初始划分 Π。

$I^1=Z, I^2=Q-Z, \Pi=\{I^1,I^2\}$ ($I^1 \cup I^2=Q, I^1 \cap I^2=\Phi$)。

(2) 假设到某个时刻,Π 中已含 m 个可区分的子集,记为 $\Pi=\{I^{(1)},I^{(2)},\cdots,I^{(m)}\}$,检查 Π 中的每个子集查看是否能进一步划分。

对 Π 中所有子集进行如下检查,完成一次划分。

取某个子集 $I^i=\{s_1,s_2,\cdots,s_n\}$,如果对某个 $a\in\Sigma$,使得 I_a^i 不全落在现有 Π 的某一个子集 I^j 之中,说明 I^i 中有不等价状态,需要进一步划分。

(3) 重复步骤(2),直到 Π 所含有的子集数不再增加为止。即 Π 中的每个子集中的状态互相等价,而不同子集间的状态是可区别的。

(4) 划分结束后,对划分中的每个状态子集,选出一个状态作为代表,删去其他一切等价的状态,并把射向其他状态的箭弧改为射向这个作为代表的状态。

若 I 含有原来的初态,则其代表为新的初态。若 I 含有原来的终态,则其代表为新的终态。

【例 3-15】 对图 3-6 中的 DFA 进行化简。

解 由图 3-6 可知,给定的 DFA 中无多余状态。首先将 DFA 中的状态集划分为两个子集:终态集{C,D,E}和非终态集{A,B},形成初始划分:Π=({A,B},{C,D,E})。

先考查非终态集{A,B},对于输入符号 a,子集中的状态 A 转移到 B,而对于状态 B 不能识别 a。

所以应把子集{A,B}划分为两个新的子集{A}和子集{B}。这时 Π=({A},{B},{C,D,E})。

因为子集{A}和子集{B}都只包含一个状态,不能再进行划分。考查子集{C,D,E},

对于输入符号 a,子集中的状态 C 不能识别 a,而状态 D 和 E 转移到 B,所以应把子集{C,D,E}划分为两个新的子集{C}和子集{D,E}。

这时 Π=({A},{B},{C},{D,E})

因为子集{C}只包含一个状态,不能再进行划分。

考查子集{D,E},对于输入符号 a,子集中的状态 D 和 E 转移到 B,对于输入符号 b,子集中的状态 D 和 E 转移到 E,所以状态 D 和状态 E 是等价状态,子集{D,E}不可再划分。所以,DFA 的状态集合最终被划分为 4 个子集,即 Π=({A},{B},{C},{D,E})。

为每个子集选择一个状态为代表,对于子集{D,E}选择 D 作为代表,将状态 E 从状态转换图中删去,并将原来指向 E 的弧线都引导到作为代表的 D 上。化简后的 DFA 状态转换图如图 3-10 所示。

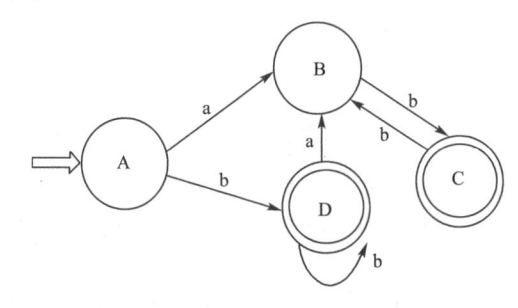

图 3-10　图 3-6 化简后的 DFA 状态转换图

【例 3-16】 对图 3-8 中的 DFA 进行化简。

解 由图 3-8 可知,给定的 DFA 中无多余状态。首先将 DFA 中的状态集划分为两个子集:终态集{D,E,F,G}和非终态集{A,B,C},形成初始划分:Π=({A,B,C},{D,E,F,G})。

先考查非终态集{A,B,C},对于输入符号 a,子集中的状态 A,C 转移到 B,而对于状态 B 转移到 D。即{A,B,C}a={B,D},因为 B 和 D 不在现有划分的一个子集中,所以应把子集{A,B,C}划分为两个新的子集{A,C}和子集{B}。这时 Π=({A,C},{B},{D,E,F,G})。

因为子集{B}只包含一个状态,不能再进行划分。考查子集{A,C},对于输入符号 a,子集中的状态 A,C 转移到 B,即{A,C}a={B}。对于输入符号 b,子集中的状态 A 转移到 C,子集中的状态 C 转移到 E,{A,C}b={C,E}。因为 C 和 E 不在现有划分的一个子集中,所以应把子集{A,C}划分为两个新的子集{A}和子集{C}。这时 Π=({A},{B},{C},{D,E,F,G})。

考查子集{D,E,F,G},对于输入符号 a,子集中的状态{D,E,F,G}跳转到{D,G},即{D,E,F,G}a={D,G}⊂{D,E,F,G},对于输入符号 b,子集中的状态{D,E,F,G}跳转到{E,F},即{D,E,F,G}b={E,F}⊂{D,E,F,G},所以{D,E,F,G}不可再划分。

所以,DFA 的状态集合最终被划分为 4 个子集,即 Π=({A},{B},{C},{D,E,F,G})。

为每个子集选择一个状态为代表,对于子集{D,E,F,G}选择 D 作为代表,将状态 E,F,G 从状态转换图中删去,并将原来指向 E,F,G 的弧线都引导到作为代表的 D 上。化简后的 DFA 状态转换图如图 3-11 所示。

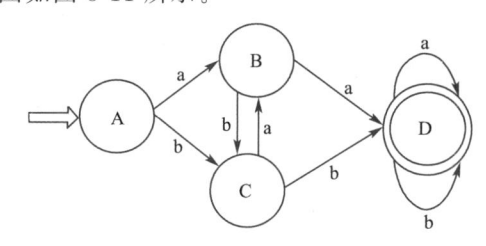

图 3-11　图 3-8 化简后的 DFA 状态转换图

化简后的 DFA 状态数更少了,编程实现时更节省时间,时间是一笔宝贵的财富,通过合理安排和有效利用,可以做更多的事情。

3.5　正规式与有穷自动机的等价性

对任何一个正规式 R,都存在一个 NFA M 使得 L(R)=L(M),反之亦然。本节将介绍正规式和有穷自动机之间的转换。

3.5.1　由正规式 R 构造 NFA

由正规式R
构造NFA

将正规式转换为有穷自动机时,因为常用的是 DFA,而通过正规式通常构造出的是 NFA,所以实际应用中一般的过程是,先由正规式构造出 NFA,然后将 NFA 确定化为 DFA,再将 DFA 化简,得到状态数最少的 DFA。前面已经介绍过 NFA 确定化为 DFA 和 DFA 化简的方法,这里只介绍由正规式构建 NFA 的方法。

转换方法:设有字母表 Σ 上的正规式 R。

(1)引进初态节点 X 和终态节点 Y,把 R 表示成拓广转换图。如图 3-12 所示。

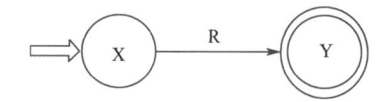

图 3-12　R 拓广转换图

(2)分析 R 的语法结构,用如下规则对 R 中的每个基本符号构造 NFA。

①R＝Φ,构造 NFA 如图 3-13 所示。

②R＝ε,构造 NFA 如图 3-14 所示。

③R＝a(a∈Σ),构造 NFA 如图 3-15 所示。

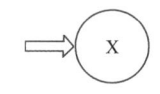

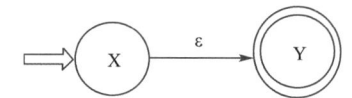

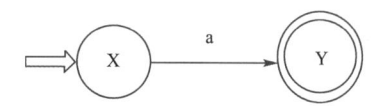

图 3-13　正规式 Φ 的转换图　　图 3-14　正规式 ε 的转换图　　图 3-15　正规式 a 的转换图

④若 R 是复合正规式,则按如图 3-16 所示的转换规则对 R 进行分裂和加进新状态节点,直至每个边上只留下一个符号或 ε 为止。转换规则如图 3-16 所示。

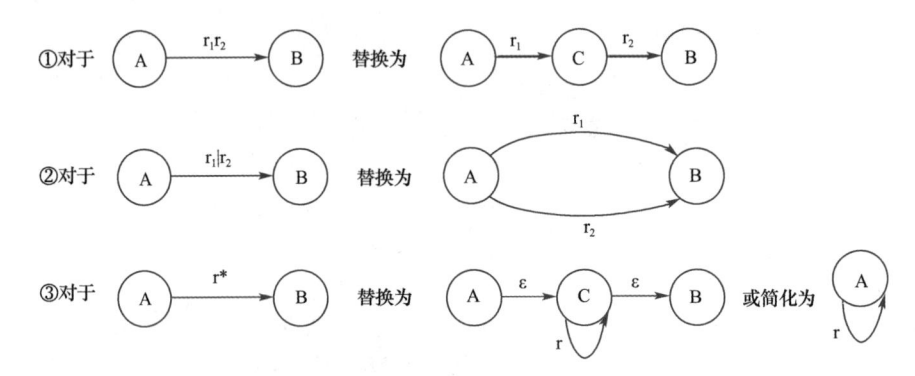

图 3-16 转换规则

(3) 整个分裂过程中,每增加一个新的状态节点就要用一个新名字标识,保留 X,Y 为全图唯一初态节点和终态节点。

【例 3-17】 试构造识别正规式 R=a*b(a|b)的 NFA M,使得 L(M)=L(R)。

解 首先将 R 表示成拓广转换图,然后不断分裂和加入新状态节点。构造该正规式的 NFA M 过程,如图 3-17 所示。

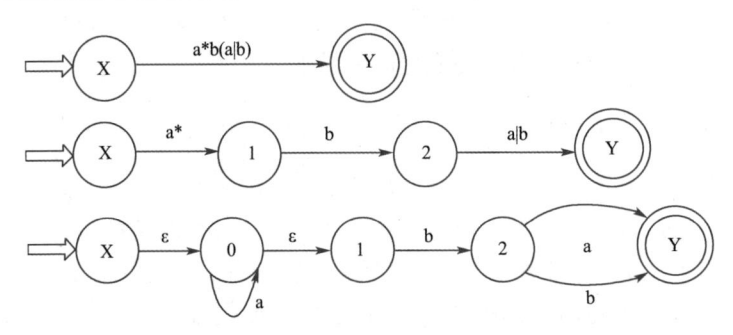

图 3-17 例 3-17 正规式 R 的 NFA M 过程

【例 3-18】 试构造识别正规式 R=(a|b)*(aa|bb)(a|b)* 的 NFA M,使得 L(M)=L(R)。

解 首先将 R 表示成拓广转换图,然后不断分裂和加入新状态节点。构造该正规式的 NFA M 过程,如图 3-18 所示。

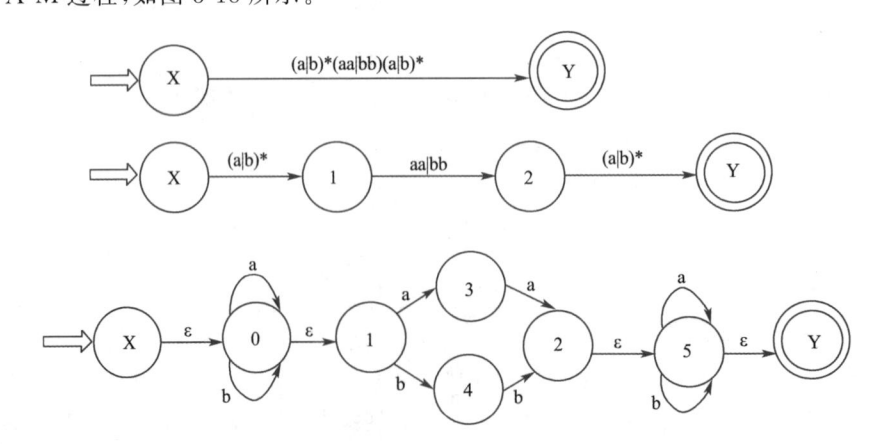

图 3-18 例 3-18 正规式 R 的 NFA M 过程

3.5.2 有穷自动机到正规式的转换

对 Σ 上的一个 NFA M,存在一个正规式 R,使得 L(M)=L(R)。有穷自动机转换为正规式的方法:设有一个 NFA M。

(1)首先在 M 的转换图上添加两个节点:X 节点和 Y 节点。从 X 节点用 ε 连线连接到 M 的所有初态节点,从 M 的所有终态节点用 ε 连线连接到 Y 节点,从而构成一个新的非确定有穷自动机 M′,它只有唯一一个初态节点 X 和唯一一个终态节点 Y。显然,L(M)=L(M′)。即这两个 NFA 是等价的。

(2)逐步消去 M′ 中的其他节点,直到只剩下 X,Y 节点。在消除节点过程中,逐步用正规式来标记相应的箭弧。消除节点的过程是直观的,只需要反复使用如图 3-19 所示的替换规则即可。

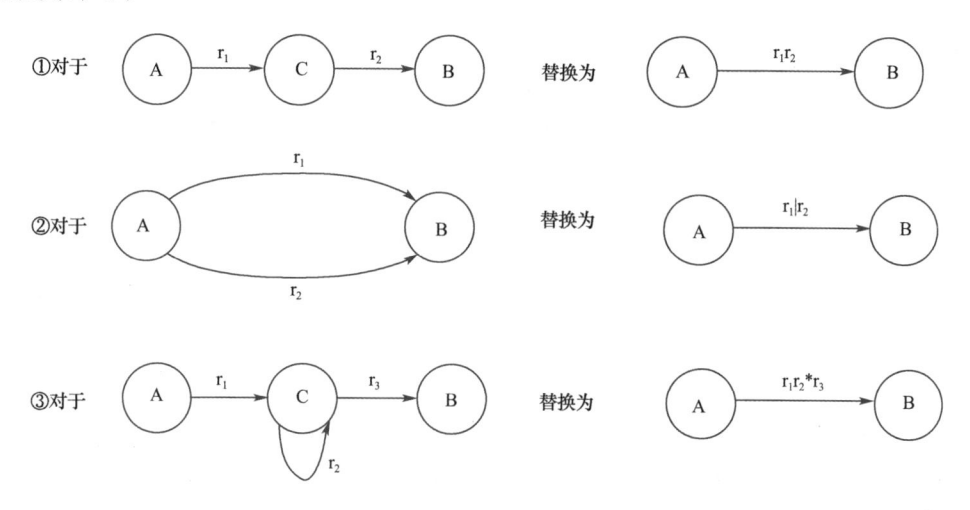

图 3-19 有穷自动机到正规式的转换规则

【例 3-19】 设有穷自动机的状态转换图如图 3-20 所示,试求该自动机识别语言的正规式。

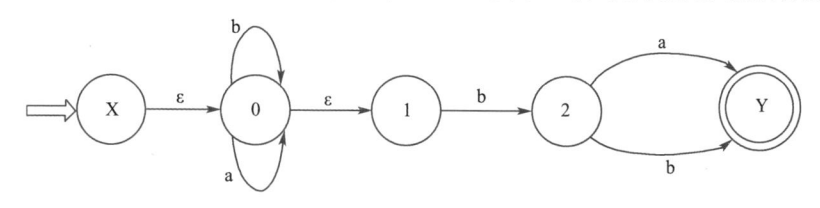

图 3-20 有穷自动机的状态转换图

解 由于该自动机只有唯一的一个初始节点和终止节点,所以可以不用引入新的初始和终止节点 。直接利用替换规则,逐步消去中间节点,直到只剩下初态 X 和终态 Y 为止,则从 X 指向 Y 的弧上的标记即为所求正规式。过程如图 3-21 所示。

所以该自动机识别语言的正规式为 R=(a|b)*b(a|b)

如果两个正规式是等价的,那么这两个正规式的最小状态 DFA 是相同的。正规式的等价性也可以利用正规式的基本等价关系将一个正规式化简或通过两正规式识别的语言相同来证明。

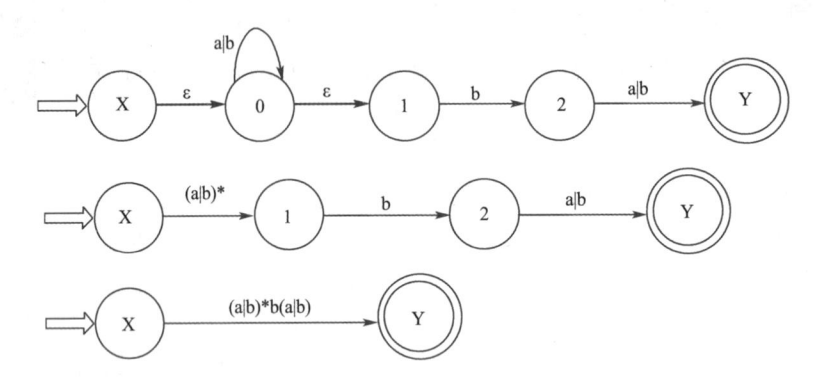

图 3-21 从 NFA 构造正规式 R 的过程

3.6 正规文法与有穷自动机的等价性

前面提到,正规语言可以用正规文法和正规式来描述,用有穷自动机来识别。如果对于某个正规文法 G 和某个有穷自动机 M,有 L(G)=L(M),则称 G 和 M 是等价的。对每一个正规文法 G,都存在一个等价的有穷自动机 M。下面分别介绍左线性文法、右线性文法和有穷自动机的转换方法。

3.6.1 右线性文法到有穷自动机的转换方法

设给定了一个右线性正规文法 $G=(V_N,V_T,P,S)$,则构造与其等价的有穷自动机 $M=(Q,\Sigma,f,q_0,Z)$ 的方法如下:

(1) 将 V_N 中的每一个非终结符作为 M 中的一个状态,并增加一个终止状态 $D(D\notin V_N)$,令 $Q=V_N\cup\{D\}$,$Z=\{D\}$,$\Sigma=V_T$,$q_0=S$。

(2) 对 G 中每一形如 $A\rightarrow aB(A,B\in V_N,a\in V_T\cup\{\varepsilon\})$ 的产生式,令 $f(A,a)=B$。

(3) 对 G 中每一形如 $A\rightarrow a(A\in V_N,a\in V_T\cup\{\varepsilon\})$ 的产生式,令 $f(A,a)=D$。

显然,这样构造的有穷自动机 M 和正规文法 G 是等价的。

对于右线性文法 G,若 $\alpha\in L(G)$,则在 α 的最左推导过程中,每一次利用产生式 $A\rightarrow aB$,就相当于在有穷自动机 M 中从状态 A 经过标记为 a 的弧到达状态 B。在推导的最后一步,利用产生式 $A\rightarrow a$,就相当于在 M 中从状态 A 出发经过标记为 a 的弧到达终态 D。

【例 3-20】 构造与下述文法 $G=(\{S,A,B\},\{a,b\},P,S)$ 等价的有穷自动机。
其中规则集合 P 为:

S→aA
A→aA | bB
B→bB | a

解 根据转换方法,设与文法等价的有穷自动机 M=({S,A,B,D},{a,b},f,{S},{D}),其中映射函数 f 如下:

对于产生式 S→aA,有 f(S,a)=A
对于产生式 A→aA,有 f(A,a)=A
对于产生式 A→bB,有 f(A,b)=B
对于产生式 B→bB,有 f(B,b)=B
对于产生式 B→a,有 f(B,a)=D

该文法对应的非确定有穷自动机的状态转换图如图 3-22 所示。

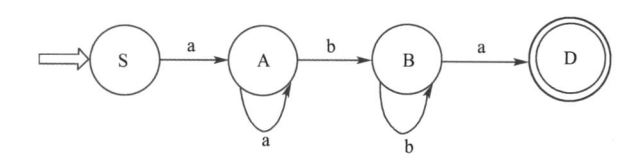

图 3-22 例 3-20 文法对应的非确定有穷自动机的状态转换图

3.6.2 左线性文法到有穷自动机的转换方法

设给定了一个左线性文法 $G=(V_N,V_T,P,S)$,则构造与其等价的有穷自动机 $M=(Q,\Sigma,f,q_0,Z)$ 的方法如下:

(1)将 V_N 中的每一个非终结符作为 M 中的一个状态,并增加一个新的初始状态 $q_0(q_0 \notin V_N)$,令 $Q=V_N \cup \{q_0\}$,$Z=\{S\}$,$\Sigma=V_T$。

(2)对 G 中每一形如 A→Ba(A,B∈V_N,a∈$V_T \cup \{\varepsilon\}$)的产生式,令 f(B,a)=A。

(3)对 G 中每一形如 A→a(A∈V_N,a∈$V_T \cup \{\varepsilon\}$)的产生式,令 $f(q_0,a)=A$。

显然,这样构造的有穷自动机 M 和正规文法 G 是等价的。

【例 3-21】 构造与下述文法 G=({S,A,B},{a,b},P,S)等价的有穷自动机。
其中规则集合 P 为:

S→Aa | Bb
A→Aa | a
B→Bb | b

解 根据转换方法,设与文法等价的有穷自动机 M=({S,A,B,D},{a,b},f,{D},{S}),其中映射函数 f 如下:

对于产生式 S→Aa,有 f(A,a)=S
对于产生式 S→Bb,有 f(B,b)=S
对于产生式 A→Aa,有 f(A,a)=A
对于产生式 A→a,有 f(D,a)=A
对于产生式 B→Bb,有 f(B,b)=B
对于产生式 B→b,有 f(D,b)=B

该文法对应的非确定有穷自动机的状态转换图如图 3-23 所示。

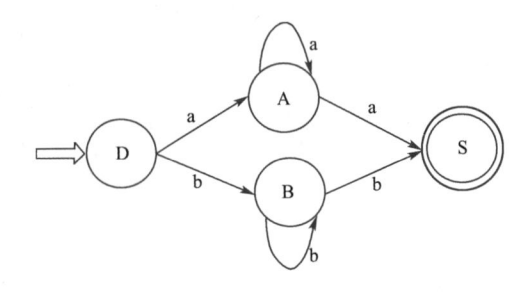

图 3-23 例 3-21 文法对应的非确定有穷自动机的状态转换图

3.6.3 有穷自动机到正规文法的转换方法

对每一个有穷自动机 M,都存在一个等价的正规文法 G,使得 L(M)=L(G)。设给定有穷自动机 M=(Q,Σ,f,q₀,Z),则与其等价的右线性正规文法 G=(V_N,V_T,P,S)的转换方法如下:

(1)令 V_N=Q,V_T=Σ,S=q_0。

(2)若 f(A,a)=B 且 B∉Z 时,则将产生式 A→aB 加到 P 中。

(3)若 f(A,a)=B 且 B∈Z 时,则将产生式 A→aB｜a 或将产生式 A→aB、B→ε 加到 P 中。

(4)若文法的开始符号 S 是一个终态,则将产生式 S→ε 加到 P 中。

【例 3-22】 设有穷自动机 DFA M=({A,B,C,D},{a,b},f,A,{D})其中映射函数 f 为:f(A,a)=C,f(A,b)=B,f(B,a)=B,f(B,b)=D,f(C,a)=D,f(C,b)=B,f(D,b)=D 试构造一个右线性文法 G,使得 L(G)=L(M)。该有穷自动机 DFA M 的状态转换图如图 3-24。

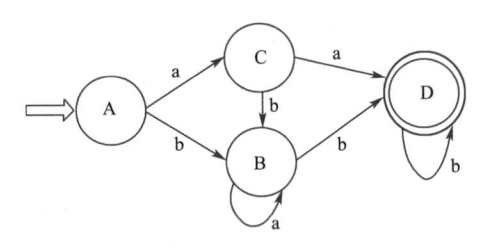

图 3-24 例 3-22 有穷自动机 DFA M 的状态转换图

解 根据转换规则所求的右线性文法 G=({A,B,C,D},{a,b},P,A)其中 P 为:

A→aA｜bB
B→aB｜bD｜b
C→bB｜aD｜a
D→bD

或

A→aA｜bB
B→aB｜bD
C→bB｜aD
D→bD｜ε

3.7 词法分析程序的构造

通常可通过两种方法来构造词法分析程序。第一种方法是用手工方式,根据对程序设计语言中各类单词结构的描述或定义,用手工的方式构造词法分析程序。第二种方法是利用词法分析程序的自动生成工具 LEX 自动生成词法分析程序。这一节主要介绍词法分析程序的手工构造方法。

手工构造词法分析程序的步骤一般是:首先,给出描述该程序设计语言各种单词符号的词法规则,可以用正规式或正规文法描述。其次,构造识别语言的有穷自动机,对获得的有穷自动机可以进行确定化和最小化。最后,使用某种高级程序设计语言实现有穷自动机,编写词法分析程序。

【例 3-23】 已知某种程序设计语言的单词符号的子集的定义规则如下:

(1)标识符:以字母开头,后跟字母或数字组成的符号串。
(2)关键字:标识符的子集,设该语言包含以下关键字,int、if、else、while、for。
(3)无符号整数:由 0～9 数字组成。
(4)算术运算符:＋、－、＊、/。
(5)关系运算符:＜、＜＝、＜＞、＞、≥、＝＝。
(6)赋值号:＝。
(7)分界符:,、;、(、)。

空格由空白字符、制表符和换行符组成。空格一般用来分隔运算符、界符和关键字,词法分析阶段通常被忽略。

各种单词符号对应的种别编码见表 3-6。

表 3-6　　各种单词符号对应的种别编码

单词符号	种别编码	单词符号	种别编码
int	1	<=	13
if	2	<>	14
else	3	>	15
while	4	>=	16
for	5	==	17
标识符	6	=	18
无符号整数	7	,	19
＋	8	;	20
－	9	(	21
＊	10	)	22
/	11	#	0
<	12		

步骤 1 根据语言对单词符号的定义规则,给出描述各种单词符号的正规式,如下:
标识符:设用 id 表示标识符,letter 表示 A～Z 和 a～z 的任一字母,digit 表示 0～9

任一数字,则 id＝letter(letter|digit)*。

无符号整数:设用 num 表示无符号整数,digit 表示 0～9 任一数字,则 num＝digit digit*。

算术运算符:设用 aop 表示算术运算符,则 aop＝＋|－|＊|/。

关系运算符:设用 rop 表示关系运算符,则 rop＝<|<=|<>|>|>=|==。

赋值号:设用 assign_op 表示赋值号,则 assign_op＝＝。

分界符:设用 dop 表示分界符,则 dop＝,|;|(|)。

步骤 2 根据正规式构造状态转换图。

根据每种单词符号的正规式描述构造出相应的状态转换图,让这些状态转换图共用一个初始状态,得到如图 3-25 所示的状态转换图。

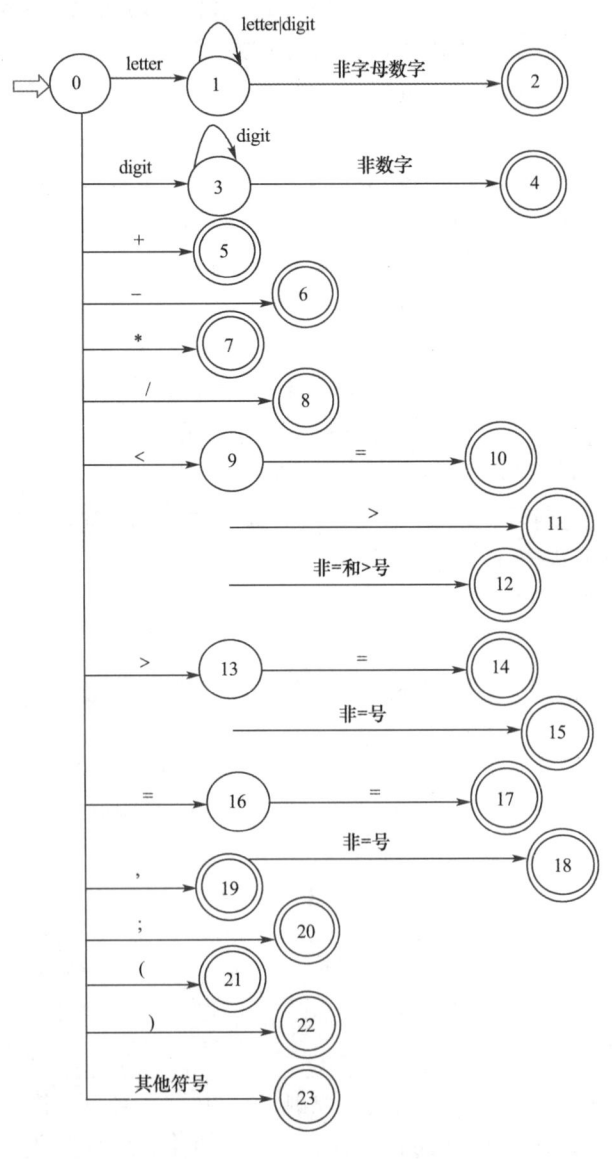

图 3-25 识别单词的状态转换图

步骤 3 用代码实现有穷自动机。

对于关键字,都是由字母构成的,符合标识符的定义规则,但是用户不能使用关键字作为自定义的标识符。所以把关键字作为一类特殊的标识符来处理,没有单独识别关键字的状态转换图。实现时,把关键字预先安排在一个表格中,即关键字表。当利用状态转换图识别出一个标识符时,先去查关键字表,以确定它是否是一个关键字,如果不是关键字则识别为标识符。

根据状态转换图构造出词法分析程序,通常的方法是让每个状态对应一段子程序。

首先,定义词法分析程序用到的全局变量和需要调用的函数,如下:

(1)ch 字符变量,存放当前读进的源程序字符。

(2)strToken 字符数组,存放构成单词符号的字符串。

(3)getch() 读字符函数,每调用一次,从输入缓冲区中读进源程序的下一个字符放在 ch 中,并把读字符指针指向下一个字符。

(4)getbc() 函数,每次调用时,检查 ch 中的字符是否为空白字符,若是空白字符,则反复调用 getbc(),直至 ch 中进入一个非空白字符为止。

(5)concat() 函数,每次调用,都把当前 ch 中的字符与 strToken 中的字符串连接。例如,假定 strToken 字符数组中原有值为"abc",ch 中存放着"d",经调用 concat()后,strToken 数组中的值变为"abcd"。

(6)isletter() 和 isdigit()布尔函数,它们分别判定 ch 中的字符是否为字母和数字,从而返回布尔值 true 或 false。

(7)reserve() 整型函数,对 strToken 中的字符串查关键字表,若它是一个关键字,则返回它的种别编码,否则返回标识符的种别编码。

(8)retract() 函数,读字符指针,回退一个字符位置。

(9)return() 函数,收集并携带必要的信息返回调用程序,一般指返回语法分析程序。

根据图 3-25 的状态转换图使用 C 语言编写出例 3-23 的程序设计语言的词法分析程序。

```
# include "stdafx.h"
# include "stdio.h"
# include "stdlib.h"
# include "string.h"
# define _KEY_WORD_END "waiting for your expanding"
typedef struct
{
    int typenum;
    char * word;
} WORD;
char input[255];
char strToken[255]="";
int  p_input;
int  p_strToken;
```

```c
        char ch;
char * KEY_WORDS[]={"int","if","else","for","while",_KEY_WORD_END};
WORD * scaner();
void main()
{
    int over=1;
    WORD * oneword=new WORD;
    printf("Enter Your words(end with #):");
    scanf("%[^#]s",input);
    p_input=0;
    printf("Your words:\n%s\n",input);
    while(over<1000&&over!=-1){
        oneword=scaner();
        if(oneword->typenum<1000)
        printf("(%d,%s)",oneword->typenum,oneword->word);
        over=oneword->typenum;
    }
    printf("\npress $ to exit:");
    scanf("%[^$]s",input);
}
char m_getch(){
    ch=input[p_input];
    p_input=p_input+1;
    return(ch);
}
void getbc(){
    while(ch==' '||ch==10){
        ch=input[p_input];
        p_input=p_input+1;
    }
}
void concat(){
    strToken[p_strToken]=ch;
    p_strToken=p_strToken+1;
    strToken[p_strToken]='\0';
}
int isletter(){
    if(ch>='a'&&ch<='z'||ch>='A'&&ch<='Z') return 1;
    else return 0;
}
int isdigit(){
```

```
        if(ch>='0'&&ch<='9') return 1;
    else return 0;
}
int reserve(){
    int i=0;
    while(strcmp(KEY_WORDS[i],_KEY_WORD_END)){
        if(! strcmp(KEY_WORDS[i],strToken)){
            return i+1;
        }
        i=i+1;
    }
    return 6;
}
void retract(){
    p_input=p_input-1;
}
WORD * scaner(){
    WORD * myword=new WORD;
    myword->typenum=6;
    myword->word="";
    p_strToken=0;
    m_getch();
    getbc();
    if(isletter()){
        while(isletter()||isdigit()){
            concat();
            m_getch();
        }
        retract();
        myword->typenum=reserve();
        myword->word=strToken;
        return(myword);
    }
    else if(isdigit()){
        while(isdigit()){
            concat();
            m_getch();
        }
        retract();
        myword->typenum=7;
        myword->word=strToken;
```

```
            return(myword);
    }
    else switch(ch){
        case '+':   myword->typenum=8;
                    myword->word="+";
                    return(myword);
                    break;
        case '-':   myword->typenum=9;
                    myword->word="-";
                    return(myword);
                    break;
        case '*':   myword->typenum=10;
                    myword->word="*";
                    return(myword);
                    break;
        case '/':   myword->typenum=11;
                    myword->word="/";
                    return(myword);
                    break;
        case '<':   m_getch();
                    if(ch=='='){
                        myword->typenum=13;
                        myword->word="<=";
                        return(myword);
                    }
                    if(ch=='>'){
                        myword->typenum=14;
                        myword->word="<>";
                        return(myword);
                    }
                    retract();
                    myword->typenum=12;
                    myword->word="<";
                    return(myword);
                    break;
        case '>':   m_getch();
                    if(ch=='='){
                        myword->typenum=16;
                        myword->word=">=";
                        return(myword);
                    }
```

```
                    retract();
                    myword->typenum=15;
                    myword->word=">";
                    return(myword);
                    break;
        case '=':   m_getch();
                    if(ch=='='){
                        myword->typenum=17;
                        myword->word="==";
                        return(myword);
                    }
                    retract();
                    myword->typenum=18;
                    myword->word="=";
                    return(myword);
                    break;
        case ',':   myword->typenum=19;
                    myword->word=",";
                    return(myword);
                    break;
        case ';':   myword->typenum=20;
                    myword->word=";";
                    return(myword);
                    break;
        case '(':   myword->typenum=21;
                    myword->word="(";
                    return(myword);
                    break;
        case ')':   myword->typenum=22;
                    myword->word=")";
                    return(myword);
                    break;
        case '\0':  myword->typenum=1000;
                    myword->word="OVER";
                    return(myword);
                    break;
        default:    myword->typenum=-1;
                    myword->word="ERROR";
                    return(myword);
    }
}
```

由此例可知，只要构造出识别语言单词符号的有穷自动机，就可以构造出识别语言单词符号的词法分析程序。

3.8 词法分析程序的自动生成工具 LEX

3.8.1 LEX 介绍

LEX(LEXical compiler)是 Unix 环境下应用较为广泛的词法分析程序的自动生成工具，由美国贝尔实验室的 Mike Lesk 等人用 C 语言开发完成。LEX 提供了一种供开发者编写词法规则（正规式等）的语言（LEX 语言）以及这种语言的翻译器，这种翻译器将 LEX 语言编写的规则翻译成 C 语言程序。LEX 将描述词法分析程序的说明文件（文件名一般为 Lex.l）作为源程序文件输入，通过 LEX 翻译程序的翻译，产生一个 C 语言程序 Lex.yy.c。如果用 C 语言编译程序单独对 Lex.yy.c 进行编译，可生成一个名为 a.out 的可执行程序。a.out 便是可以实现将输入的字符串转换成相应单词符号序列的词法分析器。如果编译程序选择 C 语言编写，那么 Lex.yy.c 可以和实现其他功能的源程序文件一起编译，生成编译程序的目标代码。这些自动生成工具极大地简化了编写编译器的工作，提高了工作效率。

LEX 的基本工作原理是将 LEX 源程序文件中的正规式转换成相应的 DFA，并生成相应的实现代码，LEX 生成词法分析程序的过程如图 3-26 所示。

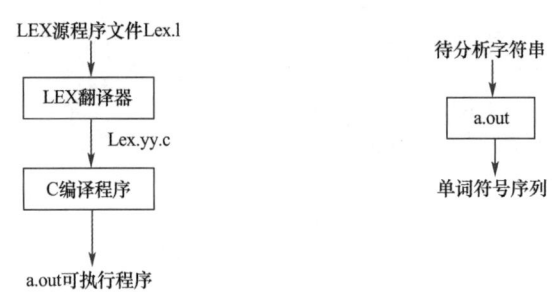

图 3-26　LEX 生成词法分析程序的过程

3.8.2 LEX 源程序的结构

LEX 的源程序结构简单，由定义、转换规则和用户附加代码三个部分组成，各部分之间用"％％"分隔。LEX 源程序结构如下：

定义
％％
转换规则
％％
用户附加代码

以上三部分,通常转换规则部分是必须的,其他两个部分可以省略。如果没有用户附加代码部分,则第二个"％％"可以省略,但第一个"％％"在任何情况下都不可省略。LEX 源文件每行开头通常都需要顶格开始编写。

1. 定义

定义部分可以包括变量的声明、符号常量的声明和正则表达式声明,这部分主要是对转换规则部分要用到的文件和变量进行说明,使得后面的代码易于编写和阅读。定义部分可以划分为两个主要的组成部分。

第一部分是希望出现在输出文件 Lex.yy.c 中的以 C 语言语法书写的一些定义和声明。比如,文件包含、宏定义、常数定义、全局变量、函数声明等,这部分内容必须以符号"％{"和"％}"括起来,它们被 LEX 翻译器处理后会原封不动全部拷贝到文件 Lex.yy.c 中。

例如:

```
%{
    #include <stdio.h>
    #include <string.h>
    #define INT   7
    #define ID    6
    int num=0
%}
```

第二部分主要是一组正则定义,正则定义是为了简化后面的转换规则而给部分正规式定义了名字,在后续的正则定义或转换规则中可以通过名字直接引用,为了不至于混淆,引用时要将引用的名字用花括号"{}"括起来。每条正则定义也都要顶格写。格式如下:

名字 1   正则表达式定义 1
...
名字 n   正则表达式定义 n

每个名字是以字母和下划线"_"开头,以字母、数字和下划线组成的字符串,且大小写敏感。名字和对应的正则表达式定义必须写在同一行上。

例如下面这组正则定义分别定义了 letter、digit 和 id 所表示的正规式:

letter   [A-Za-z]
digit   [0-9]
id   {letter}({letter}|{digit})*

2. 转换规则

转换规则是 LEX 源文件的核心部分,每条规则由两部分组成,规则的前一部分是词法分析器需要匹配的正规式,用来描述一种单词模式。规则的后一部分是匹配该正规式后需要进行的相应动作。格式如下:

正规式 1   {动作 1}
...
正规式 n   {动作 n}

动作需要用"{}"括起来,是用 C 语言编写的一个程序段,被 LEX 翻译器翻译后会被直接拷贝到 Lex.yy.c 文件,表示当识别出正规式所描述的单词后词法分析程序应该执行的动作。也可以多个正规式匹配同一个动作,此时正规式之间要用"|"分隔。

3. 用户附加代码

用户附加代码部分是对转换规则部分的补充,是用户根据实际需要编写的供转换规则部分某些动作调用的过程或函数,用户也可以在此定义主函数 main()。LEX 对此部分不做任何处理,只是将它直接拷贝到输出文件 Lex.yy.c 中。

下面介绍在 LEX 源程序中正规式书写规则。

元字符:元字符是 LEX 语言中具有特殊用途的一些字符,包括:＋ ＊ ？| { } [ ] ( ) . ˆ $ " \ － / ＜ ＞。这些字符具有特殊含义,不能用来匹配本身。如果元字符想要被匹配,则需要通过使用双引号括起来或者使用反斜杠作为转义字符将其转变成普通正文字符,例如要匹配 C++这个符号串,正则表达式可以写作 C"＋＋"或 C\＋\＋ 这两种形式,因为符号"＋"是元字符,具有特殊含义,所以必须进行转义。注意,使用反斜杠\进行转义时,只能转义单个字符。C 语言中的一些转义字符也可以出现在正规式中,例如 \t、\n、\b 等。

正文字符:除元字符以外的其他字符,这些字符在正规式中可以匹配本身。若以单个正文字符 c 作为正规式,则可与字符 c 匹配。

部分元字符在 LEX 语言中的特殊含义:

(1)通配符

点运算符可以匹配除换行之外的任何一个字符。如:正规式 f.r 可匹配任何以 f 开头以 r 结尾的长度为 3 的字符串。

(2)重复

若 r 是正规式,则 r＊、r＋、r？也是正规式。r＊表示 r 可重复零次或任意多次。r＋表示 r 可重复一次或任意多次。r？表示 r 可以重复零次或 1 次,即 r 可出现 1 次也可以不出现。r＊相当于 r＋|ε,r＋相当于 rr＊,r？相当于 r|ε。

花括号{}表示重复若干次,如正规式 r{3,6}表示可匹配 3～6 个 r,r{3}表示可以匹配 3 个 r,r{3,}表示可以匹配 3 个或 3 个以上的 r。

(3)匹配行首和行尾字符串

ˆ匹配行首字符串,ˆ必须出现在正规式的开头。如:ˆfor 匹配出现在行首的 for。

$ 匹配行尾字符串,$ 必须出现在正规式的结尾。如:end$ 匹配出现在行尾的 end。

(4)符号集合

用方括号"["和"]"括起来的字符构成了一个符号集合。如:正规式[abc]表示一个符号集合,可以匹配符号 a、b、c 中任意一个字符。使用"-"可以指定包含范围,如正规式[a-zA-Z]可以匹配所有小写和大写字母。使用[ˆ…]表示否定符号集合,即匹配除ˆ之后所列字符以外的任何符号,如[ˆa-zA-Z]可以匹配除了小写和大写字母以外的任何其他符号。符号集合中除了转义字符"\",集合运算符"-",以及集合首部的"ˆ"以外,其他元字符都失去了特殊的意义。如果要在方括号内表示负号"－",则要将其置于方括号内的第一个字符位置或者最后一个字符位置,如[－＋0-9][＋0-9－]都匹配数字及＋、－号。

(5) 超前搜索

"/"为超前搜索运算符,若 r1 和 r2 是正规式,则 r1/r2 也是正规式,表示若要匹配 r1,则必须先看紧跟其后的超前搜索部分是否与 r2 匹配。

在规则定义中,难免会出现某个字符串与多个正规式相匹配的冲突情况,这使得识别过程中出现了不确定性,LEX 采用以下策略来消除这种冲突。

最长匹配原则:选择匹配最长输入串的那个规则。例如在识别">="时,应该识别为一个大于等于号,而不是单独的一个大于号和一个等号。

最先匹配原则:如果某个字符串能匹配多个规则,而且匹配长度都相同时,优先匹配排在最前面的规则。

例如:while　　　{return while;}
　　　[a-z]　　　{return id;}

当输入 while 时因为匹配长度相同,所以优先匹配排在前面的规则,则输出 while。通常,通过将关键字的识别规则放到标识符的识别规则之前,可以有效地将关键字从标识符中区分出来。

3.8.3　LEX 的实例

【例 3-24】 构造识别例 3-23 中单词的 LEX 源程序框架,如下。

```
/*定义部分*/
%{
#include <stdio.h>
#include "y.tab.h"
#define   INT       1
#define   IF        2
#define   ELSE      3
#define   WHILE     4
#define   FOR       5
#define   ID        6
#define   NUM       7
#define   ADD       8
#define   DEC       9
#define   MUL       10
#define   DIV       11
#define   LT        12
#define   LE        13
#define   NE        14
#define   GT        15
#define   GE        16
#define   EQ        17
#define   ASSIGNOP  18
```

```
#define  COMMA  19
#define  SEM    20
#define  LB     21
#define  RB     22
%}
white   [\t\n]
ws      {white}+
letter  [A-Za-z]
digit   [0-9]
id      {letter}({letter}|{digit})*
num     {digit}+
%%
/*转换规则部分*/
{ws}    ;
int     return(INT);
if      return(IF);
else    return(ELSE);
while   return(WHILE);
for     return(FOR);
{id}    {yyval=install_id();return(ID);}
{num}   {yyval=int_num();return(NUM);}
"+"     return(ADD);
"-"     return(DEC);
"*"     return(MUL);
"/"     return(DIV);
"<"     return(LT);
"<="    return(LE);
"<>"    return(NE);
">"     return(GT);
">="    return(GE);
"=="    return(EQ);
"="     return(ASSIGNOP);
","     return(COMMA);
";"     return(SEM);
"("     return(LB);
")"     return(RB);
%%
/*用户附加代码部分*/
install_id()  /*  */
{…}
int_num()  /*  */
{…}
```

3.9 本章小结

词法分析是编译过程的第一阶段，词法分析的任务是对字符串表示的源程序从左到右进行扫描和分解，根据语言的词法规则识别出一个一个具有独立意义的单词符号。

语言的单词符号是指语言中具有独立意义的最小语法单位。程序设计语言的单词符号一般分为五类：关键字、标识符、常数、运算符和分界符。词法分析程序所输出的单词符号通常表示成如下的二元式：(单词种别，单词的值)。多数程序设计语言的单词符号都能用正规文法或正规式来定义。

本章介绍了正规式和有穷自动机的基本概念，以及正规式、正规文法和有穷自动机之间的相互转换方法。

正规集既可以用正规式描述也可以用正规文法描述。有些语言适合正规式描述，有些语言适合用正规文法描述。正规文法和正规式具有等价性，即对任意一个正规文法，存在一个定义同一语言的正规式，反之亦然。

有穷自动机是一种识别装置，它能准确地识别正规集，即识别正规文法所定义的语言和正规式所表示的集合，所以它可以作为一种语法检测器。有穷自动机分为确定的有穷自动机和非确定的有穷自动机两种，这两种有穷自动机都能准确地识别正规集。

DFA 和 NFA 都可以表示为一个五元组 $M=(Q,\Sigma,f,S,Z)$，主要区别在于：

(1) 对于 DFA M 来说 S 是唯一的一个初始状态，f 是一个从 $Q\times\Sigma$ 到 Q 的单值映射。

(2) 对于 NFA M 来说 S 是一个初态集合，f 是一个从 $Q\times\Sigma$ 到 Q 的子集的多值映射。

有穷自动机的直观表示常用状态转换矩阵和状态转换图两种形式。

DFA 是 NFA 的特例，对任意一个 NFA M，总可构造一个 DFA M′，使 L(M′) = L(M) 成立。一个 DFA M 一定存在一个状态数最少的 DFA M′，使得 L(M′)=L(M)。

正规式、正规文法和有穷自动机三者都是描述正规集的工具，它们的描述能力是等价的，它们之间可相互转换。

词法分析程序通常可通过两种方法来构造。第一种方法是用手工方式，根据对程序设计语言中各类单词结构的描述或定义，用手工的方式构造词法分析程序。第二种方法是利用词法分析程序的自动生成工具自动生成词法分析程序。

本章的关键概念如下：词法分析程序、词法分析程序输出单词的二元组形式、正规式、正规集、确定的有穷自动机、非确定的有穷自动机、状态转换图、状态转换矩阵、状态集合 I 的 ε-闭包、状态集合 I 的 a 弧转换、多余状态、等价状态、自动生成工具 LEX、LEX 定义部分、LEX 转换规则部分、LEX 用户附加代码部分。

习题 3

1. 选择题(从下列各题提供的备选答案中选出一个或多个正确答案写在题干中的横线上)

(1) 用 l 代表字母，d 代表数字，$\Sigma = \{l, d\}$，则定义标识符单词的正规式是_____。
A. ld* B. ll* C. l(l|d)* D. ll* | d*

(2) 正规式的运算符"*"读作_____。
A. 或 B. 连接 C. 闭包 D. 乘

(3) 如果一个正规式所描述的集合是无穷的，则该正规式一定含有的运算是_____。
A. 连接运算 B. 或运算 C. 括号 D. 闭包运算

(4) 已知字母表={0,1}，下列_____是描述所有以 0 开头，不以 0 结尾的串的正规式。
A. (0|1)* B. 00*1*1 C. 0*1 D. 0(0|1)*1

(5) 设有文法 G[S]：

S→Aa | Bb
A→b | Ab
B→a | b

下面与文法等价的正规式是_____。
A. b*a|ab|b B. bb*a|ab|bb C. bb*a|ab|b D. b*a|a|ab

(6) 已知文法 G[S]：

S→A1
A→A1|S0|0

与文法 G 等价的正规式是_____。
A. 0(0|1)* B. 1*0*1 C. 0(1|10)*1 D. 1(10|01)*0

(7) 与正规式 a*b* 等价的文法是_____。
A. S→aS | bS | ε B. S→aSb | ε C. S→aS | Sb | ε D. S→abS|ε

(8) 与正规式 (a|b)(a|b|0|1)* 等价的文法是_____。
A. S→aA | bA A→0A | 1A | ε
B. S→aA | bA A→aA | bA | 0A | 1A
C. S→aA | bA A→aA | bA | 0A | 1A | ε
D. S→A A→A | bA | 0A | 1A | ε

(9) 通常程序设计语言的词法分析器可用_____来实现。
A. 语法树 B. 有穷自动机 C. 栈 D. 堆

(10) 一个确定的有穷自动机 DFA 是一个_____。

A. 五元组(K,Σ,f,S,Z)　　　　　　　B. 四元组(V_N,V_T,P,S)
C. 四元组(K,Σ,f,S)　　　　　　　D. 三元组(V_N,V_T,P)

(11)_____不是DFA的成分。
A. 有穷字母表　　　　　　　　　　B. 多个初始状态的集合
C. 多个终态的集合　　　　　　　　D. 转换函数

(12)有穷自动机M和N等价是指_____。
A. M和N的字母表相同　　　　　　B. M和N的状态数相同
C. M和N的状态数和有向边数量相同　D. M和N识别的符号串集合相同

(13)如图3-27所示,表示的DFA M接受的字集为_____。

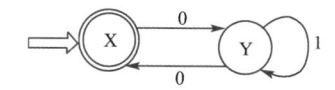

图3-27　习题1(13)

A. 以0开头的二进制数组成的集合　　B. 以1开头的二进制数组成的集合
C. 含奇数个0的二进制数组成的集合　D. 含偶数个0的二进制数的组成的集合

(14)如图3-28所示,ε-closure({3,4,5})=_____。
A. {1,2,3,4,5,6,7,8}　　　　　　B. {2,3,4,5,6,7,8}
C. {3,4,5}　　　　　　　　　　　D. {1,3,4,5,6,7,8}

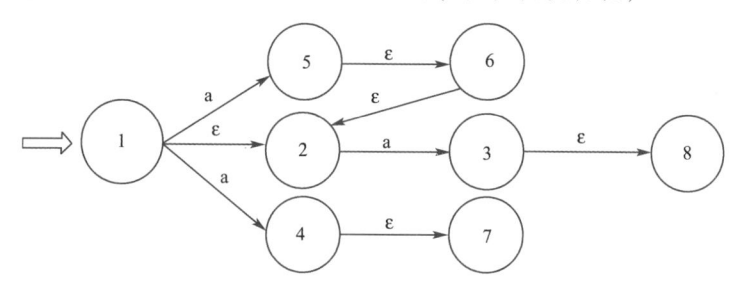

图3-28　习题1(14)

(15)DFA化简时对状态集合S进行第一次划分,正确的分法是_____。
A. 初态和非初态　　　　　　　　　B. 终态和非终态
C. 初态、终态、其他状态　　　　　D. 以上分法都不对

(16)编译程序中词法分析器所完成的任务是从源程序中识别出一个一个具有独立意义的_____。
A. 表达式　　　B. 语句　　　C. 过程　　　D. 单词符号

(17)关键字的识别工作,通常都在_____阶段完成。
A. 词法分析　　B. 语法分析　　C. 语义分析　　D. 目标代码生成

(18)词法分析器不能_____。
A. 识别出数值常量　　　　　　　　B. 过滤源程序中的注释
C. 扫描源程序并识别记号　　　　　D. 发现括号不匹配

(19)以下哪类单词符号的种别编码不能采用一符一种的形式设计_____。

A. 关键字　　　　　B. 界符　　　　　C. 标识符　　　　　D. 运算符

　(20) 假定 C 语言正在被编译,决定下述串中不需要看下一个输入字符就能确定是单词符号及其种别的是_____。

　　A. <=　　　　　　B. if　　　　　　C. and　　　　　　D. 20

　(21) 编译程序中的词法分析器的输出是二元组表示的单词符号,其二元组的两个元素是_____。

　　A. 单词种别　　　B. 单词参数　　　C. 单词的值　　　D. 单词数据类型

　(22) 通常程序设计语言中的单词符号都能用_____描述。

　　A. 正规文法　　　　　　　　　　　B. 上下文无关文法
　　C. 正规式　　　　　　　　　　　　D. 上下文有关文法

　(23) 程序设计语言的单词符号一般可分为 5 种,它们是_____及运算符和界符。

　　A. 常数　　　　　B. 表达式　　　　C. 基本字　　　　D. 标识符

　(24) LEX 源程序通常由三个部分组成,分别是_____。

　　A. 定义部分　　　B. 转换规则　　　C. 分析部分　　　D. 用户附加代码

　(25) 在 LEX 源程序的规则定义中,当出现某个字符串与多个正规式相匹配的冲突情况时,采用以下_____策略来消除这种冲突。

　　A. 最短匹配原则　B. 最长匹配原则　C. 最先匹配原则　D. 最后匹配原则

2. 判断题(正确的在括号内打"√",错误的在括号内打"×")

　(　)(1) 正规式的运算符"|"读作"或"。

　(　)(2) 若两个正规式所表示的正规集相同,则认为二者是等价的。

　(　)(3) 设有 r 和 s 都是非 ε 的正规式,则有 L(rs)=L(sr)。

　(　)(4) 使用正规式能够描述定义在字母表上的任意符号串集合。

　(　)(5) 对任何正规集 L,都一定存在正规式 r,使得 L(r)=L。

　(　)(6) 一张状态转换图只包含有限个状态,其中只有一个初态和一个终态。

　(　)(7) 终态与非终态是可区别的。

　(　)(8) 对任意一个右线性文法 G,都存在一个 NFA M,满足 L(G)=L(M)。

　(　)(9) 一个正规式只能等价于一个确定的有穷自动机。

　(　)(10) 存在一些语言,它们能被确定的有穷自动机识别,但不能用正规式表示。

　(　)(11) 一个确定的有穷自动机 DFA M 的转换函数 f 是一个从 K×Σ 到 K 的子集的映像。

　(　)(12) 正规式描述的正规集都可以用上下文无关文法来描述。

　(　)(13) 确定的有穷自动机 M1 和 M2 状态数不同,则 L(M1)≠L(M2) 一定成立。

　(　)(14) 一个确定的有穷自动机,可以通过多条路径识别一个符号串。

　(　)(15) 如果一个有穷自动机接收 ε 空串,则它的状态转换图一定含有 ε 弧。

　(　)(16) 正规式、正规文法和有穷自动机在接受语言的能力上是相互等价的。

　(　)(17) 两个状态 s 和 t 是可区分的,是指存在一个字,要么 s 读出停止于终态而 t 读出停止于非终态,要么 t 读出停止于终态而 s 读出停止于非终态。

（　）(18)DFA 的状态转换图中不会出现 ε 弧,所以 DFA 无法识别 ε 空串。

（　）(19)编译程序中的词法分析程序以字符形式的源程序作为输入,输出的单词符号常采用二元组的形式。

（　）(20)单词种别编码可以使用整数码,可以一字一种或一类一种,通常基本字和常数都采用一字一种来编码。

（　）(21)LEX 对用户附加代码部分不做任何处理,只是将它直接拷贝到输出文件 Lex.yy.c 中。

（　）(22)LEX 源程序中正规式编写时,正规式 r{3,6} 表示可以匹配 3 个 r 或 6 个 r。

（　）(23)LEX 的源程序三部分中通常转换规则部分是必须的,其他两个部分可以省略。

3. 已知字母表 $\Sigma=\{0,1\}$,写出字母表上描述下列各语言的正规式。

(1)以 01 结尾的二进制数。

(2)以 00 或 11 结尾的符号串的全体。

(3)含有子串"100"的符号串的全体。

(4)不含有子串"001"的符号串的全体。

4. 正规式 $(ab)^*a$ 与正规式 $a(ba)^*$ 是否等价,请说明理由。

5. 给出下述文法所对应的正规式

(1) S→aA   (2) S→0A|1B   (3) A→aC|bA   (4) S→A0
　　A→bA|aB|b　　　A→1S|1　　　　　C→bD　　　　　　A→A0|S1|0
　　B→aA　　　　　B→0S|0　　　　　D→aC|bD|ε

6. 将下列正规式转换成正规文法

(1)$(a|b)^*a(a|b)$

(2)$10|(0|11)0^*1$

7. 设有字母表 $\Sigma=\{a,b\}$,为下列正规式构造最小化 DFA。

(1)$R=(a|b)^*a(a|b)$

(2)$R=(a^*b)^*ba(a|b)^*$

(3)$R=b^*abb^*(abb^*)^*$

(4)$R=(a|b)^*abb$

(5)$R=b^*a(b|ab)^*$

8. 编写程序实现词法分析的部分预处理功能:从文件读入源程序,去掉程序中多余的空格和注释,用空格取代源程序中的 Tab 和换行,结果输出到文件中。

9. 写一个 LEX 源文件,功能为统计文本文件中的字符数和行数。

10. 写一个 LEX 源文件,功能为生成可计算文本文件的字符、单词和行数且能报告这些数字的程序,其中单词是不带标点或空格的字母和/或数字的序列,标点和空格不计算为单词。

11. 简述 LEX 的工作过程。

第4章 语法分析

本章将在词法分析的基础上,主要介绍语法分析程序的设计原理和实现技术。

语法分析分为自顶向下的分析法和自底向上的分析法两大类。自顶向下分析就是从文法的开始符出发并寻找出这样一个推导序列,推导出的句子恰为输入符号串;或者说,能否从根节点出发向下生长出一棵语法树,其叶节点组成的句子恰为输入符号串。显然,语法树的每一步生长(每一步推导)都以能否与输入符号串匹配为准,如果最终句子得到识别,则证明输入符号串为该文法的一个句子,否则,输入符号串不是该文法的句子。而自底向上的语法分析与自顶向下的语法分析相比,它不需要消除左递归和回溯;对某些二义文法,也可以采用自底向上的分析方法。因此,自底向上分析的适用范围更大。

本章主要介绍下面8个方面的内容:
(1) 语法分析的作用和分类
(2) 非确定的自顶向下分析法的思想
(3) 文法的左递归性和回溯的消除
(4) 递归下降分析法
(5) 预测分析法
(6) 自底向上分析法的一般原理
(7) LR 分析法
(8) 语法分析程序的自动生成工具

4.1 语法分析概述

语法分析是编译程序的核心部分。语法分析的作用是识别由词法分析给出的单词符号序列是否为给定文法的正确句子(程序)。

语法分析程序(语法分析器)的功能是以词法分析器生成的单词符号序列作为输入,

根据语言的语法规则(描述程序语言语法结构的上下文无关文法),识别出各种语法成分(如表达式、语句、程序段乃至整个程序等),并在分析过程中进行语法检查,检查所给单词符号序列是否为该语言的文法的一个句子。若是,则以该句子的某种形式的语法树作为输出;若不是,则表明有错误,并指出错误的性质和位置。

语法分析的作用和分类

在前一章的词法分析中,由于程序设计语言的词法结构比较简单,利用正规文法就足以描述词法规则,与之相对应的编译工作也比较简单;而在语法分析中,由于语法结构相对复杂,必须在更高的层次记录编译中产生结果,所以使用的文法和分析方法要更复杂一些。本章仍然使用文法来描述语法规则,但需要注意的是,对语法规则中的终结符的理解。在词法分析时,文法中的终结符代表由源程序输入的字符。而在语法分析时,可以将终结符视为经过词法分析后得到的单词。例如,规则中的小写字母 b,本章可以理解为词法分析之后的单词 begin 的缩写。

程序设计语言的语法结构常用上下文无关文法描述。因此,语法分析器的工作本质就是按文法的产生式,识别输入符号串是否为一个句子。这里所说的输入符号串,是指由单词符号(文法的终结符)组成的有限序列。对一个文法,当给出一串(终结)符号时,怎样知道它是不是该文法的一个句子呢?这个问题,相当于在问,这个输入串,到底是不是某一程序设计语言所编写的一段代码呢?

这就要判断,看是否能从文法的开始符号出发推导出这个输入串。或者从概念上来说,要建立一棵与输入串相匹配的语法分析树。

目前,语法分析的方法分为两大类,即自顶向下的分析方法和自底向上的分析方法。所谓自顶向下的分析法就是从文法的开始符号出发,根据文法规则正向推导出给定句子的一种方法;或者说,从树根开始,往下构造语法树,直到建立每个树叶的分析方法。自底向上的分析法是从给定的输入串开始,根据文法规则逐步进行归约,直至归约到文法的开始符号;或者说,从语法树的末端开始,步步向上归约,直至根节点的分析方法。

本章多次选择算术表达式文法,分析中使用了不同的分析方法。因为对那些以 while 或 int 关键字开头的构造进行语法分析相对容易,关键字可以引导选择适当的文法产生式来匹配输入。而对于运算符的结合性和优先级,表达式的处理更具挑战性。

自顶向下分析方法也称面向目标的分析方法,是从文法的开始符号出发试图推导出与输入的单词串完全相匹配的句子。若输入串是给定文法的句子,则必能推出,反之必然出错。

现在讨论自顶向下的语法分析方法。顾名思义,自顶向下就是从文法的开始符号出发向下推导,推出句子。首先将简单地介绍自顶向下分析的一般方法。

自顶向下分析的主旨是,对任何输入串,试图用一切可能的办法,从文法开始符号(根节点)出发,自顶向下地为输入串建立一棵语法树。或者说,为输入串寻找一个最左推导。这种分析过程本质上是一种试探过程,是反复使用不同产生式谋求匹配输入串的过程。

自顶向下分析方法又可分为确定的和非确定的两种。确定的分析方法(如预测分析方法、递归下降分析法)需对文法有一定的限制,但由于实现方法简单、直观,便于手工构造或自动生成语法分析器,因而仍是目前常用的方法之一。非确定的方法即带回溯的分析方法,这种方法实际上是一种穷举的试探方法,效率低、代价高,因而极少使用。但是由于非确定分析方法在构成和步骤上相对容易理解,先来学习非确定的自顶向下分析法。

在这一部分,语法分析在编程规范和语言理解中具有基础性作用,遵守语法规则具有重要意义,如同在社会生活中遵守法律法规一样,都是维护秩序和效率的基石。

4.2 非确定的自顶向下分析法的思想

非确定的自顶向下分析法的基本思想是,对任何输入串 W 试图用一切可能的办法,从文法的开始符号出发,自顶向下地为它建立一棵语法树。或者说,为输入串寻找一个最左推导。如果试探成功,则 W 为相应文法的一个句子,否则 W 就不是文法句子。这种分析过程本质上是一种穷举试探过程,是反复使用不同规则,谋求匹配输入串的过程。下面用一个简单例子来说明这种分析过程。

【例 4-1】 设有文法 G[S]:

S→aAb
A→de | d

若当前的输入串为 W=adb,则其自顶向下的分析过程是,从文法的开始符号出发,从左至右地匹配整个输入串 W。首先让输入流指针指向输入串第一个符号 a,文法的开始符号 S 作为根节点,用 S 的规则(仅一条)构造语法树,如图 4-1(a)所示。

图 4-1(a)中的树的最左子节点是以终结符 a 为标志的子节点,它和输入串第一个符号相匹配,于是将输入流指针指向下一个输入符号 d,并让第二个子节点 A 去进行匹配,非终结符 A 有两个选择,试着用它的第一个选择去匹配输入串,其构造的语法树为图 4-1(b),子树 A 的最左子节点和第二个输入符号相匹配,然后再把输入流指针指向下一个输入符号 b,并让 A 的第二个子节点进行匹配。由于 A 的第二个子节点为终结符 e,与当前的输入符号 b 不一致,因此 A 宣告失败。这意味着 A 的第一个选择此刻不适用于构造 W 的语法树。这时匹配失败,应回溯,必须退回到出错点,选择 A 的其他可能的规则重新匹配。

为了实现回溯,应把 A 的第一个选择所构造的子树删除,同时把输入指针恢复为指向第二个输入符号 d,重新试探用 A 的第二个选择,构造的语法树为图 4-1(c)。由子树 A 只有一个子节点 d,而且和输入指针所指符号相一致,于是,A 完成了匹配任务。在 A 获得匹配后,输入指针指向下一个输入符号 b。在 S 的第二个子节点 A 完成匹配后,接着轮到 S 的第三个子节点 b 去进行匹配,由于 b 这个子节点和当前的输入符号相一致,完成了为 W 构造语法树的任务,从而证明了输入串 W = adb 是文法 G[S]的一个句子。

上述自顶向下为输入串 W 建立语法树的过程,实际也是设法为输入串建立一个最左推导序列 S=>aAb=>adb 的过程。由于要对输入串从左向右进行扫描,使用最左推导才能保证按从左到右扫描顺序匹配输入串。

显然,这种自顶向下的分析是一个不断试探的过程;在分析过程中,如果出现多个产生式可供选择,则逐一试探每一产生式进行匹配,每当一次试探失败,就选取下一产生式

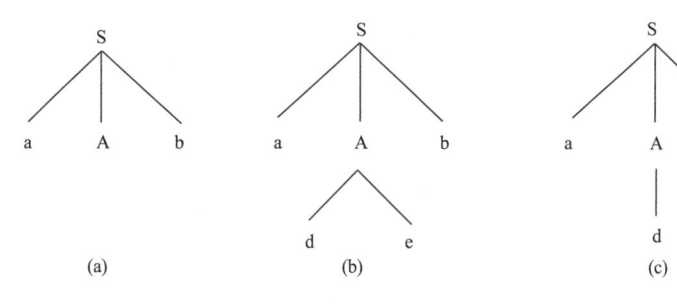

图 4-1　自顶向下语法分析树

再进行试探；此时，必须回溯到这一次试探的初始现场，包括注销已生长的子树及将匹配指针调回到失败前的状态。这种带回溯的自顶向下分析方法实际上是一种穷举的试探方法，其分析效率极低，在实用的编译程序中很少使用。

通常使用确定的自顶向下分析法进行语法分析。但确定的自顶向下分析法对语言的文法有一定的限制条件，那就要求描述语言的文法是无左递归的和无回溯的。

通过学习自顶向下分析法的思想，问题的解决可以按照"自上而下"的思维方式，即在解决问题时，先从整体框架出发，逐步细化到具体细节。

4.3　文法的左递归性和回溯的消除

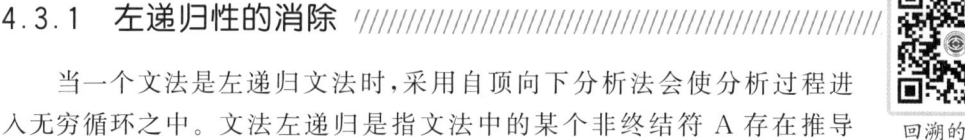

4.3.1　左递归性的消除

当一个文法是左递归文法时，采用自顶向下分析法会使分析过程进入无穷循环之中。文法左递归是指文法中的某个非终结符 A 存在推导 A⇒Aα，而自顶向下分析法是施行最左推导，即每次替换都是当前句型中的最左非终结符，当试图用非终结符 A 去匹配输入串时，结果使当前句型的最左非终结符仍然为 A，也就是说，在没有读进任何输入符号的情况下，又重新要求 A 去进行新的匹配，于是造成无穷循环。所以采用自顶向下分析法进行语法分析需要消除文法的左递归性。对含直接左递归的规则进行等价变换，消除左递归。消除文法直接左递归的方法，是引进一个新的非终结符，把含左递归的规则改写成右递归。

设关于非终结符 A 的直接左递归的规则为 A→Aα|β

其中 α,β 是任意的符号串，且 β 不以 A 开头，对 A 的规则可改写成如下右递归形式：

A →βA′
A′→αA′ | ε

改写以后的形式和原来形式是等价的。也就是说，从 A 推出的符号串的集合是相同的。

一般情况下，设文法中关于 A 的规则为：

A → $A\alpha_1$ | $A\alpha_2$ | ⋯ | $A\alpha_m$ | β_1 | β_2 | ⋯ | β_n

其中每个 α 都不等于 ε，而每个 β 都不以 A 开头，消除直接左递归后改写为：

A→β₁ A' | β₂ A' | ⋯ | βₙ A'

A→α₁ A' | α₂ A' | ⋯ | αₘ A' | ε

【例 4-2】 设有文法 G[E]：

E→E＋T | E－T | T

T→T*F | T/F | F

F→(E) | id

试改写文法，消除文法的直接左递归。

解 消去非终结符 E，T 的直接左递归后，文法 G[E]改写为：

E→TE'

E'→＋TE' | －TE' | ε

T →FT'

T'→ * FT' | /FT' | ε

F →(E) | id

【例 4-3】 设有文法 G[A]：

A →Ac | Aad | bd | e

试改写文法，消除文法的直接左递归。

解 消去直接左递归后，文法 G[A]改写为：

A→bdA' | eA'

A'→ cA' | ad A' | ε

4.3.2 确定的自顶向下分析的定义

为了实现确定的(无回溯的)自顶向下分析，则要求文法满足下述两个条件：

(1)文法不含左递归，即不存在这样的非终结符号 A：有 A→A⋯或者有 A$\overset{+}{\Rightarrow}$Aα 存在；

(2)无回溯，对文法的任一非终结符号，当其产生式右部有多个产生式可供选择时，各产生式所推出的终结符号串的首字符集合要两两不相交。

左递归是程序语言的语法规则中并不少见的形式，例如前述的算术表达式文法的一个规则：

E→E＋T   //简单表达式→简单表达式＋项

如果对该左递归文法采用自顶向下分析法，即首先以"E＋T"中的 E 为目标对"E＋T"进行试探，进而又以其中的 E 为目标再对"E＋T"进行试探；也即 E＋T⇒E＋T＋T⇒E＋T＋T＋T⇒⋯，这种左递归的文法使自顶向下分析工作陷入无限循环。也就是说，当试图用 E 去匹配输入符号串时会发现，在没有移入任何输入符号的情况下，又得重新要求 E 去进行新的匹配。因此，使用自顶向下分析法首先要消除文法的左递归性。

对于回溯，从上述不确定的自顶向下分析示例可知，由于回溯的存在，可能在已经做了大量的语法分析工作之后，才发现走了一大段错路而必须回头，要把已经做的一大堆语义工作(指中间代码产生工作和各种表格的簿记工作)推倒重来。回溯使得自顶向下语法分析只具有理论意义而无实际使用的价值。因此,要使自顶向下语法分析具有实用性,就必须消除回溯。

4.3.3 回溯的消除

在自顶向下分析过程中,由于回溯需要推翻前面的分析,包括已做的大量语义工作,重新进行试探,这样大大降低了语法分析器的工作效率,因此,需要消除回溯。

从 4.2 节中已经发现引起回溯的原因是,在文法中某个非终结符 A 有多个候选式,当遇到用 A 去匹配当前输入符号 a 时,无法确定选用唯一的一个候选式,而只能逐一进行试探,从而引起回溯,这具体表现为下面两种情况。

第一种情况是相同左部的规则,其右部左端第一个符号相同而引起回溯。例 4-1 即这种情况。

第二种情况是相同左部的规则,其中某一右部能推出 ε 串,例如,文法 G:A→Bx,B→x|ε。

其非终结符 B 有两个右部,第二个右部能推导出 ε 串且两个右部左端第一个符号不相同,但在分析符号串 W = x 时出现回溯。试探分析过程如图 4-2 所示。

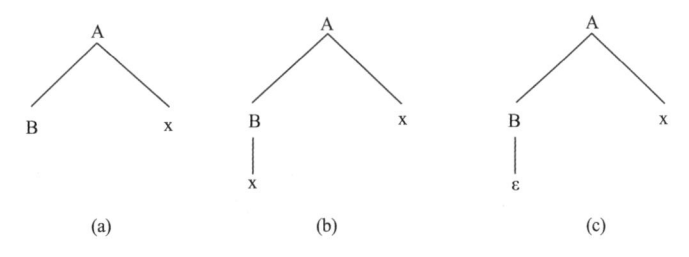

图 4-2 文法 G[E]的自顶向下语法分析树

面临输入符号 x 时,用文法开始符号 A 的规则(仅一条规则)向下构造语法树,如图 4-2(a)所示,其左子节点为非终结符,它有两个选择,先试用向下构造语法树,如图 4-2(b)所示,输入串 x 与 B 的子节点 x 匹配,输入串指针右移,输入串已结束,但语法树中 A 的右子节点 x 未得到匹配,分析失败。回溯使输入串指针退回到 x,对 B 选用规则 B→ε,如图 4-2(c)所示,输入符号 x 得到正确匹配,分析成功。显然,选用规则 B→ε 相当于与 B 的后继符号 x 进行匹配,这里由于 B 的后继符号 x 与 B 的第一个选择的右部左端的第一个符号 x 相同,所以面临输入符号 x 时出现回溯。

综上所述,在自顶向下分析过程中,为了避免回溯,对描述语言的文法有一定的要求,即要求描述语言的文法是 LL(1)文法。为了建立 LL(1)文法的判断条件,需引进 3 个相关集:FIRST 集、FOLLOW 集和 SELECT 集。

(1) 设 α 是文法 G 的任一符号串,定义文法符号串 α 的首符号集合

$$FIRST(\alpha) = \{a \mid \alpha \Rightarrow a \cdots 且 a \in V_T\}$$

若 $\alpha \Rightarrow \varepsilon$,则规定 $\varepsilon \in FIRST(\alpha)$。换句话说,FIRST(α)是从 α 可推导出的所有首终结符或可能的 ε。

(2) 设文法 G 的开始符号为 S,对于 G 的任何非终结符 A,定义非终结符 A 的后继符号的集合

$$FOLLOW(A) = \{a \mid S \Rightarrow \cdots Aa\cdots 且\ a \in V_T\}$$

若有 S⇒…A,则规定 $ ∈ FOLLOW(A)。换句话说 FOLLOW(A)是 G 的所有句型中紧接在 A 之后出现的终结符或 $。

这里用 $ 作为输入串的结束符,例如,$ 输入串 $。

(3)定义规则的选择集合 SELECT。设 A→a 是文法 G 的任一条规则,其中 A∈V_N,a∈$(V_N \cup V_T)^*$,定义

$$SELECT(A \to a) = \begin{cases} FIRST(a) & 若\ \alpha \not\Rightarrow \varepsilon \\ FIRST(a)\backslash\{\varepsilon\} \cup FOLLOW(A) & 若\ \alpha \Rightarrow \varepsilon \end{cases}$$

现在,可以给出 LL(1)文法的判断条件。

一个上下文无关文法 G 是 LL(1)文法,当且仅当对 G 中的每个非终结符 A 的任何两个不同的规则 A→α|β,满足 SELECT(A→α)∩SELECT(A→β)=∅。

其中 α,β 中至多只有一个能推出 ε 串。

LL(1)中的第一个 L 表明自顶向下的分析是从左到右扫描输入串,第二个 L 表明分析过程中使用最左推导,1 表示分析时每一步只需向前看一个符号即可决定所选用的规则,而且这种选择是准确无误的。

回顾例 4-1 中的文法

S→aAb
A→de | d

不难看出

SELECT(A→de) = FIRST(de) = {d}
SELECT(A→d) = FIRST(d) = {d}

所以

SELECT(A→de)∩SELECT(A→d) ≠ ∅

由 LL(1)文法定义可知,例 4.1 文法不是 LL(1)文法,因此对输入串进行自顶向下分析会发生回溯。

【例 4-4】设有文法 G[A]:

A → aB | d
B → bBA | ε

判断该文法是否为 LL(1)文法。

解

SELECT(A→aB) = FIRST(aB) = {a}
SELECT(A→d) = FIRST(d) = {d}
SELECT(B→bBA) = FIRST(bBA) = {b}
SELECT(B→ε) = FOLLOW(B) = {a,d,$}

所以

SELECT(A→aB) ∩ SELECT(A→d) = ∅
SELECT(B→bBA) ∩ SELECT(B→ε) = ∅

由定义可知,G[A]是 LL(1)文法,对任何输入串 W 可进行无回溯的分析。

【例 4-5】 设有文法 G[S]:

S→aAB
A→bB | dA | ε
B→ a | e

判断该文法是否为 LL(1)文法。

解

SELECT(S→aAB) = FIRST(aAB) = {a}
SELECT(A→bB) = FIRST(bB) = {b}
SELECT(A→dA) = FIRST(dA) = {d}
SELECT(A→ε) = FOLLOW(A) = {a,e}
SELECT(B→a) = FIRST(a) = {a}
SELECT(B→e) = FIRST(e) = {e}

所以

SELECT(A→bB) ∩ SELECT(A→dA) = ∅
SELECT(A→bB) ∩ SELECT(A→ε) = ∅
SELECT(A→aA) ∩ SELECT(A→ε) = ∅
SELECT(B→a) ∩ SELECT(B→ε) = ∅

由定义可知,文法 G[S]是 LL(1)文法,对任何的输入串可进行确定的自顶向下分析。

综合上面的讨论可知,对 LL(1)文法,若当前非终结符 A 面临输入符号 a 时,可根据 a 属于哪一个 SELECT 集,唯一选择一条相应规则去准确地匹配输入符号 a。也就是说,当描述语言的文法是 LL(1)文法时,可对其进行确定的自顶向下的分析。

前面已经指出,构造确定的自顶向下分析程序要求给定语言的文法必须是 LL(1)文法,但是,并不是每个语言都有 LL(1)文法。

由 LL(1)文法定义可知,若文法中含有左递归或含有公共左因子,则该文法不是 LL(1)文法,因此,对某些非 LL(1)文法而言,可通过消除左递归和反复提取公共左因子对文法进行等价变换,将其改造为 LL(1)文法。消除文法中的左递归方法见本节前半部分。

这里所说的提取公共左因子是指当文法中含有形如 A→αβ$_1$ | αβ$_2$ | ⋯ | αβ$_n$ 规则,可将它改写成:

A→aA′
A′→β$_1$ | β$_2$ | ⋯ | βn

若在 β$_1$,β$_2$,⋯,β$_n$ 中仍含有公共左因子,这时可再次提取,这样反复进行提取,直到引进新非终结符的有关规则再无公共左因子为止。

例如,对例 4-1 中的文法

S→aAb
A→de | d

由前面已知该文法是非 LL(1)文法,该文法无左递归,利用提取公共左因子的方法对其进行改写,得到:

S→aAb
A→dA′
A′→e | ε

不难验证改写后的文法为 LL(1) 文法。

【例 4-6】 设有文法 G[S]：

S→ad ｜ Ae
A→aS ｜ bA

将文法改写为 LL(1) 文法。

解 对于非终结符 S 的规则，因有：SELECT(S→ad)∩SELECT(S→Ae) = {a}∩{a,b} ≠ ∅

故它不是一个 LL(1) 文法。由于非终结符 S 的两个右部的公共左因子是隐式的，因此，在对 S 的两条规则提取公共左因子之前，对 S 右部以非终结符 A 开头的规则，用 A 的两条规则进行相应替换，得到：

S→ad ｜ aSe ｜ bAe
A→aS ｜ bA

对 S 提取公共左因子得到：

S→bAe ｜ aS'
S' → d ｜ Se
A → aS ｜ bA

显然，改写后的文法是 LL(1) 文法。

应当指出的是，并非一切非 LL(1) 文法都能改写为 LL(1) 文法。

例如，对于文法

S→ Ae ｜ Bd
A→aAe ｜ b
B→aBd ｜ b

对于 S 的规则，因有：SELECT(S→Ae)∩SELECT(S→Bd) = {a,b}∩{a,b} ≠ ∅

故它不是一个 LL(1) 文法。对于 S 的两条规则，可先将非终结符 A，B 用相应规则右部进行替换，得到：

S→aAee ｜ be ｜ aBdd ｜ bd
A →aAe ｜ b
B→aBd ｜ b

对 S 提取公共左因子后，得到：

S →aS' ｜ bS"
S' → Aee ｜ Bdd
S" → e ｜ d
A →aAe ｜ b
B →aBd ｜ b

显然，它仍不是一个 LL(1) 文法，且不难看出无论将上述步骤重复多少次都无法将它改写为 LL(1) 文法。

4.4 递归下降分析法

递归下降分析法是一种自顶向下的分析方法,文法的每个非终结符对应一个递归过程(函数)。分析过程就是从文法开始符出发执行一组递归过程(函数),这样向下推导直到推出句子;或者说从根节点出发,自顶向下为输入串寻找一个最左匹配序列,建立一棵语法树。

递归下降分析法是确定的自顶向下分析法,这种分析法要求文法是LL(1)文法。它的基本思想是,对文法中的每个非终结符编写一个函数(或子程序),每个函数(或子程序)的功能是识别由该非终结符所表示的语法成分。由于描述语言的文法常常是递归定义的,因此相应的这组函数(或子程序)必然以相互递归的方式进行调用,所以将此种分析法称为递归下降分析法。

构造递归下降分析程序时,每个函数名是相应的非终结符,函数体则是根据规则右部符号串的结构编写。

(1)当遇到终结符 a 时,则编写语句

if(当前读来的输入符号==a)

读下一个输入符号

(2)当遇到非终结符 A 时,则编写语句调用 A()

(3)当遇到 A→ε 规则时,则编写语句

if(当前读来的输入符号∉FOLLOW(A))

error()

(4)当某非终结符的规则有多个候选式时,按 LL(1)文法的条件能唯一选择一个候选式进行推导。

【例 4-7】 设有文法 G[S]:

S→a | ∧ | (T)
T→T,S | S

试构造一个识别该文法句子的递归下降分析程序。

解 首先消去文法左递归,得到文法 G′[S]:

S→a | ∧ | (T)
T→ST′
T′→ST′ | ε

无左递归的文法不一定是 LL(1)文法,根据 LL(1)文法的判断条件,对非终结符 S 和 T′有

SELECT(S→a)∩SELECT(S→∧) = FIRST(a)∩FIRST(∧)
　　={a}∩{∧}= ∅
SELECT(S→a)∩SELECT(S→(T)) = FIRST(a)∩FIRST((T))
　　={a}∩{(}= ∅

SELECT(S→∧)∩SELECT(S→(T)) = FIRST(∧)∩FIRST((T))
  ={∧}∩{(} = ∅
SELECT(T'→,ST')∩SELECT(T'→ε) = FIRST(,ST')∩FOLLOW(T')
  ={,}∩{)} = ∅

所以文法 G'[S]是 LL(1)文法。

对文法 G'[S]可写出相应的递归下降分析程序如下。

分析程序中函数 scanner()的功能是读进源程序的下一个单词符号并将它放在全程变量 sym 中;函数 error()是出错处理程序。

```
main(){
scanner ();
S ();
if (sym == ' $ ') printf ("success");
else printf ("fail");
}
S (){
    if (sym == 'a' || sym == '∧') scanner ();
    else if (sym =='('){
        scanner (); T ();
        if (sym == ')') scanner ();
        else error ();
    } else error ();
}
T (){
S (); T'();}
T' (){
if (sym ==','){
scanner(); S (); T'();}
else if (sym ! = ')') error();
}
```

上述主函数和 S()、T()、T'() 3 个函数合起来是所给文法的递归下降分析程序,可以对文法的任意一个句子进行语法分析。

4.5 预测分析法

实现 LL(1)文法分析的另一种有效方法是使用一张分析表和一个栈进行联合控制。现在要介绍的预测分析程序就是属于这种类型的 LL(1)分析器。预测分析法也称为 LL(1)分析法。这种分析法是确定的自顶向下分析的另一种方法,采用这种方法进行语法分析要求描述语言的文法是 LL(1)文法。

第4章 语法分析

一个预测分析器由一张预测分析表(也称为 LL(1)分析表)、一个先进后出分析栈和一个总控程序三部分组成,如图 4-3 所示。

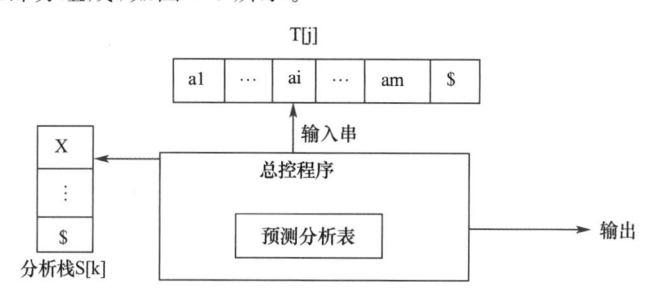

图 4-3 预测分析器

图中输入缓冲区 T[j]中存放待分析的输入符号串,它以右界符 $ 作为结束。分析栈 S[k]中存放替换当前非终结符的某规则右部符号串,句子左界符"$"存入栈底。预测分析表是一个 M[A,a]形式的矩阵,其中 A 为非终结符,a 是终结符或"$"。分析表元素 M[A,a]中的内容为一条关于 A 的规则,表明当 A 面临输入符号 a 时,当前推导所应采用的候选式,当元素的内容为"出错标志"(表中用空白格表示"出错标志")时,则表明 A 不应该面临输入符号 a。

预测分析器的总控程序在任何时候都是根据栈顶符号和当前输入符号 a 来决定分析器的动作,其流程如图 4-4 所示。

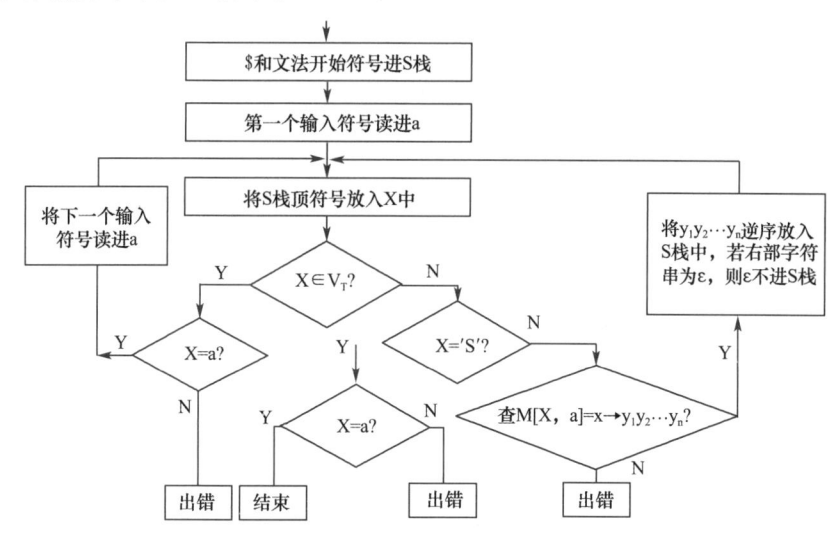

图 4-4 总控程序的流程图

预测分析表是一个 M[A,a]形式的矩阵。其中,A 为非终结符,a 是终结符或 '$'(注意,'$' 不是文法的终结符,因此总把它当成输入串的结束符。虽然它不是文法的一部分,但假定它的存在将有助于简化分析算法的描述)。矩阵元素 M[A,a]中存放着一条关于 A 的产生式,指出当 A 面临输入符号 a 时所应采用的候选。M[A,a]中也可能存放一个"出错标志",指出 A 根本不该面临输入符号 a。

预测分析器的总控程序对于不同的 LL(1)文法都是相同的,而预测分析表对于不同的 LL(1)文法是不相同的,下面介绍对于任意给定的文法 G 构造预测分析表的算法。

算法 4-1

输入:文法 G。

输出:预测分析表 M。

方法:

(1) 计算文法 G 的每一非终结符的 FIRST 集和 FOLLOW 集。

① 对每一文法符号 X∈(VN∪VT),计算 FIRST(X):

a. 若 X∈VT,则 FIRST(X) = {X}。

b. 若 X∈VN 且有规则 X→a⋯,a∈VT,则 a∈FIRST(X)。

c. 若 X∈VN 且有规则 X→ε,则 ε∈FIRST(X)。

d. 若有规则 X→$y_1y_2\cdots y_n$,对于任意的 $i(l \leqslant i \leqslant n)$,当 $y_1y_2\cdots y_{i-1}$ 都是非终结符,且 $y_1y_2\cdots y_{i-1} => \varepsilon$ 时,则将 FIRSTS(y_i)中的非 ε 元素加到 FIRST(X)中。特别是,若 $y_1y_2\cdots y_{i-1} => \varepsilon$,则 ε∈FIRST(X)。

e. 反复使用 a.~d. 直到 FIRST 集不再增大为止。

② 对文法中的每一个 A∈VN,计算 FOLLOW(A):

a. 对文法的开始符号 S,则将"$"加到 FOLLOW(S)中。

b. 若 A→aBβ 是一条规则,则把 FIRST(β)中的非 ε 元素加到 FOLLOW(B)中。

c. 若 A→aB 或 A→αBβ 是一条规则且 β=>ε,则把 FOLLOW(A)加到 FOLLOW(B)中。

d. 反复使用 b~c 直到每个非终结符的 FOLLOW 集不再增大为止。

(2) 对文法的每个规则 A→α,若 a∈FIRST(α),则置 M[A,a] = A→α。

(3) 若 ε∈FIRST(α),对任何 b∈FOLLOW(A),则置 M[A,b] = A→α。

(4) 把分析表中无定义的元素标上出错标志 error(表中用空白格表示)。

【例 4-8】 设有文法 G[S]:

S→a | ∧ | (T)

T→ST′

T′→,ST′| ε

试构造该文法的预测分析表。

解 首先判断该文法是否为 LL(1)文法,在例 4-7 中已经证明该文法是 LL(1)文法。计算该文法每个非终结符的 FIRST 集和 FOLLOW 集,见表 4-1。

表 4-1 文法非终结符的 FIRST 集和 FOLLOW 集

非终结符	FIRST	FOLLOW
S	{a,∧,(}	{,,),$}
T	{a,∧,(}	{)}
T′	{, ,ε}	{)}

对规则 S→a,因为 FIRST(a)={a},所以置 M[S,a] = S→a。

对规则 S→∧,因为 FIRST(∧) = {∧},所以置 M[S,∧]=S→∧。

对规则 S→(T),因为 FIRST((T)) = {(},所以置 M[S,(] = S→(T)。

对规则 T→ST′,因为 FIRST(ST′) = {(,a,∧},所以置 M[T,(] = T→ST′,M[T,a] = T→ST′,M[T,∧]=T→ST′。

对规则 T′→,ST′,因为 FIRST(,ST) = {,},所以置 M[T′,,]=T→ST′

对规则 T′→ε,因为 FOLLOW(T′) = {)},所以置 M[T′,)] = T′→ε。

文法 G[S]的预测分析表见表 4-2。

表 4-2　　文法 G[S]的预测分析表

非终结符	a	∧	(	)	,	$
S	S→a	S→∧	S→(T)			
T	T→ST′	T→ST′	T→ST′			
T′				T′→ε	T′→,ST′	

对输入串(a,a)$预测分析器做出的分析过程,见表 4-3。

表 4-3　　输入串(a,a)$的分析过程

分析栈	输入串	所用规则
$ S	(a,a)$	
$)T(	(a,a)$	S→(T)
$)T	a,a)$	
$)T′S	a,a)$	T→ST′
$)T′a	a,a)$	S→a
$)T′	,a)$	
$)T′S,	,a)$	T′→,ST′
$)T′S	a)$	
$)T′a	a)$	S→a
$)T′	)$	
$)	)$	T′→ε
$	$	成功

从表 4-2 中可以看出,通过查找该表,表中的某行某列,最多只有一个文法规则。如果预测分析表中的每个位置,都最多只有一个文法规则,这样的情况被称为分析表不含多重定义元素。

若一个文法 G 的分析表 M 不含多重定义元素,则该文法是 LL(1)文法。

LL(1)文法首先是无二义的,这一点可以从分析表不含多重定义元素得知;并且,含有左递归的文法绝不是 LL(1)文法,所以必须首先消除文法的一切左递归。其次,应该消除回溯(提取公共左因子)。但是,文法中不含左因子只是 LL(1)文法的必要条件,一个文法提取了公共左因子后,只解决了非终结符对应的所有产生式不存在相同首字符的问题(每个产生式的 FIRST 集互不相交),只有当改写后的文法不含 ε 产生式且无左递归时才可立即断定该文法是 LL(1)文法,否则必须用上面 LL(1)文法的充要条件进行判定(或者看 LL(1)分析表中是否存在多重定义元素来判定)。

预测分析法强调对未来情况的预判和处理。在生活和工作中,预测和规划同样具备重要意义,可以参照预测分析法,在不确定的环境中做出决策。

4.6 自底向上分析法的一般原理

所谓自底向上分析就是自左至右扫描输入串,自底向上进行分析;通过反复查找当前句型的可归约符号串,并使用产生式规则将找到的可归约符号串归约为相应的非终结符。这样逐步进行"归约",直到归约到文法的开始符号。或者说,从语法树的末端开始,步步向上"归约",直到根节点。

自底向上分析法是一种"移进-归约"的方法,在自底向上分析过程中采用了一个先进后出的分析栈。分析开始后,把输入符号自左至右逐个移进分析栈,并且一边移入一边分析,一旦栈顶的符号串形成某个可以归约的符号串就进行一次归约,即用相应产生式的左部非终结符替换当前可归约的符号串。接下来继续查看栈顶是否形成新的可归约的符号串,若形成了则继续进行归约;若栈顶不是可归约的符号串则继续向栈中移进后续输入符号。不断重复这一过程,直到将整个输入串处理完毕。若此时分析栈只剩有文法的开始符号则分析成功,即确认输入串是文法的一个句子;否则,即认为分析失败。

这种分析法的基本思想是用一个寄存文法符号的先进后出栈,将输入符号一个一个地按从左到右扫描顺序移入栈中,边移入边分析,当栈顶符号串形成某条规则右部时就进行一次归约,即用该规则左部非终结符替换相应规则右部符号串,则把栈顶被归约的这一串符号称为可归约串。重复这一过程,直到整个输入串分析完毕。最终若栈中剩下句子左界符"$"和文法的开始符号,当前分析的句子只剩下右界符"$",则所分析的输入符号串是文法的正确句子,否则,就不是文法的正确句子,报告错误。

下面举例说明这种自底向上分析法的分析过程。

【例 4-9】设有文法 G[A]:

  A→aBcDe
  B→b
  B→Bb
  D→d

对输入串 abbcde 进行语法分析,检查该符号串是否是该文法的正确句子。

解 首先设一个符号栈,并将输入符号串的左界符"$"移入栈,分析时将输入符号串按从左到右扫描顺序移入栈中,其整个分析过程见表 4-4。

表 4-4 输入符号串 abbcde 的分析过程

步骤	符号栈	输入串	动作
(0)	$	abbcde $	a 进栈
(1)	$ a	bbcde $	b 进栈
(2)	$ ab	bcde $	用 B→b 归约

(续表)

步骤	符号栈	输入串	动作
(3)	$ aB	bcde $	b进栈
(4)	$ aBb	cde $	用 B→Bb 归约
(5)	$ aB	cde $	c进栈
(6)	$ aBc	de $	d进栈
(7)	$ aBcd	e $	用 D→d 归约
(8)	$ aBcD	e $	e进栈
(9)	$ aBcDe	$	用 A→aBcDe 归约
(10)	$ A	$	分析成功

在上述分析过程中,当分析到第(4)步时,栈内符号串是 aBb,栈顶符号串 b 和 Bb 分别是规则 B→b 和 B→Bb 的右部,为什么此时知道栈顶符号串 Bb 是可归约串,而 b 不是可归约串呢? 由此可见,实现自底向上分析法的关键问题是如何精确定义可归约串这个直观概念,以及怎样识别可归约串。事实上,存在多种不同的方法刻画可归约串,对它的不同定义形成不同的自底向上的分析方法,如算符优先分析法和 LR 分析法。在 LR 分析法中,是用句柄来刻画可归约串,而在算符优先分析法中,是用最左素短语来刻画可归约串。因为算符优先分析法使用比较有局限性,本章只讨论 LR 分析法。

自底向上分析法与自顶向下分析法形成对比,自底向上分析法强调从细节出发,逐步归纳出整体结构的思想。在日常生活中,可以使用这种思维方式在解决问题时获得优势,在实践中灵活运用。

4.7 LR 分析法

LR 分析法是一种自底向上进行规范归约的语法分析方法。这里 L 是指从左到右扫描输入符号串,R 是指构造最右推导的逆过程。

这种分析法是表格驱动的,比递归下降分析法、预测分析法对文法的限制要少得多,对于大多数用无二义性上下文无关文法描述的语言都可以用 LR 分析法进行有效分析,虽然存在着非 LR 的上下文无关文法,但一般而言,常见的程序设计语言构造都可以避免使用这样的文法。而且这种分析法分析速度快,是已知的最通用的无回溯"移进-归约"分析技术,它的实现可以和其他的"移进-归约"方法一样高效,并能准确及时地指出输入串的语法错误和出错位置。但是,这种分析法有一个主要缺点,对于一个语言的文法,手工构造 LR 分析器的工作量相当大,具体实现较困难。因此,对于真正实用的编译程序,采用构造 LR 分析器的专用工具(如 YACC、Bison 等)自动构造出 LR 语法分析器。

LR分析器的工作原理和过程

4.7.1 LR 分析器的工作原理和过程

LR 分析法是一种规范归约分析法。规范归约分析法的关键是在分析过程中如何确定分析栈栈顶的符号串是否形成句柄。LR 分析器结构示意图如图 4-5 所示。它由分析栈、分析表和总控程序 3 个部分组成。

图 4-5 LR 分析器结构示意图

分析栈用来存放分析过程中的历史和展望信息。例如,对文法 G[E]:

E→E＋T｜T
T→T＊F｜F
F→(E)｜id

设分析栈中已移进和归约出的符号串为 ＄E＋T 时,栈顶的状态为 S_m,如图 4-6 所示。

状态 S_m 不仅表征了从分析开始到现在已扫描过的输入符号被归约成 ＄E＋T,而且由 S_m 可以预测,如果输入串没有语法错误,根据归约时所用规则(非终结符 T 的规则)推测出未来可能遇到的输入符号仅是 FOLLOW(T) ＝ {＋,＊,),＄} 中的任意一个符号。显然,若当前读到的输入符号是"＊",根据文法可知"＊"的优先级高于"＋",栈顶尚未形成句柄,则应将"＊"移入栈中;若当前读到的输入符号为"＋"或")"或"＄"时,根据文法可知栈顶已形成句柄,则应将符号串 E ＋ E 归约为 E;若当前读到的输入符号不是上述四种符号之一,则表示输入串有语法错误。由此可知,LR 分析器的每一步分析工作,都是由栈顶状态和现行输入符号所唯一确定的。

图 4-6 分析栈示意图

LR 分析表是 LR 分析器的核心部分。一张 LR 分析表由分析动作(ACTION)表和状态转换(GOTO)表两部分组成,它们都是二维数组。

状态转换表元素 GOTO[S_i,X]规定了当状态 S_i 面临文法符号 X 时,应转移到的下一个状态。分析动作表元素 ACTION[S_i,a]规定了当状态 S_i 面临输入符号 a 时应执行的动作。有如下 4 种可能的动作。

(1)移进:把状态 S_j＝GOTO[S_i,a]和输入符号 a 移入分析栈。

(2)归约:当栈顶符号串 a 形成句柄,且文法中有 A→a 的规则,其中 |a| ＝ β,则归约动作是从分析栈栈顶去掉 β 个文法符号和 β 个状态,并把归约符 A 和 GOTO[$S_{i-β}$,A] ＝ Sj 移入分析栈中。

(3)接受(acc):表示分析成功。此时,分析栈中只剩文法开始符号"S"和当前读到的输入符号"＄"。即输入符号串已经结束。

(4)报错:表示输入串含有错误,此时出现栈顶的某一状态遇到了不该遇到的输入符号。总控程序从左至右扫描输入符号串,并根据当前分析栈中栈顶状态以及当前读到的输入符号按照 LR 分析表元素所指示的动作完成每一步的分析工作。

总控程序的算法如下。

算法 4-2 总控程序算法

输入:输入串 W 和 LR 分析表

输出:若 W 是句子,得到 W 的自下而上分析成功的信息,否则输出错误信息

方法:

(1)初始化时,初始状态 S。在分析栈栈顶,输入串 W$ 的第 1 个符号读入 a 中

(2)执行程序:

```
while (ACTION[S,a] ! = acc){
    if (ACTION[S,a] == S_i){
        将状态 i 和输入符号 a 进栈;
        将下一个输入符号读入 a 中;
    }
    else if (ACTION[S,a] == r_j){
        用第 j 条规则 A→a 归约;
        将 |a| 个状态和 |a| 个输入符号退栈;
        当前栈顶状态为 S',将 A 和 GOTO[S',A] = S″进栈;
    }
    else if (ACTION[S,a] == ERROR)
        error();
}
```

LR 分析器实质上是一个带分析栈的 DFA。在这个 DFA 中,将"历史"和"展望"信息综合抽象成某些"状态",而分析栈则用来存放这些状态。栈里的每个状态概括了从分析开始直到某一归约阶段的全部"历史"和"展望"信息。任何时候,栈顶的状态都代表了整个"历史"和已推测出的"展望"。LR 分析器的每一步工作都是由栈顶状态和现行输入符号所唯一决定的。为了有助于明确归约顺序,把已归约出的文法符号串也同时放在栈中(实际上可不必进栈)。栈的每一项内容包括状态 s 和文法符号 X 两部分。$(S_0,$)$ 为分析开始前预先放入栈里的初始状态和句子括号;栈顶状态为 S_m,符号串 $X_1X_2\cdots X_m$ 是已移进归约处的文法符号串。而 LR 分析器的总控程序工作的任何一步只需按分析栈的栈顶状态 S 和现行输入符号 a 执行 ACTION[S,a]所规定的动作即可(GOTO 表实质上只用于 ACTION 表执行归约后的处理,即对归约后的非终结符进行状态转换)。

下面举例说明 LR 分析过程。

【例 4-10】 设文法 G′为

0. S′→S
1. S→A
2. S→B

3. A→aAb
4. A→c
5. B→aBb
6. B→d

相应于文法的 LR 分析表见表 4-5。表中 S_i 表示把当前输入符号 a 及下一个状态 i 移入分析栈中；r_j 表示按第 j 条规则进行归约；acc 表示接受；空白格表示分析动作为调用出错处理程序。

表 4-5　　　　　　　　　文法 G[S] 的 LR(0) 分析表

状态	ACTION					GOTO		
	a	b	c	d	$	S	A	B
0	S_4		S_5		S_6	1	2	3
1					acc			
2	r_1	r_1	r_1	r_1	r_1			
3	r_2	r_2	r_2	r_2	r_2			
4	S_4		S_5	S_6			7	9
5	r_4	r_4	r_4	r_4	r_4			
6	r_6	r_6	r_6	r_6	r_6			
7		S_8						
8	r_3	r_3	r_3	r_3	r_3			
9		S_{10}						
10	r_5	r_5	r_5	r_5	r_5			

应当指出的是，为了节省存储空间，通常把关于终结符的 GOTO 表和 ACTION 表重叠，即把当前状态下面临终结符应转移的下一个状态与分析动作表的移进动作用同数组元素表示。表 4-6 给出了输入串 aacbb $ 的分析过程。

表 4-6　　　　　　　　输入串 aacbb $ 的分析过程

步骤	栈中状态	栈中符号	输入串	分析动作
1	0	$	aacbb $	S_4
2	04	$ a	acbb $	S_4
3	044	$ aa	cbb $	S_5
4	0445	$ aac	bb $	用第 4 条规则 A→c 归约
5	0447	$ aaA	bb $	S_8
6	04478	$ aaAb	b $	用第 3 条规则 A→aAb 归约
7	047	$ aA	b $	S_8
8	0478	$ aAb	$	用第 3 条规则 A→aAb 归约
9	02	$ A	$	用第 1 条规则 S→A 归约
10	01	$ S	$	acc

现在主要关心的问题是如何由文法构造 LR 分析表。对于一个文法，如果能够构造一张分析表，使得它的每个入口均是唯一确定的，则称这个文法为 LR 文法。对于一个 LR 文法，当分析器对输入串进行自左至右扫描时，一旦句柄呈现于栈顶，就能及时对它实行归约。

在有些情况下，LR分析器需要"展望"和实际检查未来的k个输入符号才能决定应采取什么样的"移进-归约"决策。一般而言，一个文法如果能用一个每步最多向前检查k个输入符号的LR分析器进行分析，则这个文法就称为LR(k)文法。

对于一个文法，如果它的任何"移进-归约"分析器都存在这样的情况：尽管栈的内容和下一个输入符号都已了解，但仍无法确定是"移进"还是"归约"，或者无法从几种可能的归约中确定其一，则该文法是非LR的。注意，LR文法肯定是无二义的，一个二义文法绝不会是LR文法；但是，LR分析技术可以进行适当修改以适用于分析一定的二义文法。

在后面将介绍4种LR分析法，它们是：

(1)LR(0)分析法，这种方法局限性很大，但它是建立一般LR分析表的基础。

(2)SLR(1)分析法，这种方法较易实现又极有使用价值。

(3)LR(1)分析法，这种方法适用大多数上下文无关文法，但分析表体积庞大。

(4)LALR(1)分析法，这种方法能力介于SLR(1)和LR(1)之间。

4.7.2　LR(0)分析法

首先，希望仅由一种只概括"历史"信息而不包含推测性"展望"信息的简单状态就能识别呈现在栈顶的某些句柄，而LR(0)项目集就是这样一种简单状态。

LR(0)分析法就是在分析的每一步，只需根据当前栈顶状态而不必向前查看输入符号就能确定应采取的分析动作。

LR分析器的关键部分是分析表的构造。构造LR分析表的基本思想是从给定的上下文无关文法直接构造识别文法所有规范句型或前缀的DFA，然后再将DFA转换成一张LR分析表。

为了给出构造LR分析表的算法，需要定义一些重要的概念和术语。

1. 文法规范句型的活前缀

(1)字符串的前缀是指字符串的任意首部。例如，字符串xyz的前缀有ε,x,xy,xyz。

(2)规范句型活前缀是指规范句型的前缀，这种前缀不包含句柄右边的任何符号。

·注意·　一个活前缀可以是一个或者是若干个规范句型的前缀。

由例4-10对输入串aacbb＄的归约过程可以看出，当所分析的输入串没有语法错误时，则在分析的每一步，分析栈中已"移进-归约"的全部文法符号与剩余的输入符号串合起来，就是所给文法的一个规范句型。也就是说，在LR分析工作过程中的任何时刻，栈中的文法符号应是某一规范句型的活前缀。这是因为一旦句型句柄在栈的顶部形成，就会立即被归约，因此，只要输入串已扫描过的部分保持可归约成一个活前缀，那就意味着所扫描过的部分是正确的。这样一来，对句柄的识别就变成对规范句型活前缀的识别。

例如，对例4-10，文法G[S]的规范句型aaAbb＄的句柄是aAb，栈中符号串为aaAb（表4-6中第6步），此句型的活前缀为ε,a,aa,aaA,aaAb，它们均不含句柄右边符号b＄。由此可知，LR分析器的工作过程可看成是一个逐步识别所给文法规范句型活前缀的过程。那么，如何识别文法规范句型的活前缀呢？由于在分析的每一步分析栈中的全部文法符号是当前规范句型的活前缀，且与当前栈顶状态相关联，因而可以利用有穷自动机去识别所给文法的所有规范句型的活前缀。

2. LR(0)项目

由活前缀定义可知,在一个规范句型的活前缀中,绝不含有句柄右边的任何符号。因此,活前缀与句柄之间的关系有下述3种情况:

(1)活前缀中已含有句柄的全部符号,表明此时某一规则 A→α 的右部符号串 α 已出现在栈顶,其相应的分析动作是用此规则进行归约。

(2)活前缀中只含有句柄的一部分符号,此时意味着形如 A→α₁α₂ 规则的右部子串 α₁ 已出现在栈顶,正期待着从剩余的输入串中进行归约得到 α₂。

(3)活前缀中全然不含有句柄的任何符号,此时意味着期望从剩余输入串中能看到由某规则 A→α 的右部 α 所推出的符号串。

为了刻画在分析过程中,文法的一个规则右部符号串已有多大一部分被识别,可在文法中每个规则右部适当位置上加一个圆点来表示。针对上述3种情况,标有圆点的规则分别为

A→α·
A→α₁·α₂
A→·α

把文法 G 中右部标有圆点的规则称为 G 的一个 LR(0)项目。值得注意的是,对空规则 A→ε 仅有 LR(0)项目 A→·。

直观上说,一个 LR(0)项目指明了对文法规范句型活前缀的不同识别状态,文法 G 的全部 LR(0)项目是构造识别文法所有规范句型活前缀的 DFA 的基础。会看到这种 DFA 的每一个状态和有穷个 LR(0)项目的集合相关联。

由于不同的 LR(0)项目反映了在分析过程中栈顶的不同情况,因此,可以根据圆点位置和圆点后是终结符还是非终结符,将一个文法的全部 LR(0)项目进行分类:

(1)归约项目,形如 A→α·,其中 α∈(V_N∪V_T)*,即圆点在最右端的项目,它表示一个规则的右部已分析完,句柄已形成,应该按此规则进行归约。

(2)移进项目,形如 A→α·aβ,其中 α,β∈(V_N∪V_T)*,a∈V_T,即圆点后面为终结符的项目,它表示期待从输入串中移进一个符号,以待形成句柄。

(3)待约项目,形如 A→α·Bβ,其中 α,β∈(V_N∪V_T)*,B∈V_N,即圆点后面为非终结符的项目,它表示期待从剩余的输入串中进行归约而得到 B,然后才能继续分析 A 的右部。

(4)接受项目,形如 S'→S·,其中 S' 为文法的开始符号,即文法开始符号的归约项目。S' 为左部的规则,仅有一个,它是归约项目的特殊情况,表示整个句子已经分析完毕,可以接受。

根据以上定义,下面开始构造识别文法所有规范句型活前缀 DFA 的方法。

构成识别文法规范句型活前缀 DFA 的每一个状态是由若干个 LR(0)项目所组成的集合,称为 LR(0)项目集。在这个项目集中,所有的 LR(0)项目识别的活前缀是相同的,可以利用闭包函数(CLOSURE)来求 DFA 一个状态的项目集。

为了使"接受"项目唯一,可对文法 G 进行拓广。假定文法 G 的开始符号为 S,在文

法 G 中引入一个新的开始符号 S′,并加进一个新的规则 S′→S,从而得到文法 G 的拓广文法 G′。

3. 定义闭包函数

设 I 是拓广文法 G′ 的一个 LR(0)项目集,定义和构造 I 的闭包 CLOSURE(I)如下:
(1)I 中的任何一个项目都属于 CLOSURE(I)。
(2)若 A→a·Bβ 属于 CLOSURE(I),则每一形如 B→·r 的项目也属于 CLOSURE(I)。
(3)重复(2)直到 CLOSURE(I)不再增大为止。

例如,对例 4-10 中文法,令 I = {S′→·S}

$$CLOUSURE(I) = \begin{cases} S'→·S, S→·A, S→·B, A→·aAb \\ A→·c, B→·aBb, B→·d \end{cases}$$

即为初态的项目集 I_0,有了初态的项目集 I_0 之后,下面继续求出 I_0 对于文法符号 X 可能转移到的下一个状态的项目集。

4. 定义状态转移函数 GO

设 I 是拓广文法 G′ 的任一个项目集,X 为一文法符号,定义状态转移函数 GO(I,X)如下:

GO(I,X) = CLOSURE(J)
J = {A→αX·β | A→α·Xβ∈I}

例如:

GO(I_0,S) = CLOSURE({S′→·S}) = {S′→S·} = I_1

GO(I_0,a) = CLOSURE({A→a·Ab,B→a·Bb})
= {A→a·Ab,A→·aAb,A→·c,B→a·Bb,B→·aBb,B→·d} = I_4

通过闭包函数(CLOSURE)和状态转移函数(GO)很容易构造出文法 G′ 的识别文法规范句型或前缀的 DFA。

5. 构造识别文法规范句型活前缀 DFA 的方法

(1)求 CLOSURE({S′→·S}),得到初态项目集。
(2)对初态项目集或其他已构造的项目集,应用状态转移函数 GO(I,X)求出新的项目集(后继状态)。
(3)重复(2)直到不出现新的项目集(新状态)为止。
(4)转移函数 GO 建立状态之间的连接关系。

对例 4-10 中的文法,构造识别文法所有规范句型活前缀的 DFA,如图 4-7 所示。

• 注意 DFA 中的每一个状态都是终态,当 M 到达它们时,识别出某规范句型的一个活前缀,对那些只含归约项目的项目集,如 I_2,I_3,I_4,I_5,I_8,I_{10},当 M 到达这些状态时,表示已识别出一个句柄,这些状态称为句柄识别态。当 M 处于状态 I_1 时,M 识别的活前缀为 S,表示输入串已成功分析完毕,用 S′→S 进行最后一次归约,称状态 I_1 为接受状态。

构成识别一个文法活前缀的 DFA 的状态(项目集)的全体称为这个文法的 LR(0)项目集规范族。

6. LR(0)分析表的构造

若对于一个文法 G 的拓广文法 G′ 的 LR(0)项目集规范族中的每个项目集,不存在移

图 4-7 中展示识别文法所有规范句型活前缀的 DFA：

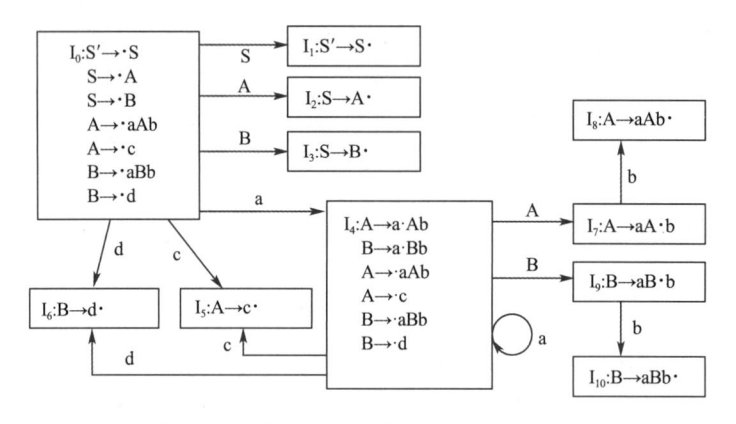

- I_0: $S' \to \cdot S$, $S \to \cdot A$, $S \to \cdot B$, $A \to \cdot aAb$, $A \to \cdot c$, $B \to \cdot aBb$, $B \to \cdot d$
- I_1: $S' \to S \cdot$
- I_2: $S \to A \cdot$
- I_3: $S \to B \cdot$
- I_4: $A \to a \cdot Ab$, $B \to a \cdot Bb$, $A \to \cdot aAb$, $A \to \cdot c$, $B \to \cdot aBb$, $B \to \cdot d$
- I_5: $A \to c \cdot$
- I_6: $B \to d \cdot$
- I_7: $A \to aA \cdot b$
- I_8: $A \to aAb \cdot$
- I_9: $B \to aB \cdot b$
- I_{10}: $B \to aBb \cdot$

图 4-7 识别文法所有规范句型活前缀的 DFA

进项目和归约项目同时并存或多个归约项目同时并存,则称 G 为 LR(0) 文法。对 LR(0) 文法,构造 LR(0) 分析表的算法如下。

算法 4-3 构造 LR(0) 分析表的算法

输入:识别 LR(0) 文法 G 规范句型活前缀的 DFA

输出:文法 G 的 LR(0) 分析表

方法:用整数 $0,1,2,\cdots,n$ 分别表示状态 $I_0,I_1,I_2,\cdots,I_n$,令包含 $S' \to \cdot S$ 项目的集合的下标为分析器的初始状态。

(1) 若项目 $A \to \alpha \cdot x\beta$ 属于 I_k,且转换函数 $GO(I_k, x) = I_j$,当 x 为终结符时,则置 ACTION[k, x] = S_j。

(2) 若项目 $A \to \alpha \cdot$ 属于 I_k,则对任何终结符和结束符 \$ (统一记为 a) 置 ACTION[k, a] = r_j (假定 $A \to \alpha$ 为文法的第 j 条规则)。

(3) 若 $GO(I_k, A) = I_j$,A 为非终结符,则置 GOTO[k, A] = j。

(4) 若项目 $S' \to S \cdot$ 属于 I_k,则置 ACTION[k, \$] = acc。

(5) 分析表中凡不能用步骤 (1) 至 (4) 填入信息的元素均置为"出错标志",为了分析表的清晰,仅用空白格表示出错标志。

根据这种方法构造的 LR(0) 分析表不含多重定义时,称这样的分析表为 LR(0) 分析表,能构造 LR(0) 分析表的文法称为 LR(0) 文法。

例 4-10 中的文法是一个 LR(0) 文法,按照上述方法构造这个文法的 LR(0) 分析表为表 4.5 (见 4.7.1 节)。

【**例 4-11**】考虑文法 G[S]:

$S \to (S) \mid a$

(1) 构造识别文法规范句型活前缀的 DFA。

(2) 判断该文法是否为 LR(0) 文法。若是,请构造 LR(0) 分析表;若不是,请说明理由。

解 首先将文法拓广,并给出每条规则编号。

0. S′→S
1. S→(S)
2. S→a

识别文法规范句型活前缀的 DFA，如图 4-8 所示。

该文法是 LR(0) 文法。因为它的 6 个 LR(0) 项目集中均不含有冲突项目，即不存在移进项目和归约项目并存或多个归约项目并存的情况。其 LR(0) 分析表见表 4-7。

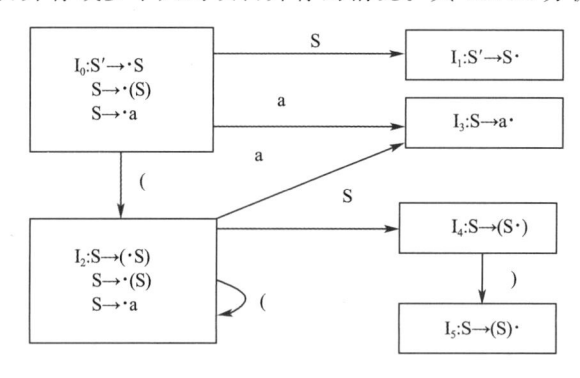

图 4-8　识别文法规范句型活前缀的 DFA

表 4-7　　　　　　　　　　文法 G[S] 的 LR(0) 分析表

状态	ACTION				GOTO
	a	(	)	$	S
0	S_3	S_2			1
1				acc	
2	S_3	S_2			4
3	r_2	r_2	r_2	r_2	
4			S_5		
5	r_1	r_1	r_1	r_1	

由上述构造过程可以看出，LR(0) 分析器的特点是不需要向前查看输入符号就能归约的，即当栈顶形成句柄时，不管下一个输入符号是什么，都可以立即进行归约而不会发生错误。

4.7.3　SLR(1) 分析法

由于 LR(0) 文法要求文法的每一个 LR(0) 项目集中都不含有冲突的项目，这个条件比较苛刻，对于大多数程序设计语言来说，一般都不能满足 LR(0) 文法的条件，即使是描述一个算术表达式的简单文法也不是 LR(0) 文法。

SLR(1) 分析法

LR(0) 文法是一类非常简单的文法，其特点是该文法的活前缀识别自动机的每一状态（项目集）都不含冲突性的项目。但是，即使是定义算术表达式这样的简单文法也不是 LR(0) 的，因此，需要研究一种简单"展望"信息的 LR 分析法，即 SLR(1) 法。

由 LR(0) 分析表可知，当出现形如 A→α 的归约项目时，ACTION 表状态 k（设 A→α·属于 I_k）这一行将全部填满产生式 A→α 的归约编号 r_j。但是，并非所有的终结符都允许跟在已归约的非终结符 A 之后，对于那些根本不可能出现在 A 之后的终结符 b，相应的 ACTION[k,b]就不需要填入 r_j。这一做法的意义在于它可以减少"移进-归约"冲突的发生(如果 ACTION[k,b]又要填入移进 S_i 的话),而非终结符 A 允许其后出现哪些终结符则完全可以采用 LL(1)分析法中的 FOLLOW 集求得。

【例 4-12】 考虑算术表达式的文法

> E→E+T | T
> T→T*F | F
> F→(E) | id

将文法拓广并对规则进行编号。

0. E'→E
1. E→E+T
2. E→T
3. T→T*F
4. T→F
5. F→(E)
6. F→id

直接构造出识别文法规范句型活前缀的 DFA,如图 4-9 所示。

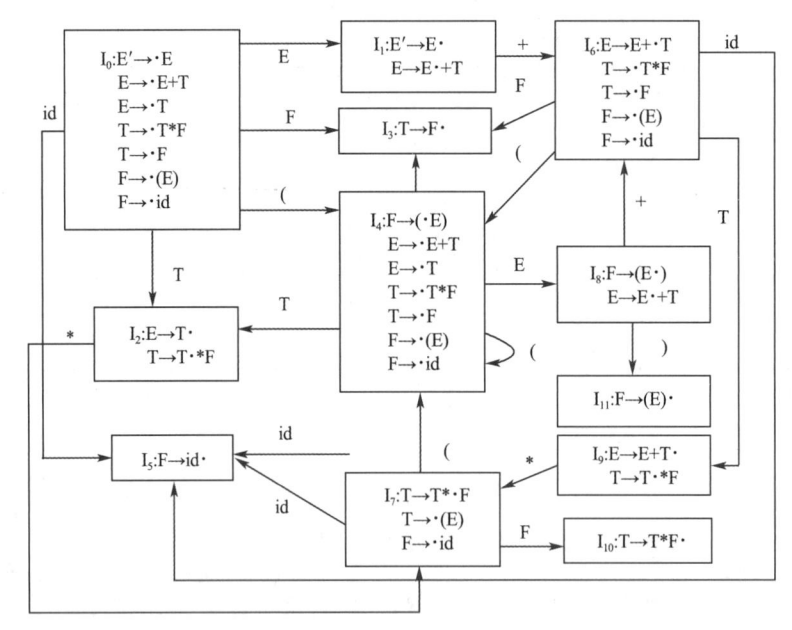

图 4-9 识别表达式文法活前缀的 DFA

不难看出,在 I_1,I_2,I_9 中既含有移进项目,又含有归约项目,因而这个表达式的文法不是 LR(0)文法。根据构造 LR(0)分析表的方法,构造出的 LR(0)分析表中在 2 状态和 9 状态下,面临输入符号"*"时含多重定义元素,见表 4-8。

为了对语言句子进行确定性的分析,需要解决"移进-归约"或"归约-归约"冲突。采用对含有冲突的项目集向前查看一个输入符号的办法来解决冲突,这种分析法称为简单的 LR 分析法,即 SLR(1)分析法。

仔细分析构造 LR(0)分析表的方法,容易看出使分析表出现多重定义的原因在于其中的规则2,即对于每一个项目集 I_k 中的归约项目 A→α·,不管当前输入符号是什么,都将 ACTION 表中第 k 行的各个元素均置为 r_j,其中 j 为规则 A→α 的编号,因此,当一个 LR(0)项目集规范族中存在一个含"移进-归约"冲突或"归约-归约"冲突的项目集 I_k = {X→δ·bB,A→α·,B→β·}时,则在分析表第 k 行中遇到输入符号 b 时,必然会出现多重定义元素。对含冲突的项目集,仅仅根据 LR(0)项目本身的信息是无法解决冲突的,需要向前查看一个输入符号以考查当前所处的环境。对归约项目 A→α· 和 B→β· 只需要考查当将句柄 α 或 β 归约为 A 或 B 时,直接跟在 A 或 B 后的终结符的集合即 FOLLOW(A)和 FOLLOW(B)互不相交且不包含移进符号 b,即满足下列条件。

FOLLOW(A)∩FOLLOW(B) = ∅
FOLLOW(A)∩{b} = ∅
FOLLOW(B)∩{b} = ∅

那么,当状态 k 面临输入符号 a 时,可按以下规则解决冲突:

(1)若 a = b,则移进。
(2)若 a∈FOLLOW(A),则用规则 A→α 进行归约。
(3)若 a∈FOLLOW(B),则用规则 B→β 进行归约。
(4)此外报错。

表 4-8　　　　　表达式文法的 LR(0)分析表

状态	ACTION						GOTO		
	id	+	*	(	)	$	E	T	F
0	S_5			S_4			1	2	3
1		S_6				acc			
2	r_2	r_2	$S_7 r_2$	r_2	r_2	r_2			
3	r_4	r_4	r_4	r_4	r_4	r_4			
4	S_5			S_4			8	2	3
5	r_6	r_6	r_6	r_6	r_6	r_6			
6	S_5			S_4				9	3
7	S_5			S_4					10
8		S_6			S_{11}				
9	r_1	r_1	$S_7 r_1$	r_1	r_1	r_1			
10	r_3	r_3	r_3	r_3	r_3	r_3			
11	r_5	r_5	r_5	r_5	r_5	r_5			

一般而言,若一个 LR(0)项目集 I 中有 m 个移进项目和 n 个归约项目时:

I:{A_1→$α_1$·$a_1β_1$,A_2→$α_2$·$a_2β_2$,…,A_m→$α_m$·$a_mβ_m$,B_1→r_1·,B_2→r_2·,…,B_n→r_n·}

对所有移进项目,符号集合{a_1,a_2,…,a_m}和 FOLLOW(B_1),FOLLOW(B_2),…,FOLLOW(B_n)两两相交为 ∅ 时,则项目集 I 中冲突仍可用上述规则解决冲突。对当前输入符 a:

(1)若 a∈{a_1,a_2,…,a_m},则移进。
(2)若 a∈FOLLOW(B_i),i=1,2,…,n,则用 B_i→r_i 进行归约。
(3)此外报错。

这种用来解决分析动作冲突的方法称为 SLR(1)法。如果对于一个文法的某些 LR(0)项目集或 LR(0)分析表中所含有的动作冲突都能用 SLR(1)方法解决,则称这个文法是 SLR(1)文法。

现在分别考查图 4-9 中的 3 个项目集 I_1,I_2,I_9 中的冲突能否用 SLR(1)方法解决。

I_1:{E'→E·,E→E·+T}

由于 FOLLOW(E') = {$}∩{+}=∅ 且 E'→E· 是"接受"项目,所以 I_1 中的"接受-移进"冲突可以用 SLR(1)方法解决。

I_2={E→T·,T→T·*F}

由于 FOLLOW(E) = {+,),$}∩{*}=∅,因此面临输入符为"+"、")"、"$"时,用规则 E→T 进行归约,当面临输入符"*"时,则移进,I_2 中"移进-归约"冲突可以用 SLR(1)方法解决。

I_9={E→E+T·,T→T·*F}

与 I_2 中情况类似,其项目集中"移进-归约"冲突可用 SLR(1)方法解决。因此该文法是 SLR(1)文法。

SLR(1)分析表的构造与 LR(0)分析表的构造基本相同。仅对 LR(0)分析表构造算法中的规则 2 进行如下修改:

若归约项目 A→α· 属于 I_k,则对任何终结符 a∈FOLLOW(A)置 ACTION[k,a] = r_j,其中 A→α 为文法的第 j 条规则。

按上述方法对例 4-12 中的算术表达式文法构造出的 SLR(1)分析表见表 4-9。

表 4-9　　　　　　　　　G[E]的 SLR(1)分析表

状态	ACTION						GOTO		
	id	+	*	(	)	$	E	T	F
0	S_5			S_4			1	2	3
1		S_6				acc			
2		r_2	S_7		r_2	r_2			
3		r_4	r_4		r_4	r_4			
4	S_5			S_4			8	2	3
5		r_6	r_6		r_6	r_6			
6	S_5			S_4				9	3
7	S_5			S_4					10
8		S_6			S_{11}				
9		r_1	S_7		r_1	r_1			
10		r_3	r_3		r_3	r_3			
11		r_5	r_5		r_5	r_5			

若文法的 SLR(1)分析表不含多重定义元素,则称文法 G 为 SLR(1)文法。

【例 4-13】 设有拓广文法 G[S']:

0. S'→S
1. S→Sb
2. S→bAa

3. A→aSc
4. A→aSb
5. A→a

（1）构造识别文法规范句型活前缀的DFA。
（2）判断该文法是否是SLR(1)文法。若是,构造SLR(1)分析表;若不是,请说明理由。

解 该文法的LR(0)项目集规范族及转换函数如图4-10所示。

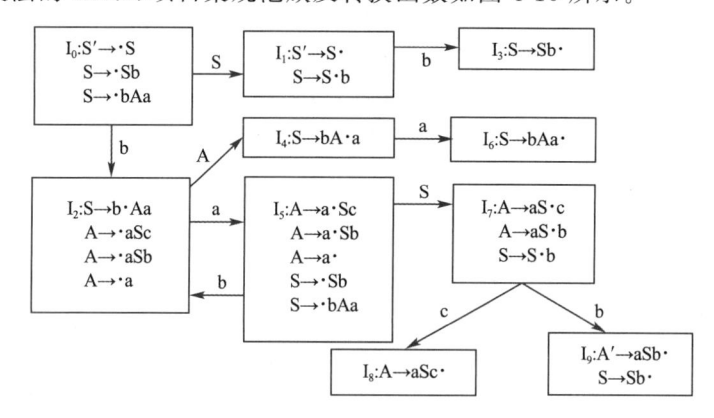

图 4-10 LR(0)项目集规范族及转换函数

分析所有这些项目集,可知在项目集 I_1, I_5 中存在"移进-归约"冲突, I_9 中存在"归约-归约"冲突,因此该文法不是LR(0)文法。考虑含冲突的项目集能否用SLR(1)方法解决。

$I_1 = \{S'→S·, S→S·b\}$

由于有 FOLLOW(S')∩{b} = {$}∩{b} = ∅, I_1 中的"移进-归约"冲突可以用SLR(1)方法解决。

$I_5 = \{A→a·, S→·bAa\}$

由于有 FOLLOW(A)∩{b} = {a}∩{b} = ∅, I_5 中的"移进-归约"冲突可以用SLR(1)方法解决。

$I_9 = \{A→aSb·, S→Sb·\}$

由于有 FOLLOW(A)∩FOLLOW(S) = {a}∩{b,c,$} = ∅, I_9 中的"归约-归约"冲突也可用SLR(1)方法解决。所以该文法是SLR(1)文法,相应的SLR(1)分析表见表4-10。

表 4-10   G[S]的SLR(1)分析表

状态	ACTION				GOTO	
	a	b	c	$	S	A
0		S_2			1	
1		S_3		acc		
2	S_5					4
3		r_1	r_1	r_1		
4	S_6					
5	r_5	S_2			7	
6		r_2	r_2	r_2		

(续表)

状态	ACTION				GOTO	
	a	b	c	$	S	A
7		S_9	S_8			
8	r_3					
9	r_4	r_1	r_1	r_1		

SLR(1)分析法是一种简单而实用的方法,其构造表格的算法简单,状态数目少,且大多数程序设计语言都可以用 SLR(1)文法来定义。但是仍存在这样一些文法,其项目集中的"移进-归约"冲突或"归约-归约"冲突不能用 SLR(1)方法解决。

【例 4-14】 下列拓广文法 G′为

0. S′→S
1. S→L=R
2. S→R
3. L→*R
4. L→i
5. R→L

首先用 S′→·S 作为初态集的项目,然后用闭包函数和转换函数构造识别文法 G′活前缀的 DFA,如图 4-11 所示。

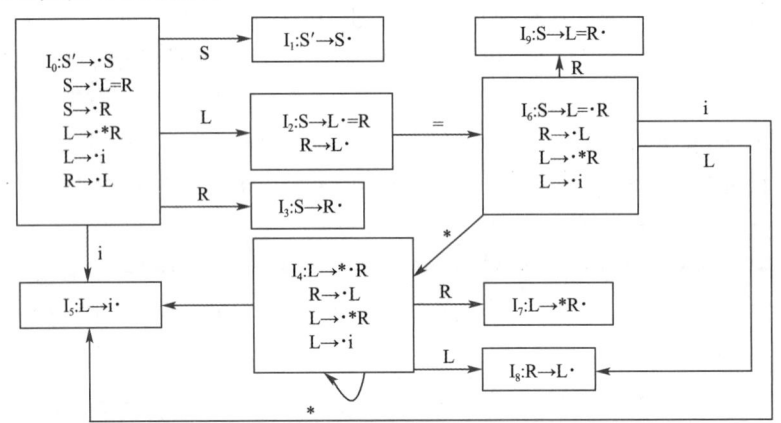

图 4-11 LR(0)识别 G′活前缀的 DFA

可以发现项目集 I_2 中存在"移进-归约"冲突。

$$I_2 = \begin{Bmatrix} S\to L\cdot =R \\ R\to L\cdot \end{Bmatrix}$$

由于 FOLLOW(R)∩{=}={=,$}∩{=}≠∅,因此,$I_2$ 中"移进-归约"冲突不能用 SLR(1)方法解决,需要功能更强的 LR 分析法即 LR(1)分析法来解决这一冲突。

LR(1)分析法

4.7.4　LR(1)分析法

由于用 SLR(1)方法解决动作冲突时,它仅孤立地考查对于归约项目 A→α·,只要当前面临输入符号 a∈FOLLOW(A)时,就确定使用规则 A→α 进行归约,而没有考查符号串α所在规范句型的环境。因为如果栈里的符号串为$δα,归约后变为$δA,当前读到的输入符号是a,若文法中不存在以δAa为前缀的规范句型,那么这种归约无效。

例如,对识别文法G'活前缀的DFA(图4-11),考查规范句型i=i的SLR(1)分析过程:

状态栈	符号栈	输入串
0	$	i=i$
05	$i	=i$
02	$L	=i$
03	$R	=i$

不难看出,当状态2呈现于栈顶且面临的输入符号是=时,由于这个文法不含有以R=为前缀的规范句型,因此用R→L进行的归约是无效归约,也就是说,并不是FOLLOW(R)中的每个元素在含R的所有句型中都会出现在R的后面。

对LR(0)和SLR(1)归约来说,其归约的考查范围只局限于短语。可以进一步拓展SLR(1)分析方法,即让每个状态含有更多的"展望"信息,在必要时也可以将一个状态分裂为两个或多个状态,使得LR分析器的每个状态都能确切指出在用A→α归约时,当α后跟哪些终结符时才允许把α归约为A。也即,当状态k呈现于状态栈栈顶,而符号栈里的符号串为βα且当前面临的输入符号为a,则只有存在含有活前缀βAa的规范句型时,才允许把α归约为A,否则不允许归约,这就是LR(1)分析方法。仅查看短语α后一个符号是为了提高分析的效率,当然也可以查看短语α后k个符号而形成LR(k)分析方法。

基于此,开始学习LR(1)分析法。

LR(1)分析法的思想是在分析过程中,当试图用某一规则A→α归约栈顶的符号串α时,不仅应该查看栈中符号串δα,还应向前扫视一个输入符号a,只有当δAa的确构成文法某一规范句型的前缀时,才能用此规则进行归约。为此,可以考虑在原来LR(0)项目集中增加更多的展望信息,这些展望信息有助于克服动作冲突和排除无效归约。也就是需要重新定义称之为LR(1)的项目。

一个LR(1)项目是一个二元组[A→α·β,a],其中A→α·β是一个LR(0)项目,每个a是终结符,称它为展望符或搜索符。当β≠ε时,搜索符是无意义的;当β=ε时,搜索符a明确指出当[A→α·,a]是栈顶状态的一个LR(1)项目时,仅在输入符号是a时才能用A→α归约,而不是对FOLLOW(A)中的所有符号都用A→α归约。

构造LR(1)项目集规范族的方法和构造LR(0)项目集规范族的方法基本相同。具体构造方法如下。

1. 构造LR(1)项目集I的闭包函数

(1)I的任何项目都属于CLOSURE(I)。

(2)若项目[A→α·Bβ,a]属于CLOSURE(I),B→r是文法中的一条规则,b∈FIRST(βa),则[B→·r,b]也属于CLOSURE(I)。

(3)重复(2)直到CLOSURE(I)不再增大为止。

2. 构造转换函数

令I是一个LR(1)项目集,X是一个文法符号,函数
GO(I,X) = CLOSURE(J)
J = {[A→αX·β,a] | [A→α·Xβ,a]∈I}

对例 4-14 中的文法 G′，令 J＝[S′→·S，$]为初态集的初始项目集，对其求闭包和转换函数，构造出它的 LR(1)项目集族，如图 4-12 所示。

I_0：S′→·S,$
　　S→·L=R,$
　　S→·R,$
　　L→·*R,=/$
　　L→·i,=/$
　　R→·L,$

I_1：S′→S·,$

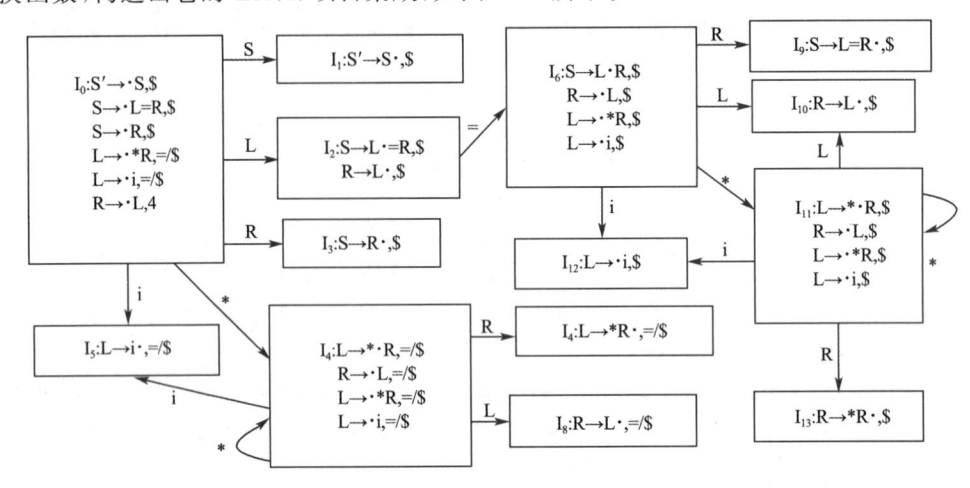

I_2：S→L·=R,$
　　R→L·,$

I_3：S→R·,$

I_4：L→*·R,=/$
　　R→·L,$
　　L→·*R,=/$
　　L→·i,=/$

I_5：L→i·,=/$

I_6：S→L=·R,$
　　R→·L,$
　　L→·*R,$
　　L→·i,$

I_7：L→*R·,=/$

I_8：R→L·,=/$

I_9：S→L=R·,$

I_{10}：R→L·,$

I_{11}：L→*·R,$
　　R→·L,$
　　L→·*R,$
　　L→·i,$

I_{12}：L→i·,$

I_{13}：R→*R·,$

图 4-12　LR(1)项目集族及转换函数

图 4-12 中，I_0 的计算过程中要注意 LR(1)项目[L→·*R,=/$]，其搜索符=/$ 的计算，是两次计算后合并得到的：由项目[S→·L=R,$]得到[L→·*R,=]；由[S→·R,$]得到[R→·L,$]，进而得到[L→·*R,$]。另外一个[L→·I,=/$]项目也类似。

分析所有这些项目集可以发现，每个项目集中都不含"移进-归约"冲突或"归约-归约"冲突。在项目集 I_2 中，由于归约项目[R→L·,$]的搜索符集合｛$｝与移进项目[S→L·=R,$]的待移进符号"="不相交，所以在 I_2 中，当面临输入符为"$"时用规则 R→L 归约，为"="时，则移进，$I_2$ 中的"移进-归约"冲突在 LR(1)分析法中得到了解决。

由于一个 LR(1)项目是由两部分组成，一部分是和 LR(0)项目相同的部分，称之为心，另一部分是向前搜索符，因此，构造 LR(1)分析表的方法与构造 LR(0)分析表的方法基本相同，仅对归约项目做如下修改：

若归约项目[A→α·,a]属于 I_k，则对搜索符 a 置 ACTION[k,a]＝r_j，其中 A→α 为文法的第 j 条规则。

按上述方法，对例 4-14 中文法的 LR(1)项目集族构造相应的 LR(1)分析表，见表 4-11。

表 4-11　　　　　　　G[S]的 LR(1)分析表

状态	ACTION				GOTO		
	i	*	=	$	S	L	R
0	S_5	S_4			1	2	3
1				acc			
2			S_6	r_5			
3				r_2			
4	S_5	S_4				8	7

(续表)

状态	ACTION				GOTO		
	i	*	=	$	S	L	R
5			r_4	r_4			
6	S_{12}	S_{11}				10	9
7			r_3	r_3			
8			r_5	r_5			
9				r_1			
10				r_5			
11	S_{12}	S_{11}				10	13
12			r_4				
13				r_3			

由表4-11可以看出,对LR(1)的归约项目不存在任何无效归约。但在多数情况下同一个文法的LR(1)项目集的个数比LR(0)项目集的个数要多。这是因为对同一个LR(0)项目集,由于搜索符不同而对应着多个LR(1)项目集。如果一个文法的LR(1)分析表中不含多重定义,或者任何一个LR(1)项目集中没有"移进-归约"冲突或"归约-归约"冲突,则称该文法为LR(1)文法。例4-14中的文法是一个LR(1)文法,却不是SLR(1)文法。然而,当一个文法是LR(0)文法,则一定是SLR(1)文法,也是LR(1)文法,反之则不一定成立。

向前搜索符仅对归约项目有意义,因为只有当输入符号是归约项目的向前搜索符时才表明该归约的操作是正确的操作,否则只能是移进操作或者出错。但是在构造LR(1)分析表中,直接为归约项目确定向前搜索符是比较困难的,所以只能先确定"A→·α,a",然后再推导得到"A→α·,a"。

对LR(1)来说,其中的一些状态(项目集)除了向前搜索符不同外,其余都是相同的;也即LR(1)比SLR(1)和LR(0)存在更多的状态。因此,LR(1)分析表的构造比LR(0)和SLR(1)更复杂,占用的存储空间也更多。

【例4-15】 考虑例4-11中的拓广文法

0. S'→S
1. S→(S)
2. S→a

试构造它的LR(1)项目集合的DFA和LR(1)分析表。

解 根据前面讨论的有关构造文法LR(1)项目集合的DFA和LR(1)分析表的方法,该文法的LR(1)项目集合的DFA如图4-13所示。

由该文法的10个LR(1)项目集中可以看出,均不存在"移进-归约"或"归约-归约"冲突,因此该文法为LR(1)文法。实际上,该文法是一个LR(0)文法,因此该文法也是SLR(1)文法,也是LR(1)文法。该文法相应的LR(1)分析表见表4-12。

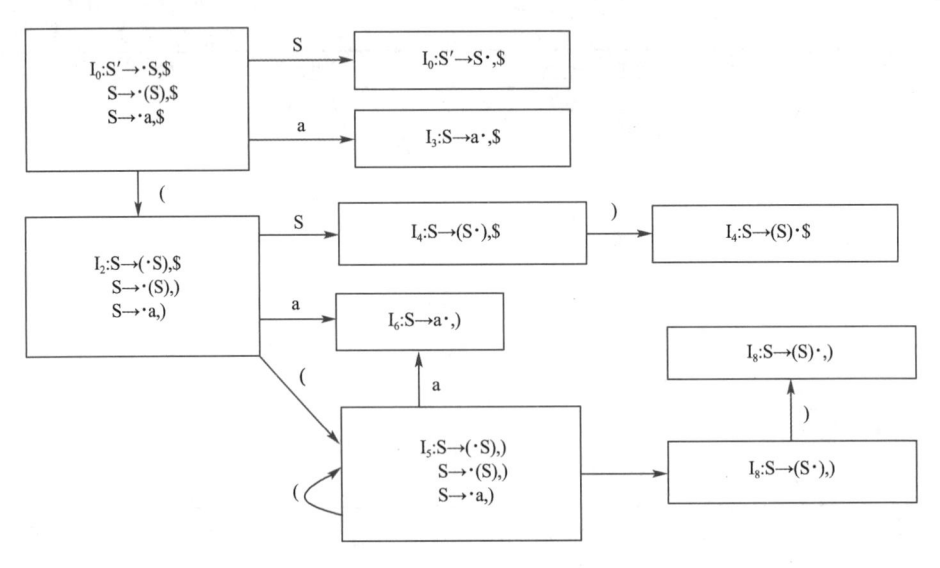

图 4-13　文法 G[S]项目集合的 DFA

表 4-12　　　　　　　　　　LR(1)分析表

状态	ACTION				GOTO
	a	(	)	$	S
0	S_3	S_2			1
1				acc	
2	S_6	S_5			4
3				r_2	
4			S_7		
5	S_6	S_5			8
6			r_2		
7				r_1	
8			S_9		
9			r_1		

4.7.5　LALR(1)分析法

LR(1)分析法虽然可以解决 SLR(1)方法所难以解决的"移进-归约"或"归约-归约"冲突,但是对同一个文法而言,当搜索符不同时,使得同一个项目集被分裂成多个项目集,从而引起状态数的剧烈增长,导致了时间和内存空间的急剧上升,它的应用也相应地受到了一定的限制。为了克服 LR(1)分析法的这种缺点,可以采用 LALR(1)分析法。

LALR(1)分析法是介于 SLR(1)分析法和 LR(1)分析法之间的一种语法分析方法,这种分析法能解决 SLR(1)分析法所不能解决的冲突动作,并且其分析表的状态个数与 SLR(1)相同。

LALR(1)分析法的基本思想是将 LR(1)项目集规范族中所有同心的项目集合并为一,以减少项目集个数。所谓同心的 LR(1)项目集是指在两个 LR(1)项目集中,除搜索符不同之外,核心部分是相同的。

例如，分析图 4-12 中的项目集，可以发现同心集如下：

$I_4:\{L\rightarrow *\cdot R,=/\$$ 　　　　$I_{11}:\{L\rightarrow *\cdot R,\$$
　　$R\rightarrow *\cdot L,=/\$$ 　　　　　　$R\rightarrow \cdot L,\$$
　　$L\rightarrow \cdot *R,=/\$$ 　　　　　　$L\rightarrow \cdot *R,\$$
　　$L\rightarrow \cdot i,=/\$\}$ 　　　　　　$L\rightarrow \cdot i,\$\}$
$I_5:\{L\rightarrow i\cdot ,=/\$\}$ $I_{12}:\{L\rightarrow i\cdot ,\$\}$
$I_7:\{L\rightarrow *R\cdot ,=/\$\}$ $I_{13}:\{L\rightarrow *R\cdot ,\$\}$
$I_8:\{R\rightarrow L\cdot ,=/\$\}$ $I_{10}:\{R\rightarrow L\cdot ,\$\}$

即 I_4 与 I_{11}，I_5 与 I_{12}，I_7 与 I_{13}，I_8 与 I_{10} 它们两两之间除了搜索符不同之外，"心"是相同的。将同心集合并为

$I_4,I_{11}:\{L\rightarrow *\cdot R,=/\$$
　　　　$R\rightarrow *\cdot L,=/\$$
　　　　$L\rightarrow \cdot *R,=/\$$
　　　　$L\rightarrow \cdot i,=/\$\}$
$I_{5,12}:\{L\rightarrow i\cdot ,=/\$\}$
$I_{7,13}:\{L\rightarrow *R\cdot ,=/\$\}$
$I_{8,10}:\{R\rightarrow L\cdot ,=/\$\}$

可以看到合并同心集后的项目集其核心部分不变，仅搜索符合并。对合并同心集后的项目集的转换函数为 GO(I,X) 自身的合并，这是因为相同心的转换函数仍属同心集。

例如，

$GO(I_{4,11},i) = GO(I_4,i) \cup GO(I_{11},i) = I_5 \cup I_{12} = I_{5,12}$
$GO(I_{4,11},R) = GO(I_4,R) \cup GO(I_{11},R) = I_7 \cup I_{13} = I_{7,13}$
$GO(I_{4,11},*) = GO(I_4,*) \cup GO(I_{11},*) = I_4 \cup I_{11} = I_{4,11}$

合并同心集需着重指出的是，若文法是 LR(1) 文法，即它的 LR(1) 项目集中不存在动作冲突，合并同心集后若有冲突则只可能是"归约-归约"冲突而不可能是"移进-归约"冲突。

假定 LR(1) 文法的项目集 I_k 与 I_j 为同心集，其中，

$I_k=\{[A\rightarrow \alpha\cdot ,a1][B\rightarrow \beta\cdot a\gamma,a]\}$
$I_j=\{[A\rightarrow \alpha\cdot ,a2][B\rightarrow \beta\cdot a\gamma,a]\}$

合并同心集后的项目集

$I_{k,j} = \{[A\rightarrow \alpha\cdot ,a1/a2][B\rightarrow \beta\cdot \alpha\gamma,a]\}$

因为假设文法是 LR(1) 的，在 I_k 中 $\{a1\}\cap\{a\}=\varnothing$，在 I_j 中 $\{a2\}\cap\{a\}=\varnothing$，显然在 $I_{k,j}$ 中，$(\{a1\}\cup\{a2\})\cap\{a\}=\varnothing$。

也就是说，合并同心集以后，不可能有"移进-归约"冲突。

假定 LR(1) 文法的项目集 I_k 与 I_j 为同心集，其中，

$I_k=\{[A\rightarrow \alpha\cdot ,a][B\rightarrow \beta\cdot ,b]\}$
$I_j=\{[A\rightarrow \alpha\cdot ,b][B\rightarrow \beta\cdot ,a]\}$

合并同心集后的项目集

$I_{k,j} = \{[A\rightarrow \alpha\cdot ,a/b][B\rightarrow \beta\cdot ,a/b]\}$

因为假设文法是 LR(1) 的,在 I_k 中 $\{a\} \cap \{b\} = \varnothing$,在 I_j 中 $\{a\} \cap \{b\} = \varnothing$,然而合并同心集后在 $I_{k,j}$ 中,$(\{a\} \cup \{b\}) \cap (\{a\} \cup \{b\}) = \{a,b\} \neq \varnothing$。所以合并同心集后可能出现"归约-归约"冲突。

现在可以根据合并同心集后的项目集族构造文法的 LALR(1) 分析表,其构造方法如下。

(1) 构造拓广文法 G′ 的 LR(1) 项目集族。

(2) 若 LR(1) 项目集族中不存在含冲突项目的项目集,则合并所有同心集,构造出文法的 LALR(1) 项目集族。

例如,对例 4-14 中文法 G 的 LR(1) 项目集族(图 4-12)合并同心集后构造出的 LALR(1) 项目集族如图 4-14 所示。

(3) 若 LALR(1) 项目集族中不存在"归约-归约"冲突,则该文法是 LALR(1) 文法。对例 4-14 中的文法,由于合并同心集后不存在"归约-归约"冲突,所以该文法是 LALR(1) 文法。

(4) LALR(1) 项目集族构造该文法的 LALR(1) 分析表的方法与 LR(1) 分析表的构造方法相同。由图 4-14 构造例 4-14 中文法的 LALR(1) 分析表见表 4-13。

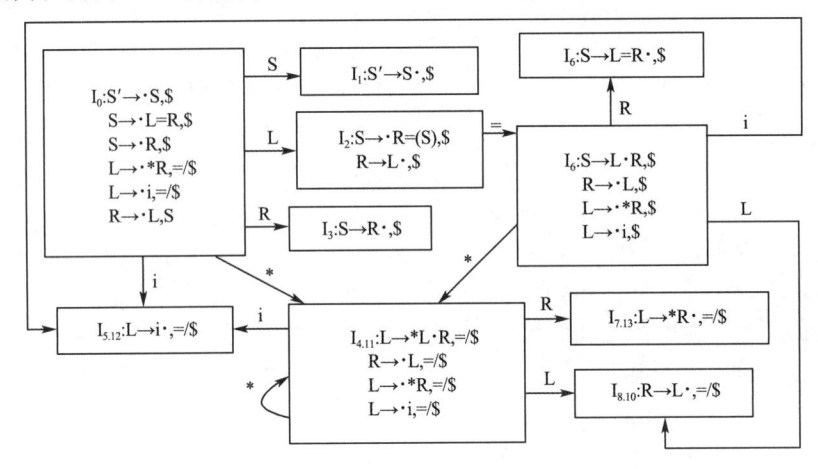

图 4-14　LALR(1) 项目集和转换函数

表 4-13　合并同心集后的 LALR(1) 分析表

状态	ACTION				GOTO		
	i	*	=	$	S	L	R
0	$S_{5,12}$	$S_{4,11}$			1	2	3
1				acc			
2			S_6	r_5			
3				r_2			
4,11	$S_{5,12}$	$S_{4,11}$				8,10	7,13
5,12			r_4	r_4			
6	$S_{5,12}$	$S_{4,11}$				8,10	9
7,13			r_3	r_3			
8,10			r_5	r_5			
9				r_1			

对给定的文法 G 而言,其 LALR(1)分析表比 LR(1)分析表状态数要少(表 4-13 状态数比表 4-11 中状态数减少了 4 个),但在分析文法 G 的某一个含有错误的符号串时,LALR(1)分析速度比 LR(1)分析速度要慢,这是因为合并同心集后多做了不必要的归约,从而推迟发现错误的时间,但是发现错误的位置是相同的。

假如对产生式 A→α 不特别赋予优先级,就认为 A→α 和出现在 α 中的最右终结符具有相同的优先级。那些不涉及冲突的动作将不会考虑赋予终结符和产生式的优先级信息。特别重要的是,只给出终结符和产生式的优先级往往不足以解决所有冲突,这时可以规定结合性质,使"移进-归约"冲突得以解决。实际上,左结合意味着打断联系而实行归约,右结合意味着维持联系而实行移进。对于"归约-归约"冲突,解决办法是:优先使用列在前面的产生式进行归约,也即列在前面的产生式具有较高的优先级。

【例 4-16】 考虑例 4-11 中的拓广文法

0. S'→S
1. S→(S)
2. S→a

分析图 4-13 中的项目集可发现同心集如下:

I_2:S→(·S), $ I_5:S→(·S),)
    S→·(S),)   S→·(S),)
    S→·a, $ S→·a,)
I_3:S→a·, $ I_6:S→a·,)
I_4:S→(S·), $ I_8:S→(S·),)
I_7:S→(S)·, $ I_9:S→(S)·,)

合并同心集后得到如图 4-15 所示的 LALR(1)项目集的 DFA。

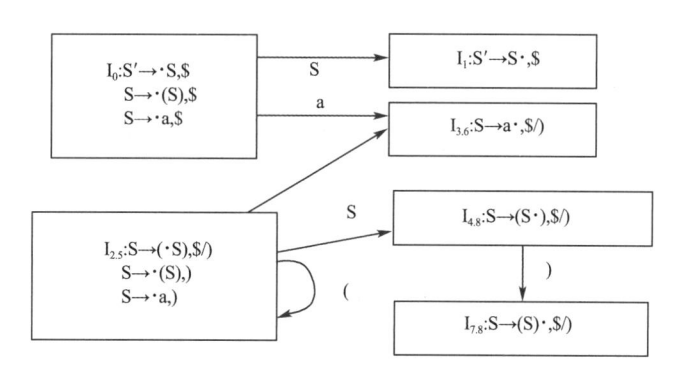

图 4-15 LALR(1)项目集的 DFA

考查合并同心集后的项目集,发现它们仍不含"归约-归约"冲突,可以判定该文法是 LALR(1)文法。相应的 LALR(1)分析表见表 4-14。

表 4-14　　　　　　　　　　LALR(1)分析表

状态	ACTION				GOTO
	a	(	)	$	S
0	$S_{3,6}$	$S_{2,5}$			1
1				acc	
2,5	$S_{3,6}$	$S_{2,5}$			
3,6			r_2	r_2	
4,8			$S_{7,9}$		
7,9			r_1	r_1	

4.7.6　LR 分析对二义性文法的应用

任何一个二义性文法绝不是 LR 类文法，与其相应的 LR 分析表一定含有多重定义的元素。但是对于某些二义性文法，若在含多重定义的 LR 分析表中加入足够的无二义性规则，则可以构造出比相应非二义性文法更优越的 LR 分析器。

例如，考虑算术表达式的二义性文法 E→E+E|E*E|(E)|id，相应的非二义性文法为

E→E+T｜T
T→T*F｜F
F→(E)｜id

两者相比，二义性文法的优点在于只需改变运算符的优先级或结合性，不需要改变文法自身；二义性文法的 LR 分析表所含状态数肯定比非二义性文法少，因为非二义性文法含有右部仅一个非终结符号的规则 E→T 和 T→F，它们要占用状态和降低分析器的分析效率。

本节要讨论的问题是如何在二义性文法的 LR 分析表中，加进足够的无二义性规则来分析二义性文法所定义的语言。

现在构造算术表达式二义性文法的 LR(0)项目集规范族，如图 4-16 所示。

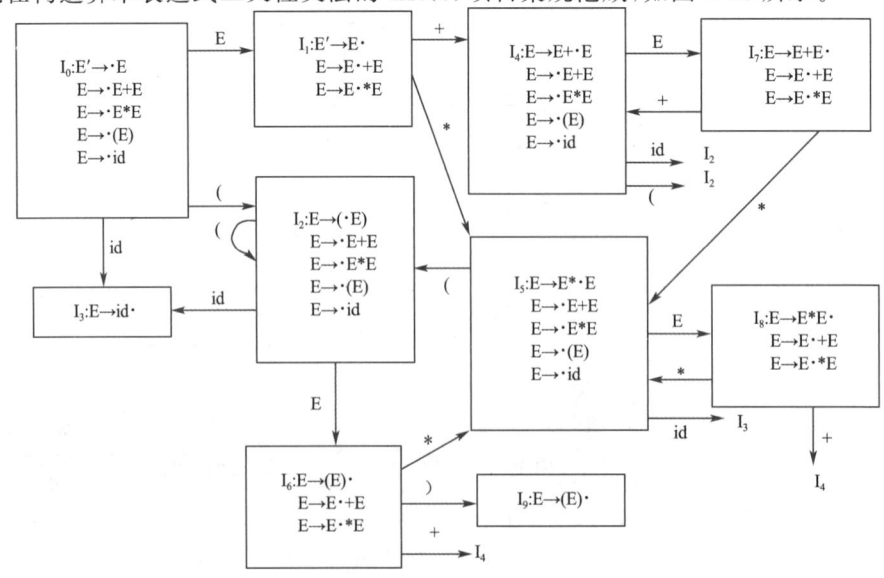

图 4-16　算术表达式二义性文法的 LR(0)项目集规范族和转移函数

从图 4-16 中可以看出，状态 I_1，I_7 和 I_8 中存在"移进-归约"冲突，I_1 中冲突可用 SLR(1)方法解决。因为 FOLLOW(E')∩{＋，＊}＝∅，即遇到输入符号为"＄"时则接受，遇到"＋"或"＊"时则移进。

对 I_7 和 I_8 而言，由于 FOLLOW(E)∩{＋，＊}＝{＄＋，＊，)}∩{＋，＊}≠∅，因而 I_7 和 I_8 中冲突不能用 SLR(1)方法解决，也不能用其他 LR(K)方法解决，但是用＋，＊的优先级和结合性可以解决这类冲突。

若规定"＊"的优先级高于"＋"的优先级，且它们都服从左结合，那么在 I_7 中，由于"＊"优先级高于"＋"，所以状态 7 面临"＊"则移进，又因"＋"服从左结合，所以状态 7 面临"＋"，则用 E→E＋E 归约。在 I_8 中，由于"＊"优先于"＋"且"＊"服从左结合，因此状态 8 面临"＋"或"＊"，都应用 E→E＊E 归约。由此构造的该二义性文法的 LR 分析表见表 4-15。

表 4-15　　　　　　　　　　　二义性文法的 LR 分析表

状态	ACTION ＋	id	＊	(	)	＄	GOTO E
0		S_3		S_2			
1	S_4		S_5			acc	
2		S_3		S_2			6
3	r_4		r_4		r_4	r_4	
4		S_3		S_2			7
5		S_3		S_2			8
6	S_4		S_5		S_9		
7	r_1		S_5		r_1	r_1	
8	r_2		r_2		r_2	r_2	
9	r_3		r_3		r_3	r_3	

其他的二义性文法也可用类似方法进行处理，可以构造出无多重定义的 LR 分析表。

4.7.7　LR 语法分析中的错误恢复技术

如果编译器只处理正确的程序，它的设计实现可以非常简单。但程序员编写程序时经常会出错，如何在遇到错误时，仍能继续分析，直到文件结束，是编译程序必须提供的功能。这时就需要错误恢复技术。好的编译器应该能够帮助程序员定位出错类型和出错位置。大多数程序设计语言的说明中，都不会描述编译器应该如何处理错误，而是由编译器的设计者来处理。下面列举了程序可能包含的不同级别的错误：

（1）词法错误。如标识符、关键字、操作符拼写错误，又如没有在字符串文本上正确地加引号等。

（2）语法错误。如分号放错位置，花括号"{"或"}"多余或缺失。又如 C 语言或 Java 语言中的语法错误的例子是，一个 case 语句的外围没有相应的 switch 语句（语法分析器通常允许这种情况出现，当编译器在之后要生成代码时才会发现这类错误）。

（3）语义错误。包括运算符和运算量之间的类型不匹配。如返回类型为 void 的某个 Java 方法中出现了一个返回某个值的 return 语句。

(4)逻辑错误。可能是因为程序员的错误推理而引起的任何错误。如无限递归调用。又如在一个 C 程序中应该使用比较运算符＝＝的地方使用了赋值运算符＝。这样的程序可能结构上没有问题,但没有正确地反映程序员的设计意图。

源程序的多数错误诊断和恢复都集中在语法分析阶段。一是因为多数错误都是语法错误,或者在语法分析时才暴露出的词法错误。二是因为语法分析方法的准确性使语法分析过程中能非常有效地检查出语法错误。而要在编译阶段检查语义错误和逻辑错误,却是非常困难的。

语法分析器中错误处理程序的基本目标是:

(1)清楚、准确地报告错误的出现;

(2)快速地从错误中恢复,继续检查后面的错误;

(3)尽可能少地增加处理正确程序时的开销。

一个错误处理程序应该如何去报告出现的错误呢？至少,它必须报告在源程序的什么位置检测到错误,因为实际的错误很可能就出现在这个位置之前的几个词法单元处。一个常用的策略是打印出有问题的那一行,然后通过一个指针定位到检测出错误的地方。

语法分析器可以采用如下多种语法错误恢复策略:紧急方式恢复策略、短语级恢复策略、出错产生式策略、全局纠正策略。

(1)紧急方式恢复策略。发现错误时,语法分析器开始抛弃输入符号,每次抛弃一个符号,直到发现某个指定的同步符号为止。同步符号通常是界符,如分号或 end。这种方法常常跳过大量的输入符号,方法比较简单,不会陷入死循环。当语句中出现的错误数较少时,使用这种方法比较合适,它是更容易实现的方法。

(2)短语级恢复策略。发现错误时,语法分析器对剩余的输入符号进行局部纠正,用一个能使语法分析器继续工作的符号串代替剩余输入的前缀。如用分号代替逗号,插入额外的逗号等。编译器的设计者必须谨慎地选择替换字符串,避免引起死循环。这种类型的替换可以纠正任何输入字符串,并且已经用于多个错误修复编译器。其主要缺点是,不能处理错误实际出现在发现点之前的情况。

(3)出错产生式策略。扩充语言的文法,增加产生错误结构的产生式。然后由这些包含错误产生式的扩展文法构造语法分析器。前提是设计者非常了解经常遇到的错误,将错误当作语法特定的结构进行分析。

(4)全局纠正策略。希望编译器在处理有错误的输入字符串时做尽可能少的改动。其主要思想是,如果给定包含错误的输入串 x 和文法 G,算法会发现符号串 y 的一棵分析树,并且使用最少的符号插入、删除和修改,将 x 变换成正确的输入符号串 y。目前,这些算法的时间和空间开销太大,只限于理论研究,但"最小代价纠正"的概念已经成为评价错误恢复技术的一种标准,并且已经被用于短语级恢复中最优替换字符串的选择。

不同的语法分析方法都可以运用上面的策略实现错误处理和恢复,以下着重讲述 LR 语法分析法的部分实现思路,供读者参考。

在前面介绍 LR 分析表中提到,动作表(ACTION)中除了 acc,r_j,S_i 以外,空白项表示出错。在语法分析过程中,使用 LR 语法分析方法,在访问动作表时,如果遇到空白的出错表项,就说明检测到了一个错误。和算符优先语法分析器不同,LR 语法分析器只要发现已经扫描的输入出现一个不正确的后继符号,就会立即报告错误。规范 LR 语法分析器在报告错误之前,不会进行无效归约,SLR 语法分析器和 LALR 语法分析器在报告错误前可能执行几步归约,但不会把出错点的输入符号移进栈中。

在 LR 分析中,可以将含有语法错误的短语分离出来。语法分析器认为,由 A 推导出的串含有一个错误,该串的一部分已经处理,处理结果保存在栈顶序列中,该串剩余的部分再输入缓冲区内。语法分析器需要跳过该串的剩余部分,在输入中找到一个符号,它是 A 的合法后随符号。通过从栈中移除一些状态,跳过部分输入符号,暂且认为发现了 A 生成的部分,从而恢复正常的分析。

具体可以采用如下方法实现紧急方式的错误恢复:从栈顶开始出栈,直到发现在特定非终结符 A 上具有状态的转移 S 为止;然后丢弃零个或多个输入符号,直到找到符号 a 为止,它是 A 的合法后随符号;接着把状态 goto[S,A] 压进栈,恢复正常分析。

短语级恢复的实现,是通过检查 LR 分析表的每个出错表项(原来留空白的项目),并根据语言的具体情况,确定可能引起该错误的程序员最可能犯的错误,然后为该表项编写一个适当的错误恢复程序段。该程序段用对应出错表项的合适方式来修改栈顶符号或第一个输入符号。

可以在语法分析表动作域部分,为原来表示出错的空白项填上一个指针,它指向编译器设计者为之设计的错误处理程序。该程序的动作包括从栈顶或输入中修改、删除或插入符号。错误恢复中需要注意,不应该让 LR 分析器进入死循环,要保证至少有一个输入符号被移走或最终被移进,或者在达到输入的结尾时栈最终缩短。同时,需要避免从栈中弹出覆盖一个非终结符的状态,因为这种修改实际上删掉了已经成功分析的一个语法结构。

下面以算术表达式文法为例,具体说明错误处理的方法。文法如下:

E→E + E | E * E | (E) | id

表 4-16 给出了该文法的 LR 语法分析表,它是由表 4-15 修改得到,加上了错误处理和恢复。另外,为了处理方便,将部分出错表项改为了归约,这样会推迟错误发现,多进行几步归约,但错误仍能在移进下一个符号前被捕获处理。原来表示错误的空白表项用 e_i 填充。e 表示错误(error),下标 i 表示对应调用的错误恢复处理程序的编号。

表 4-16 　　　带有出错处理调用的 LR 分析表

状态	ACTION						GOTO
	+	id	*	(	)	$	E
0	e_1	S_3	e_1	S_2	e_2	e_1	
1	S_4	e_3	S_5	e_3	e_2	acc	
2	e_1	S_3	e_1	S_2	e_2	e_1	6
3	r_4	r_4	r_4	r_4	r_4	r_4	
4	e_1	S_3	e_1	S_2	e_2	e_1	7
5	e_1	S_3	e_1	S_2	e_2	e_1	8
6	S_4	e_3	S_5	e_3	S_9	e_4	
7	r_1	r_1	S_5	r_1	r_1	r_1	
8	r_2	r_2	r_2	r_2	r_2	r_2	
9	r_3	r_3	r_3	r_3	r_3	r_3	

e_1：/* 此时处于状态0,2,4,5,要求输入符号为运算对象的首终结符,即W或左括号,而实际遇到的符号是+、*或$,此时调用该错误处理程序。报错的同时,假设得到符号id,从而能继续后续分析。*/

将id压进栈中,将状态3压进状态栈(0,2,4,5遇到id转移到3状态)。打印出错信息:"缺少运算对象"。

e_2：/* 此时处于状态0,1,2,4,5,如果遇到右括号,则调用该错误处理程序。报错的同时,删掉输入中的右括号,继续分析。*/

从输入中删除右括号。打印出错信息:"右括号不配对"。

e_3：/* 此时处于状态1,6,期望读入一个操作符,而遇到的是W或右括号,则调用该错误处理程序。报错的同时,假设得到了一个+号,从而继续分析。*/

将"+"压进栈,将状态4压进状态栈。打印出错信息:"缺少操作符"。

e_4：/* 此时处于状态6,期望读入操作符或右括号,而遇到的是$,则调用该错误处理程序。报错的同时,假设得到了右括号,从而继续分析。*/

将右括号")"压进栈,将状态9压进状态栈。打印出错信息:"缺少右括号"。

以输入串 id *) 为例,分析过程和错误恢复处理,见表4-17。

表4-17　　　　　　LR语法分析和错误恢复

状态栈	符号栈	输入串	动作或错误信息
0	$	id *) $	S_3
03	$ id	*) $	r_4
01	$ E	*) $	S_5
015	$ E *	) $	"右括号不配对",e_2:删除右括号
015	$ E *	$	"缺少运算对象",e_1:id.状态3进栈
0153	$ E * id	$	r_4
0158	$ E * E	$	r_2
01	$ E	$	acc(仅表示分析结束)

可以根据这里提供的方法,考虑构造其他不同分析方法中的错误恢复算法。

4.7.8　分析法的应用与拓展

LR分析器除了应用于编译程序外,还可拓展到其他领域,如人工智能领域。

人工智能中采用的搜索方法如深度优先法、广度优先法、爬山法等都可适用于一般的智能推测。由于要综合考虑各种因素,且推测的目标并不事先确定,故这些方法实质上是一种试探法或穷举法。因此,它们的共同特点是适用面广,但效率不高。

LR分析器的推理过程是依据"历史"来展望"未来",因此LR分析器同样具有智能性,但是这种智能却是有限的。作为归约过程的"历史"信息的积累虽不困难(已保存于栈中),但是"展望"信息的汇集却很不容易。因为根据历史推测未来,即使是推测未来的一个符号,也常常存在着非常多的不同可能性,所以在把"历史"和"展望"信息综合在一起时,复杂性就大大增加了。因此,具体实现 LR 分析器的功能时通常采用某种限制性措施,尽可能使出现的状态减少,只有这样才能提高效率并易于实现。如 SLR(1)方法,它只在栈中保留已扫描过的那段输入符号的部分信息,即"历史",并根据这些信息和未来的一串符号决定下一步的操作。SLR(1)的这种做法使得状态数大为减少,因此可以高效率地实现。

可以将上述方法和思想运用于人工智能领域。通过分析可以发现,人工智能的推理按目标可分为两类:一类是对未知目标的推理;一类是对已知目标的推理。对事先无法知道的目标的推理一般采用常规的智能搜索方法——试探法或穷举法;而对已知目标的推理,虽然仍可采用试探法或穷举法,但能否采用其他更加简单有效的方法呢？LR 分析器中的"历史"类同于人工智能中已搜索过的路径,而 LR 分析器对未来的"展望"恰好就是对已知目标的"展望"。LR 分析器是在"目标已知"这个特定条件下对人工智能常规搜索方法的一种简化。由于 LR 分析器推理的目标确定,故其效率远远高于常规的人工智能搜索方法。对那些事先可以分析出目标的推理问题,如智能化教学系统、智能化管理系统以及智能控制机床等,都可以采用 LR 分析器方法。LR 分析器是一种基于目标的智能推理方法,它适用于目标确定的智能化推理问题。

通过介绍 LR 分析法的特点和优势,可以看出,在解决复杂问题时,需要综合运用多种方法和技术,以达到最佳的解决效果。

4.8 语法分析程序的自动生成工具

分析程序生成器是以某种指定格式的语言的语法为输入,以该语言产生的分析过程作为输出的程序。在历史上,分析程序生成器被称为"编译——编译"(compiler-compiler)程序。合并 LALR(1)分析算法是一种常用的分析程序生成器,它被称作 YACC(Yet Another Compiler-Compiler)。

YACC 的输入是一个文本文件,文件的扩展名习惯用.y 表示,通常称为 YACC 源文件。该文件包括一组以 BNF 书写的形式文法规则以及对每条规则进行语义处理的 C 语言语句。YACC 的输出是一个包含语法分析函数 yyparse 的 C 语言源程序,其文件名通常为 y.tab.c 或 y_tab.c。

YACC 基于 LALR 语法分析的原理,自动构造一个该语言的分析器,如图 4-17 所示。同时还能根据规格说明中给出的语义子程序建立规定的解释。

图 4-17 YACC 程序的作用

4.9 本章小结

语法分析是编译程序的核心部分。语法分析的任务是分析和识别由词法分析给出的单词符号序列是否为给定文法的正确句子。

本章首先介绍了2种自顶向下的语法分析技术,其主要内容有:

$$语法分析问题\begin{cases}自顶向下分析法\begin{cases}确定的自顶向下分析法\begin{cases}递归下降分析法\\预测分析法\end{cases}\\非确定的自顶向下分析法\\（带回溯的自顶向下分析法）\end{cases}\\自底向上分析法\end{cases}$$

在以上内容中,确定的自顶向下分析法要求描述语言的文法是 LL(1) 文法。

LL(1) 文法的判别步骤如下所示。

(1) 求文法每个产生式右部符号串的 FIRST 集。

(2) 求文法各个非终结符的 FOLLOW 集。

(3) 求文法每个产生式的 SELECT 集。

(4) 求相同左部产生式的 SELECT 交集。

(5) 对文法 G 的每一个产生式

A→a_1 | a_2 | ⋯ | a_n

若 SELECT(A→a_i) ∩ SELECT(A→a_j) = $\varnothing$ ($i \neq j$),则文法 G 是一个 LL(1) 文法。

LL(1) 文法是无左递归、无二义性文法。通过消除文法左递归和提取公共左因子可将非 LL(1) 文法改写为 LL(1) 文法。

接着介绍了典型的自底向上语法分析技术。

$$语法分析部分\begin{cases}自顶向下分析法\\自底向上分析法——LR 分析法\begin{cases}LR(0)分析法\\SLR(1)分析法\\LR(1)分析法\\LALR(1)分析法\end{cases}\end{cases}$$

LR 分析法是一种规范归约分析法,大多数用上下文无关文法描述的语言都可以用相应的 LR 分析器予以识别。一个 LR 分析器的关键部分是一张 LR 分析表。

①从给定的上下文无关文法构造 LR 分析表的方法是:

a. 对 LR(0) 或 SLR(1) 分析表,构造 LR(0) 项目集规范族,而对 LR(1) 或 LALR(1) 分析表,则构造 LR(1) 项目集规范族。

b. 构造识别文法规范句型活前缀的 DFA。

c. 将 DFA 转换成相应的 LR 分析表。

4 种分析表的构造基本相同,仅对含归约项目的项目集构造分析表元素有所不同。注意文法要拓广。

②4 种 LR 文法的判别方法。

首先判别文法是否为二义性文法,因为任何二义性文法都不是 LR 类文法。若文法不是二义性文法,则可根据项目集中是否含冲突项目或相应分析表中是否含多重定义元素进行判断:

a. LR(0)文法是所有的 LR(0)项目集中没有"移进-归约"冲突或"归约-归约"冲突(或 LR(0)分析表中不含多重定义)。

b. SLR(1)文法是 LR(0)项目集中所有含冲突的项目集都能用 SLR 规则解决冲突(或 SLR(1)分析表中不含多重定义)。

c. LR(1)项目集中无"移进-归约"冲突或"归约-归约"冲突(或 LR(1)分析表中不含多重定义),注意搜索符只对归约项目起作用。

d. LALR(1)项目集中无"归约-归约"冲突(或 LALR(1)分析表中不含多重定义)。

③4 种 LR 类文法之间的关系。

一个文法是 LR(0)文法一定也是 SLR(1)文法,也是 LR(1)和 LALR(1)文法,反之则不一定成立。即

LR(0) SLR(1) LALR(1) LR(1)

本章的关键概念如下:自顶向下语法分析,非确定的语法分析,确定的语法分析,文法左递归性,文法的回溯性,LL(1)文法,递归下降分析法,预测分析法,自底向上语法分析,LR 分析法,二义性文法,YACC。

习题 4

1. 选择题(从下列各题提供的备选答案中选出一个或多个正确答案写在题干中的横线上)

(1)编译程序中语法分析常用的方法有_____。

A. 自顶向下分析法　B. 自底向上分析法　C. 自左向右分析法　D. 自右向左分析法

(2)编译程序中的语法分析器接受以_____为单位的输入,并产生有关信息供以后各阶段使用。

A. 表达式　　　　B. 字符串　　　　C. 单词　　　　D. 语句

(3)在高级语言编译程序常用的语法分析方法中,递归下降分析法属于_____分析方法。

A. 自左至右　　　B. 自顶向下　　　C. 自底向上　　　D. 自右向左

(4) 递归下降分析法和预测分析法要求描述语言的文法是_____。
A. 正规文法　　　B. LR(1)文法　　　C. LL(1)文法　　　D. 右线性文法

(5) 设有文法 G[E]：

$E \rightarrow TE'$
$E' \rightarrow +TE' \mid \varepsilon$
$T \rightarrow FT'$
$T' \rightarrow *FT' \mid \varepsilon$
$F \rightarrow (E') \mid id$

则 FIRST(T') =_____, FOLLOW(F) =_____。
A. { (, id }　　　B. { * , ε }　　　C. { * , + ,) , $ }　　　D. { + ,) , $ }

(6) 设有文法的产生式：A→a│ε, 则在自顶向下语法分析中, 对 A 推导不带回溯的条件是_____。

A. First(a) ∩ First(A) = Φ　　　　　B. First(a) ∩ Follow(A) = Φ
C. First(a) ∪ Follow(A) = Φ　　　　D. 上述三个都不是

(7) 下列文法中, _____是LL(1)文法。
A. S→aSb│ab　　B. S→Sab│ab　　C. S→aS│ba　　D. S→aS│a

(8) 采用自顶向下的分析法, 不必_____。
A. 消除左递归　　B. 消除回溯　　C. 消除右递归　　D. 提取公共左因子

(9) 在自顶向下的语法分析中, 应该从_____开始分析。
A. 句子　　　B. 句型　　　C. 文法开始符号　　　D. 句柄

(10) 下列文法不存在左递归的是_____。
A. A→BC│CZ│W　B→Ab│Bc　C→Ax│By│Cp
B. E→ET+│ET-│T　T→TF*│TF/│F　F→(E)│i
C. A→Ba│Aa│c　B→Bb│Ab│d
D. S→abcS'│bcS'│cS'　S'→abcS'│ε

(11) 自底向上语法分析法的基本原理是_____。
A. 移进-推导法　　B. 移进-归约法　　C. 最左推导法　　D. 推导-归约法

(12) LR(0)项目集规范族的项目的类型可分为_____。
A. 移进项目　　　B. 归约项目　　　C. 待约项目　　　D. 接受项目

(13) LR(0)分析器的核心部分是一张分析表, 这张分析表包括两部分, 它们是_____。
A. LL(1)分析表　　B. 分析动作表　　C. 状态转换表　　D. 移进分析表

(14) 设有一个LR(0)项目集 I = {X→a·bβ, A→α·, B→α·}, 该项目集含有冲突项目, 它们是_____。

A. "移进-归约"冲突 B. "移进-接受"冲突
C. "移进-待约"冲突 D. "归约-归约"冲突

(15)LR 语法分析栈中存放的状态是识别文法规范句型_____的 DFA 状态。
A. 前缀 B. 活前缀 C. 项目 D. 句柄

(16)对于某文法规范句型 aBcDef,如果句柄是 Bc,下面哪些字符串是活前缀_____。
A. ε B. Bc C. aB D. aBcD

(17)下列项目中为可归约项目的是_____。
A. A→·aAb B. A→a·Ab C. A→aAb· D. A→·

(18)在 LR(0)的 ACTION 子表中,如果某一行中存在标记"r_j"的栏,则_____。
A. 该行必定填满 r_j B. 该行未填满 r_j
C. 其他行也有 r_j D. goto 子表中也有 r_j

(19)已知某个含有冲突项目的 LR(0)项目集 I_k ={ X→δ·bB,A→α·,B→β· },若冲突可以用 SLR(1)分析法解决。则当状态 I_k 面临输入符号 a 时,以下说法正确的有_____。
A. 若 a=b,则移进
B. 若 a∈FOLLOW(A),则用规则 A→α 进行归约
C. 若 a∈FOLLOW(B),则用规则 B→β 进行归约
D. 若 a=b,则用规则 B→β 进行归约

(20)LR(1)项目由两部分组成:LR(0)项目和搜索符,搜索符对哪类 LR(0)项目有直接作用_____。
A. 移进项目 B. 归约项目 C. 待约项目 D. 扩展项目

(21)以下 LR(1)项目集中没有冲突项目的项目集有_____。
A. I: { [A→α·bβ , a] [B_1→$γ_1$· , a] }
B. I: { [A→α·bβ , a] [B_1→$γ_1$· , b] }
C. I: { [B_1→$γ_1$· , a] [B_2→$γ_2$· , b] }
D. I: { [B_1→γ1· , a] [B_2→$γ_2$· , a] }

(22)已知某文法是 LR(1)文法,则使用 LALR(1)分析法合并同心集后的情况描述正确的有_____。
A. 合并同心集后一定不会有冲突 B. 合并同心集后可能有"移进-移进"冲突
C. 合并同心集后可能有"移进-归约"冲突 D. 合并同心集后可能有"归约-归约"冲突

(23)以下关于 LALR(1)说法正确的有_____。
A. 一个 LR(1)文法项目集的同心集合并后心仍相同,只是搜索符进行合并
B. LALR(1)分析表的状态个数与 SLR(1)分析表的状态个数一样多
C. 一个 LR(1)文法合并同心集后只可能出现"归约—归约"冲突,而没有"移进-归

约"冲突

　　D. 一个 LR(1)文法合并同心集后,LALR(1)对错误的输入串分析可能使错误出现的位置不准确

　　2. 判断题(正确的在括号内打"√",错误的在括号内打"×")

　　(　　)(1)LL(1)文法是无左递归、无二义性文法。

　　(　　)(2)无左递归的文法是 LL(1)文法。

　　(　　)(3)在高级语言编译程序常用的语法分析方法中,预测分析法属于自顶向下的语法分析方法。

　　(　　)(4)FIRST 集、FOLLOW 集、SELECT 集中都可以包含 ε。

　　(　　)(5)如果语法变量 A 有多个候选式存在公共前缀,则自顶向下的语法分析程序将无法根据当前输入符号确定选用哪个候选式来替换 A,只能试探,从而出现降低效率的回溯问题。

　　(　　)(6)文法 G[A]:P={A→AB|i,B→c|cA}不是 LL(1)文法的原因是产生式 B→c 和 B→cA 中存在左递归。

　　(　　)(7)自顶向下语法分析实施的是最右推导。

　　(　　)(8)为了解决左递归问题,可以采用提取左因子的方法来改造文法,使得文法的每个语法规则的各个候选式没有公共前缀,这种做法可以推迟试探的发生,从而避免左递归。

　　(　　)(9)设有一个 LR(0)项目集 J={ X→α·Bβ,A→α·},该项目集含有"移进-归约"冲突。

　　(　　)(10)LR 分析法是一种规范归约分析法。

　　(　　)(11)设有一个 LR(1)项目集 I={ [X→α·Bβ,α] [A→α·,α]},该项目集含有"移进-归约"冲突。

　　(　　)(12)SLR(1)文法是二义性文法。

　　(　　)(13)在 LR 分析法移进-归约分析过程的每一步,栈中文法符号加上剩余输入符号恰好构成一个规范句型。

　　(　　)(14)对于某些二义性文法,若在含有多重定义的 LR 分析表中加进足够的无二义性规则,则可以构造出比相应非二义性文法更优越的 LR 分析器。

　　(　　)(15)当遇到错误时,LR(1)分析程序和 LALR(1)分析程序都能够立即报告错误。

　　(　　)(16)若文法 G 是 LALR(1)文法,则文法 G 必是 LR(1)文法。

　　3. 消除下面文法中的左递归和回溯。

　　(1)S→SaP | Sf | P

　　　　P→bP | b

　　(2)A→aABe | a

　　　　B→Bb | d

4. 设有文法 G[A]：

A→BCcgDB

B→bCDE | ε

C→DaB | ca

D→dD | ε

E→gAf | c

(1)计算该文法的每一个非终结符的 FIRST 集和 FOLLOW 集。

(2)试判断该文法是否为 LL(1)文法。

5. 对下面的文法 G：

E→TE'

E'→+TE' | ε

T→FT'

T→FT' | ε

F→(E) | id

(1)计算这个文法的每个非终结符的 FIRST 集和 FOLLOW 集。

(2)证明这个文法是 LL(1)的。

(3)构造它的预测分析表。

(4)构造它的递归下降分析程序。

6. 设有文法 G[S]：

S→A

A→B | AiB

B→C | B+C

C→A* | (

(1)将文法 G[S]改写为 LL(1)文法。

(2)求经改写后的文法的每个非终结符的 FIRST 集和 FOLLOW 集。

(3)构造相应的预测分析表。

7. 设有文法 G[S]：

S→(A) | aAb

A→eA' | dSA'

A'→dA' | ε

(1)试判断该文法是否为 LL(1)文法。

(2)用某种高级语言编写一个识别该文法句子的递归下降分析程序。

8. 已知文法 G[S]：

S→aBc | bAB

A→aAb | b

B→b | ε

(1)构造预测分析表。

(2)判断符号串bab$是否为该文法的句子。要求写出含有符号栈、输入串和所用规则的分析过程。

9. 考虑文法

S→AS｜b

A→SA｜a

(1)构造识别文法活前缀的DFA。

(2)该文法是LR(0)文法吗？请说明理由。

(3)该文法是SLR(1)文法吗？若是，构造它的SLR(1)分析表。

(4)该文法是LALR(1)或LR(1)文法吗？请说明理由。

10. 设文法G[S]为：

S→rD

D→D,i｜i

(1)构造识别文法活前缀的DFA。

(2)该文法是LR(0)文法吗？请说明理由。

(3)该文法是SLR(1)文法吗？

11. 考虑文法G[S]：

S→aA｜bB

A→0A｜1

B→0B｜1

(1)构造识别文法活前缀的DFA。

(2)试判断该文法是否为LR(0)文法,若是,请构造LR(0)分析表,若不是,请说明理由。

12. 设有文法G[S]：

S→aSb｜aSd｜ε

试证明该文法是SLR(1)文法,但不是LR(0)文法。

13. 设有文法G：

S→BB

B→cB｜d

(1)试证明它是LR(1)文法。

(2)构造它的LR(1)分析表。

14. 设有文法G：

S→aAd｜bBd｜aBe｜bAe

A→x

B→x

试证明该文法是LR(1)文法,但不是LALR(1)文法。

15. 设有文法 G[S]：

S→(S)| ε

试判断该文法是否为 SLR(1) 文法，若不是，请说明理由；若是，请构造 SLR(1) 分析表。

16. 解释下列术语和概念。

(1) 规范句型活前缀

(2) LR(0) 项目集规范族

(3) 冲突项目、移进项目、归约项目、接受项目

(4) 同心集

第 5 章 语义分析与中间代码生成

编译程序将高级语言所写的源程序翻译成等价的机器语言或汇编语言的目标程序,首先进行词法分析,得到单词符号序列,再进行语法分析,得到各类语法成分(或语法单位)。

本章将在词法分析和语法分析的基础上,讨论语义分析和翻译,主要介绍语法制导翻译法和属性文法的基本思想及其在中间代码生成中的应用。

语义分析不仅是对程序意义的解读,更是对计算机世界"规则"的遵循。

本章主要介绍下面 6 个方面的内容:
(1)语义分析的基本知识
(2)语法制导翻译
(3)属性文法
(4)几种常见的中间语言
(5)递归下降语法制导翻译
(6)自底向上语法制导翻译

5.1 语义分析概述

5.1.1 语义分析的概念

对语法分析后的语法单位进行语义分析,首先编译程序审查每个语法结构的静态语义,如果静态语义正确,再生成中间代码,也有的编译程序不生成中间代码而直接生成实际的目标代码。

目前较为常见的是用属性文法作为描述程序设计语言语义的工具。采用语法制导翻译法完成对语法成分的翻译工作。

一个源程序通过了词法分析、语法分析的审查和处理，表明该源程序在书写上是正确的，符合程序语言所规定的语法。但是语法分析并未对程序内部的逻辑含义加以分析，因此编译程序接下来的工作是语义分析，即审查每个语法成分的静态语义。如果静态语义正确，则生成与该语言成分等效的中间代码，或者直接生成目标代码。直接生成机器语言或汇编语言形式的目标代码的优点是编译时间短且不需要中间代码到目标代码的翻译，而中间代码的优点是使编译结构在逻辑上更为简单明确，特别是使目标代码的优化比较容易实现。

如同在进行词法分析、语法分析的同时也进行着词法检查、语法检查一样，在语义分析时也必然要进行语义检查。动态语义检查需要生成相应的目标代码，它是在运行时进行的；静态语义检查是在编译时完成的，它涉及以下几个方面：

(1) 类型检查，如参与运算的操作数其类型应相容。

(2) 控制流检查，用以保证控制语句有合法的转向点。如 C 语言中不允许 goto 语句转入 case 语句流；break 语句需寻找包含它的最小 switch、while 或 for 语句方可找到转向点，否则出错。

(3) 一致性检查，如在相同作用或标识符中只能说明一次，case 语句的标号不能相同等。

语义分析阶段只产生中间代码而不生成目标代码的方法使编译程序的开发变得较为容易，但语义分析不像词法分析和语法分析那样可以分别用正规文法和上下文无关文法描述。由于语义是上下文有关的，因此语义的形式化描述是非常困难的，目前较为常见的是用属性文法作为描述程序语言语义的工具，并采用语法制导翻译的方法完成对语法成分的翻译工作。

5.1.2 语义分析的任务

语义分析程序通过将变量的定义与变量的引用联系起来，对源程序的含义进行检查，即检查每一个语法成分是否具有正确的语义，如检查每一个表达式是否具有正确的类型、检查其名字的引用是否正确等。

通常为编译程序设计一个称作符号表的数据结构来保存上下文有关的信息。当分析声明语句时，收集所声明标识符的有关信息(如类型、存储位置、作用域等)并记录在符号表中，只要在编译期间控制处于声明该标识符的程序块中，就可以从符号表中查到它的记录，根据符号表中记录的信息检查对它的引用是否符合语言的上下文有关的特性，所以符号表的建立和管理是语义分析的一个主要任务。

语义分析的另一个重要任务是类型检查，如对表达式/赋值语句中出现的操作数进行类型一致性检查、检查 if-then-else 语句中出现在 if 和 then 之间的表达式是否为布尔表达式等。强类型语言(如 Ada 语言)要求表达式中的各个操作数、赋值语句左部变量和右部表达式的类型应该相同，所以，其编译程序必须对源程序进行类型检查，若发现类型不相同，则要求程序员进行显式转换。对于无此严格要求的语言(如 C 语言)，编译程序也要进行类型检查，当发现类型不一致但可相互转换时，就要做相应的类型转换，如当表达式中同时存在整型和实型操作数时，一般要将整型转换为实型。

语义分析以语法分析输出的语法树为基础，根据源语言的语义，检查每个语法成分在语义上是否满足上下文对它的要求。这样对于具有复杂结构(如 Ada 中的某些结构)的语言是比较方便的。如果可以设计出满足语义分析要求的 L 属性定义,则可以利用语法制导翻译技术设计翻译程序,在对源程序进行语法分析的同时,完成语义分析。许多编译程序把语义分析和中间代码生成组织在一起。

语义分析的结果将有助于目标代码的生成,例如,算术运算符"+"通常作用于整型或实型运算对象,但还可能作用于其他类型的数据。一个运算符在不同的上下文中可表示不同的运算,这种现象称作"重载",这种运算符称为"重载运算符"。语义分析程序必须检查重载运算符的上下文以决定它的含义,这可能会要求强制类型转换,以便把操作数转换成上下文期望的类型,并正确地生成目标语句。

5.1.3 语义分析的错误处理

编译程序必须检查源程序是否满足源语言在语法和语义两方面的约定,分别由词法分析程序、语法分析程序和语义分析程序完成。这种检查称作静态检查(以区别在目标程序运行时进行的动态检查),它诊断并报告源程序中的错误。

类型检查过程中,如果发现类型错误或者引用的标识符没有声明,则需要显示出错信息,报告错误出现的位置和错误性质。为了能够对后面的结构继续进行检查,需要进行适当的恢复。例如,对于如下的代码段:

```
{
    float x;
    int i=0;
    int j=i+x;
    ...
}
```

当进行类型检查时,发现表达式 i+x 中 i 和 x 的类型不一致,需要进行类型转换,将 i 的类型转换为 float 类型,表达式 i+x 是 float 类型,这又与赋值语句 j=i+x 中左边的变量 j 的类型不一致,语义分析程序就需要报告错误信息。同时,仍然将 j 作为整型变量存入符号表中,这样就可以对程序的后续部分进行类型检查。

如果在类型检查阶段发现错误,则编译程序不会输出目标程序,这意味着前几个阶段的编译步骤没有进行。因此,在整个编译过程结束之前,所输入的源程序中的错误(包括语法错误、语义错误等)都将被检查出来。

5.2 语法制导翻译

5.2.1 语法制导

语法制导是上下文无关文法的一种扩展形式,其中每个文法符号都可以有一个属性集,其中可以包括综合属性(synthesized attribute)和/或继承属性(inherited attribute),其属性值是由产生式的语义规则决定的。语义规则建立了属性之间的依赖关系。

在一个语法制导中,对应于每一个产生式 A→a 都有与之相联系的一组语义规则,其形式为 b=f(c_1,c_2,…,c_k),这里,f 是一个函数,且有

(1)如果 b 是 A 的一个综合属性,则 c_1,c_2,…,c_k 是产生式右部文法符号的属性或 A 的继承属性。

(2)如果 b 是产生式右部某个文法符号的一个继承属性,则 c_1,c_2,…,c_k 是 A 或产生式右部任何文法符号的属性。

由定义可知,产生式左部符号的综合属性是从该产生式的右部文法符号的属性值计算出来的,产生式右部某文法符号的继承属性是从其所在产生式的左部符号和/或右部文法符号的属性值计算出来的。

在语法制导定义中,有些语义规则只是为了完成某种功能,例如打印一个值、向符号表中写信息或更新一个全程变量的值等,并不计算符号的属性值,这样的语义规则称为具有副作用(side effect)的语义规则。通常,语义规则可写成赋值语句的形式,但具有副作用的语义规则常以过程调用或程序段的形式出现,可以把它们看成相应产生式左部符号的虚拟综合属性。所有语义规则都不具有副作用的语法制导定义称为属性文法(attribute grammar)。

5.2.2 翻译方案

翻译方案是上下文无关文法的一种便于翻译的书写形式,其中属性与文法符号相对应,语义规则括在花括号中,并嵌入产生式右部某个合适的位置上。翻译方案给出了使用语义规则进行属性计算的时机和顺序。

考虑如下把具有"+"和"−"运算符的中缀表达式翻译成相应的后缀表达式的翻译方案。

```
E→TR
R→+T {print('+')} R⁽¹⁾ | −T {print('−')} R⁽¹⁾ | ε
T→num {print(num.val)}
```

由于 S 属性定义只涉及综合属性,情况比较简单,只需把每一个语义规则放在相应产生式的右端末尾即可。例如:

```
产生式           语义规则
E→E⁽¹⁾+T     E.val=E⁽¹⁾.val+T.val
```

则可以这样安排产生式和语义规则:E→E⁽¹⁾+T {E.val=E⁽¹⁾.val+T.val}

对于 L 属性定义,由于既有综合属性又有继承属性,在设计翻译方案时,要遵循以下原则。

(1)产生式右部某文法符号的继承属性必须在这个符号以前的语义规则中计算出来。

(2)一个语义规则不能引用它右边的文法符号的综合属性。

(3)产生式左部符号的综合属性只有在它所依赖的所有属性都计算出来之后才能计算,计算左部符号的综合属性的语义规则通常可以放在产生式的右端末尾。

5.2.3 基于语法制导的翻译

语法制导翻译法的基本思想是对文法中的每个产生式都附加一个语义动作或语义子程序,在执行语法分析的过程中,每当使用一条产生式进行推导或归约时,就执行相应产生式的语义动作。这些语义动作不仅指明了该产生式所产生符号串的意义,而且还根据这种意义规定了对应的加工动作(如查填各类表格、改变编译程序的某些变量的值、打印各种错误信息及生成中间代码等),从而完成预定的翻译工作。

所谓语法制导翻译法就是在语法分析过程中,随着分析的逐步进展,根据相应文法的每一规则所对应的语义子程序进行翻译的方法。

语法制导翻译,就是为每个产生式配上一个翻译子程序(称语义动作或语义子程序),并在语法分析的同时执行这些子程序。语义动作是为产生式赋予具体意义的手段,它一方面指出了一个产生式所产生的符号串的意义,另一方面又按照这种意义规定了生成某种中间代码应做哪些基本动作。在语法分析过程中,当一个产生式获得匹配(对于自顶向下分析)或用于归约(对于自底向上分析)时,此产生式相应的语义子程序就进入工作,完成既定的翻译任务。

语法制导翻译技术分为自下向上语法制导翻译和自顶向下语法制导翻译。本节重点介绍自下向上语法制导翻译。

下面将以 LR 语法制导翻译为例,讨论如何具体实现语法制导翻译。

第一,为文法的每一个规则设计相应的语义子程序。例如,为一个简单算术表达式计值的文法:

$$E \rightarrow E+E \mid E*E \mid (E) \mid digit$$

设计语义子程序。分析规则式 $E \rightarrow E+E$,为了区别规则右部的两个不同的 E,加上角标为 $E \rightarrow E^{(1)}+E^{(2)}$,在 $E^{(1)}+E^{(2)}$ 归约为 E 后,E 中就有了两个 $E^{(i)}$($i=1,2$)的运算结果,定义一个语义变量 E.val 存放此结果,因此可用语义子程序描述为 $E.val = E^{(1)}.val + E^{(2)}.val$,由此得到上述文法每一规则式相应的语义子程序:

1. $E \rightarrow E^{(1)} + E^{(2)}$ {E.val = $E^{(1)}$.val + $E^{(2)}$.val}
2. $E \rightarrow E^{(1)} * E^{(2)}$ {E.val = $E^{(1)}$.val * $E^{(2)}$.val}
3. $E \rightarrow (E^{(1)})$ {E.val = $E^{(1)}$.val}
4. $E \rightarrow digit$ {E.val = LEX.digit}

第二,为上述文法构造 LR 分析表,详见表 5-1。

表 5-1   二义性文法的 LR 分析表

状态	ACTION						GOTO
	+	digit	*	(	)	$	E
0		S_3		S_2			1
1	S_4		S_5			acc	
2		S_3		S_2			6
3	r_4		r_4		r_4	r_4	
4		S_3		S_2			7

(续表)

状态	ACTION						GOTO
	+	digit	*	(	)	$	E
5		S₃		S₂			8
6	S₄		S₅		S₉		
7	r₁		S₅		r₁	r₁	
8	r₂		r₂		r₂	r₂	
9	r₃		r₃		r₃	r₃	

第三，将原 LR 语法分析栈扩充，以便存放文法符号对应的语义值。这样分析栈中可以存放 3 类信息：分析状态、文法符号及其语义值。扩充后的语义分析栈如图 5-1 所示。

S_k	X_k	$X_k.val$
⋮	⋮	⋮
S_1	X_1	$X_1.val$
S_0	$	—
状态栈	文法符号栈	语义值栈

图 5-1 扩充 LR 语义分析栈

第四，根据语义分析栈的工作过程设计总控程序，使其在完成语法分析工作的同时也能完成语义分析工作，即在用某一个规则式进行归约的同时，调用相应的语义子程序，完成所用规则式相应的语义动作，并将每次工作后的语义值保存在扩充后的"语义值栈"中。图 5-2 表示算术表达式 8＋3＊4＄的语法树及各节点值。根据表 5-1，用 LR 语法制导翻译法得到该表达式的计值过程，详见表 5-2。

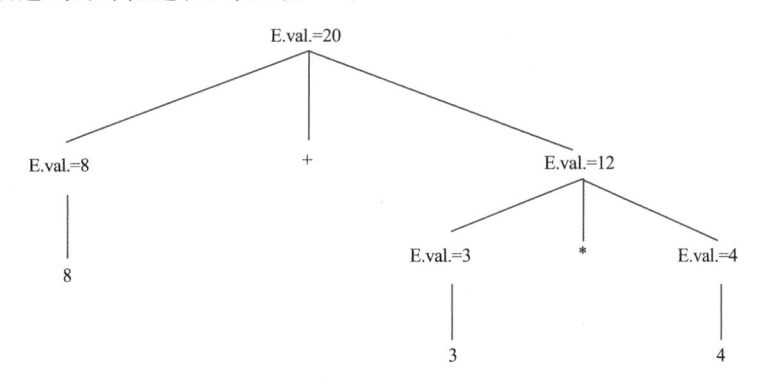

```
                    E.val.=20
           ┌───────────┼───────────┐
       E.val.=8        +        E.val.=12
           │             ┌─────────┼─────────┐
           8          E.val.=3     *      E.val.=4
                          │                   │
                          3                   4
```

图 5-2 语法制导翻译法计算表达式 8＋3＊4＄

表 5-2 表达式 8＋3＊4＄的语义分析和计值过程

步骤	状态栈	语义值栈	文法符号栈	输入符号栈	主要动作
1	0	—	$	8＋3＊4＄	S₃
2	03	—	$8	＋3＊4＄	r₄
3	01	—8	$E	＋3＊4＄	S₄
4	014	—8—	$E＋	3＊4＄	S₃
5	0143	—8—	$E＋3	＊4＄	r₄
6	0147	—8—3	$E＋E	＊4＄	S₅
7	01475	—8—3	$E＋E＊	4＄	S₃

135

（续表）

步骤	状态栈	语义值栈	文法符号栈	输入符号栈	主要动作
8	014753	—8—3—	$E+E*4	$	r_4
9	014758	—8—3—4	$E+E*E	$	r_2
10	0147	—8—12	$E+E	$	r_1
11	01	—20	$E	$	acc

5.3 属性文法

5.3.1 属性文法的基本概念

编译技术中用属性来描述计算机处理对象的特征。对一棵等待翻译的语法树，它的各个节点都是文法的某个符号 X，X 可以是终结符也可以是非终结符。根据语义处理的需要，在用文法规则式（A→αXβ）进行归约或推导时，应能准确而适当地表达文法符号 X 在处理规则式 A→αXβ 时的不同特征。例如，判断变量 X 的类型是否匹配要用 X 的数据类型描述，判断变量 X 是否存在要用 X 的存储位置，而对 X 的运算要用 X 的值描述。因此语义分析阶段引入 X 的属性，如 X.type，X.place，X.val 等分别描述 X 的类型、存储位置、值等不同特征。

什么是属性文法？一个属性文法是在上下文无关文法的基础上，允许每个文法符号 X（终结符或非终结符）根据处理的需要，定义与 X 相关联的属性。如 X 的类型 X.type，X 的值 X.val，X 的存储位置 X.place 等。对属性的处理有计算、传递信息等，属性处理的过程也就是语义处理过程。当然，处理时必须遵循一定的规则。为此，为每个文法规则式都定义一组属性的计算规则，称为语义规则。下面给出属性文法的形式定义。

一个属性文法形式上定义为一个三元组 AG，AG＝(G,V,E)。其中 G 表示一个上下文无关文法；V 表示属性的有穷集；E 表示属性的断言或谓词的有穷集。在属性文法中：

1.每个属性与某个文法符号 X（终结符或非终结符）相关联，用"文法符号.属性"表示这种关联。例如 X.type 表示与 X 关联的属性 type。假设 type 表示数据类型，并有两种数据类型 int 和 bool，则可以表示为 X.int 和 X.bool。

2.每个断言与文法某规则式相关联。与一个文法规则式相关联的断言也是这个文法规则式上定义的一组语义规则。例如，对一个简单表达式文法：

E→N$^{(1)}$＋N$^{(2)}$ | N$^{(1)}$ or N$^{(2)}$　　/＊用上角标区别同一规则出现的不同的 N 的语义 ＊/
N→num | true | false

遵照以上检验原则，可以得到关于类型检验的属性文法，见表 5-3。

表 5-3　　　关于类型检验的属性文法

表现	操作
1. E→N$^{(1)}$+N$^{(2)}$	{N$^{(1)}$.type=int and N$^{(2)}$.type=int}
2. E→N$^{(1)}$ or N$^{(2)}$	{N$^{(1)}$.type=bool and N$^{(2)}$.type=bool}
3. N→num	{N.type=int}
4. N→true	{N.type=bool}
5. N→false	{N.type=bool}

属性分为两类:综合属性和继承属性。综合属性由相应语法分析树中节点的分支节点(子节点)属性和自身的属性计算得到,其传递方向沿语法分析树向上传递,从子节点到父节点。

继承属性由相应语法树中节点的父节点和兄弟节点属性计算得到,即沿语法树向下传递,一般情况下,综合属性用于"自底向上"传递信息,继承属性用于"自顶向下"传递信息。又根据不同的处理要求,属性和断言可以多种形式出现,也就是说,与每个文法符号相关联的可以是各种属性、断言及语义规则,或者某种程序设计语言的程序段等。在属性文法中,通常认为终结符只有综合属性,是由词法分析程序提供的(也叫固有属性),非终结符可以有继承属性,也可以有综合属性。而文法的开始符号一般认为没有继承属性,如果有继承属性必须提前给出初始值。

属性文法是一种适用于定义语义的特殊文法,即在语言的文法中增加了属性的文法,它将文法符号的语义以"属性"的形式附加到各个文法的符号上(如上述与变量 X 相关联的属性 X.type、X.place 和 X.val 等),再根据产生式所包含的含义,给出每个文法符号属性的求值规则,从而形成一种带有语义属性的上下文无关文法,即属性文法。属性文法也是一种翻译文法,属性有助于更详细地指定文法中的代码生成动作。

例如,用于描述简单算术表达式求值的语义规则(如例 5-1)和用于描述说明语句中各种变量的类型信息的语义规则(如例 5-2)。

【例 5-1】 简单算术表达式求值的属性文法。

规则式	语义规则
1. S→E	print(E.val)
2. E→E$^{(1)}$+T	E.val=E$^{(1)}$.val+T.val
3. E→T	E.val=T.val
4. T→T$^{(1)}$ * F	T.val=T$^{(1)}$.val * F.val
5. T→T$^{(1)}$	T.val=T$^{(1)}$.val * F.val
6. F→(E)	F.val=E.val
7. F→digit	F.val=digit.LEXval

上面的一组规则式中,每一个非终结符都有一个属性 val,表示整数值。如 E.val,表示 E 的整数值。与规则式关联的每一个语义规则的左部符号 E、T、F 等的属性值的计算由其各自相应的右部非终结符决定,这种属性也称为综合属性。与规则式 S→E 关联的语义规则是一个过程 print(E.val),其功能是打印 E 规则式的值。注意到 S 在语义规则中没有出现,可以理解其属性为一个虚属性。

【例 5-2】 说明语句中简单变量类型信息的属性文法。

规则式	语义规则
1. D→TL	L.in=T.type
2. T→int	T.type=integer
3. T→real	T.type=real
4. L→L$^{(1)}$,id	L$^{(1)}$.in=L.in
	addtype(id.entry,L.in)
5. L→id	addtype(id.entry,L.in)

例 5-2 表示的文法是对简单变量的类型说明。

D→int L | real L

L→L,id | id　　　　　　　　　　　　　　　　　　　　　　　　（文法 5.1）

注意到与之相应的说明语句的形式可为

real id$_1$,id$_2$,…,id$_n$

或 int id$_1$,id$_2$,…,id$_n$

为了把扫描到的每一个标识符 id 都及时地填入符号表中，而不必等到所有标识符都扫描完再归约为一个标识符表，将文法 5.1 改写为例 5-2 的文法，在与之关联的语义规则中，用过程调用 addtype 把每个标识符 id 的类型信息（由 L.in 继承得到）登录在符号表的相关项 id.entry 中。

非终结符 T 有一个综合属性 type，其值或为 integer 或为 real。语义规则 L.in：=T.type 表示 L.in 的属性值由相应说明语句指定的类型 T.type 决定。属性 L.in 被确定后，将随着语法树的逐步生成传递到下边有关的节点使用，因此，这种节点属性称为继承属性。由此可见，标识符的类型可以通过继承属性的复写规则来传递。

根据以上语义规则，可以在其生成的语法树中看到用"→"表示的属性传递情况，如图 5-3 所示。

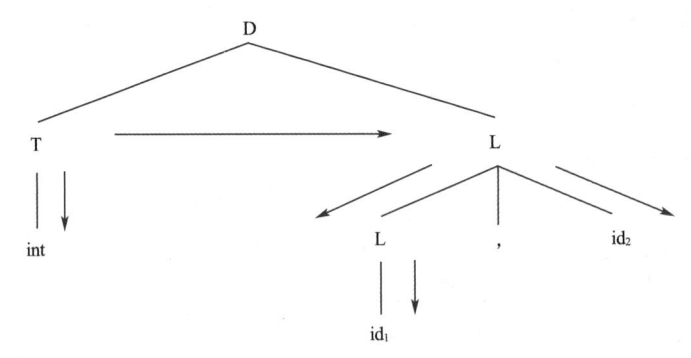

图 5-3　属性信息传递情况

5.3.2　属性文法的处理方法

基于属性文法的处理过程通常是这样的：对单词符号串进行语法分析，构造语法分析树，然后根据需要遍历语法树并在语法树的各节点处按语义规则进行计算。

1. 依赖图

如果在一棵语法树中一个节点的属性 b 依赖于属性 c，那么这个节点处计算 b 的语义规则必须在确定 c 的语义规则之后使用。在一棵语法树中的节点的继承属性和综合属性之间的相互依赖关系可以由称作依赖图的一个有向图来描述。

在为一棵语法树构造依赖图以前，为每一个包含过程调用的语义规则引入一个虚综合属性 b，这样把每一个语义规则都写成：

$b:=f(c_1,c_2,\cdots,c_k)$

这样的形式。依赖图中为每一个属性设置一个节点，如果属性 b 依赖于属性 c，则从属性 c 的节点有一条有向边连到属性 b 的节点。更详细地说，对于给定的一棵语法分析树，依赖图是按下面步骤构造出来的。

```
for 语法树中每一节点 n do
    for 节点 n 的文法符号的每一个属性 do
        为 a 在依赖图中建立一个节点；
for 语法树中每一个节点 n do
    for 节点 n 所用产生式对应的每一个语义规则
        $b:=f(c_1,c_2,\cdots,c_k)$ do
        for i:=1 to k do
            从 c 节点到 b 节点构造一条有向边；
```

例如，假设

$A.a:=f(X.x,Y.y)$

是对应于产生式 A→XY 的一个语义规则，这条语义规则确定了依赖于属性 X.x 和 Y.y 的综合属性 A.a。如果在语法树中应用这个产生式，那么在依赖图中会有三个节点 A.a,X.x 和 Y.y。由于 A.a 依赖于 X.x，所以有一条有向边从 X.x 连到 A.a。由于 A.a 也依赖于 Y.y，所以还有一条有向边从 Y.y 连到 A.a。

如果与产生式 A→XY 对应的语义规则还有：

$X.i:=g(A.a,Y.y)$

那么，图中还应有两条有向边，一条从 A.a 连到 X.i，另一条从 Y.y 连到 X.i，因为 X.i 依赖于 A.a 和 Y.y。

2. 树遍历的属性计算方法

现在来考虑如何通过树遍历的方法计算属性的值。通过树遍历计算属性值的方法有多种。这些方法都假设语法树已经建立起来了，并且树中已带有开始符号的继承属性和终结符的综合属性。然后以某种次序遍历语法树，直至计算出所有属性。最常用的遍历方法是深度优先，从左到右的遍历方法。如果需要的话，可使用多次遍历（或称遍）。

3. 一遍扫描的处理方法

与树遍历的属性计算方法不同，一遍扫描的处理方法是在语法分析的同时计算属性值，而不是语法分析构造语法树之后进行属性的计算，而且不需要构造实际的语法树。采用这种处理方法，当一个属性值不再用于计算其他属性值时，编译程序就不必再保留这个属性值。当然，如果需要，也可以把这些语义值存到文件中。

如果按这种一遍扫描的编译程序模型来理解语法制导翻译方法的话，所谓语法制导翻译法，直观上说就是为文法中每个产生式配上一组语义规则，并且在语法分析的同时执行这些语义规则。在自顶向下语法分析中，若一个产生式匹配输入串成功，或者，在自底向上分析中,当一个产生式被用于进行归约时,此产生式相应的语义规则就被计算,完成有关的语义分析和代码产生的工作。可见,在这种情况下,语法分析工作和语义规则的计算是穿插进行的。

4. 构造抽象语法树

通过语法分析可以很容易构造出语法分析树,然后对语法树进行遍历完成属性的计算。因此,语法树可以作为一种合适的中间语言形式。在语法树中去掉那些对翻译不必要的信息,从而获得更有效的源程序中间表示。这种经变换后的语法树称之为抽象语法树(Abstract Syntax Tree,AST)。

有关抽象语法树的详细信息,将在 5.4 节中进行论述。

5.4 几种常见的中间语言

中间语言在编译过程中起到桥梁作用,如同在社会生活中沟通不同文化、背景的桥梁。中间语言的设计需要考虑到多种因素的平衡,如同在社会生活中需要兼顾各方利益、寻求共识。

5.4.1 抽象语法树

抽象语法树,或简称语法树,是源代码语法结构的一种抽象表示。它以树状的形式表现编程语言的语法结构,树上的每个节点都表示源代码中的一种结构。之所以说语法是"抽象"的,是因为这里的语法并不会表示出真实语法中出现的每个细节。比如,嵌套括号被隐含在树的结构中,并没有以节点的形式呈现;而类似于 if-condition-then 这样的条件跳转语句,可以使用带有两个分支的节点来表示。

抽象语法树并不依赖于源语言的语法,也就是说语法分析阶段所采用的上下文无文法,因为在写文法时,经常会对文法进行等价转换(消除左递归、回溯、二义性等),这样会给文法分析引入一些多余的成分,对后续阶段造成不利影响,甚至会使这个阶段变得混乱。因此,很多编译器经常要独立地构造语法分析树,为前端、后端建立一个清晰的接口。

例如,有一个赋值语句 X:=a+b/c,则其抽象语法树如图 5-4 所示。

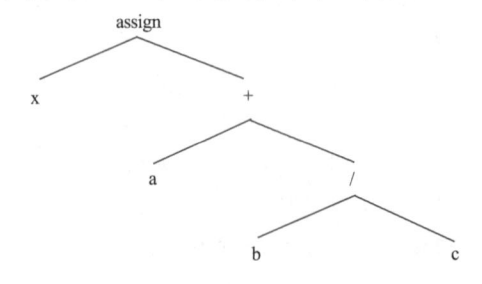

图 5-4 抽象语法树实例

抽象语法树的一个显著特点是结构紧凑,容易构造且节点数较少,特别是与普通语法树相比。对于含有多元运算的更为复杂的语法成分,相应的抽象语法树则为一棵多叉树,但总可以将其转变为一棵二叉树。

抽象语法树在计算机内部如何进行存储,仍然以赋值语句 X：＝a＋b/c 为例。抽象语法树中的每个节点都被表示成为一个记录,这个记录包括三个域,一个运算符域和两个指针域,指针分别指向两个运算分量的子节点,具体如图 5-5 所示。在图中,把每个节点对应于数组中的一个元素,把元素的符号看作是节点的指针。

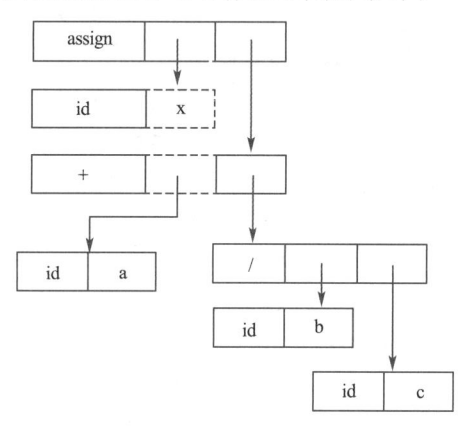

图 5-5 抽象语法树的存储示例

抽象语法树在很多领域有广泛的应用,比如浏览器、智能编辑器、编译器。

5.4.2 逆波兰式

波兰逻辑学家卢卡西维奇发明了一种方便表示表达式的中间语言——逆波兰式,这种表示法除去了原表达式中的括号,并将运算对象写在前面,运算符写在后面,因而又称为后缀式。例如表达式 a*b 的逆波兰式为 ab*,表达式 (a+b)*c 的逆波兰式为 ab+c*。用逆波兰式表示表达式的最大优点是易于计算处理。

逆波兰式

一般表达式计值时,要处理两类符号,一类是运算对象,另一类是运算符,通常用两个工作栈分别处理。但处理用逆波兰式表示的表达式却只用一个工作栈。当计算机自左到右顺序扫描逆波兰式时,若当前符号是运算对象则进栈,若当前符号是运算符,并且为 K 元运算符,则将栈顶的 K 个元素依次取出,同时进行 K 元运算,并将运算结果置于栈顶,表达式处理完毕时,其计算结果自然呈现在栈顶。逆波兰式 ab＋c* 的处理过程如图 5-6 所示。

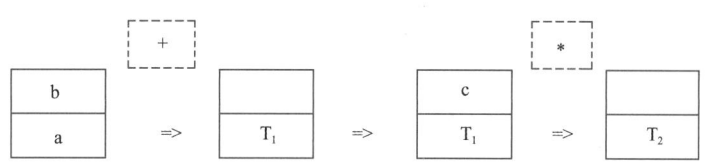

图 5-6 逆波兰式 ab＋c* 的处理过程

设 E 是一般表达式,其逆波兰式可以遵循以下原则定义:

一般表达式	逆波兰式
E(若为常数,变量)	E
(E)	E 的逆波兰式
$E^{(1)}$ op $E^{(2)}$（二元运算）	$E^{(1)}$ 的逆波兰式 $E^{(2)}$ 的逆波兰式 op
op E（一元运算）	E 的逆波兰式 op

逆波兰式不仅用来表示计值表达式,还可以推广到其他语法成分。例如条件语句 if e then S_1 else S_2 表示:如果 e ≠ 0,则执行 S_1,否则为 S_2。

可以将 if then else 看作一个三目运算符,设为￥,这时可得到以上语句的逆波兰式 eS_1S_2￥。在编译过程中,如何将一般表达式翻译成逆波兰式呢?表达式语法制导翻译中的语义规则简单描述如下。其中 E.code 表示 E 的逆波兰式,op 表示运算符,"‖"表示逆波兰式的连接。例如,规则式 $E^{(1)}$ op $E^{(2)}$ 的语义规则可以描述为:E 的逆波兰式等于 $E^{(1)}$ 的逆波兰式,连接 $E^{(2)}$ 的逆波兰式,连接运算符 op。又如($E^{(1)}$)的逆波兰式是 $E^{(1)}$ 的逆波兰式,标识符 i 的语义值是 i 自身。

规则式	语义规则
E→$E^{(1)}$ op $E^{(2)}$	E.code=$E^{(1)}$.code ‖ $E^{(2)}$.code ‖ op
E→($E^{(1)}$)	E.code=$E^{(1)}$.code
E→i	E.code=i

5.4.3 三元式、间接三元式和树形表示

1. 三元式

一个三元式由 3 个主要部分和一个序号组成:

(i)(op,arg1,arg2)

其中 op 是运算符,arg1 和 arg2 是两个运算对象,当 op 是一目运算时,选用 argi(i=1,2)表示运算对象,也可以事先规定用 arg1。三元式出现的先后顺序与表达式的计值顺序一致,三元式的运算结果由每一个三元式前的序号(i)指示,序号(i)指向三元式所处的表格位置。因此,引用一个三元式的计算结果是通过引用该三元式的序号实现的。例如,表达式 A+(-B)*C 的三元式可以表示成:

(1)(@,B,−)　　@是一目运算符,使 B 取反
(2)(*,(1),C)
(3)(+,A,(2))

2. 间接三元式

由于三元式的先后顺序决定了值的顺序,因此在产生三元式形式的中间代码后,对其进行代码的优化时难免涉及改变三元式的顺序,这就要修改三元式表。为了最少改动三元式表,可以另设一张间接码表来表示有关三元式在三元式表的计值顺序。用这种办法处理的中间代码称为间接三元式。例如,表达式

X=A+B*C
Y=D−B*C

其间接三元式表示见表 5-4。

第5章 语义分析与中间代码生成

表 5-4　　　　　　　间接三元式表示

三元式表	间接码表
(1)(＊,B,C)	(1)
(2)(＋,A,(1))	(2)
(3)(＝,X,(2))	(3)
(4)(－,D,(1))	(1)
(5)(＝,Y,(4))	(4)
	(5)

由于间接码表的作用,编译程序每产生一个三元式时,先查看三元式表中是否存在当前三元式,若存在则不需重复填入三元式表,如上例中的三元式(1)(＊,B,C)在间接码表中出现了两次,但三元式表中实际只有一个三元式。

3. 树形表示

树形结构实质上是三元式的另一种表示形式,例如,表达式 A＋(－B)＊C 的树形表示如图 5-7 所示。

用树形表示法可以很方便地表示一个表达式或语句。一个表达式中的简单变量或常数的树形表示就是该变量或常数自身。如果表达式 e_1 和 e_2 的树分别为 E_1,E_2,则－e_1,$e_1＋e_2$,$e_1＊e_2$ 的树形表示如图 5-8 所示。

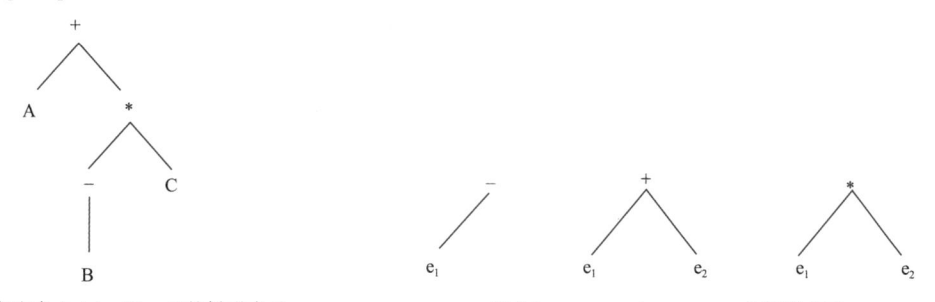

图 5-7　表达式 A＋(－B)＊C 的树形表示　　　　图 5-8　－e_1,$e_1＋e_2$,$e_1＊e_2$ 的树形表示

由图 5-8 不难看出,二目运算＋,＊分别对应二叉树,由二叉树的数据结构特点,可以很方便地处理数据的存储与组织。但当一个表达式由多目运算组合而成时,例如,语句 if E then S_1 else S_2,可以看作一个三目运算,其运算符￥定义为 if then else。由以上树形表示法可以得到一棵多叉子树,如图 5-9(a)所示,多叉子树作为数据存储结构随机性大,并且不平衡。可以设法对多叉子树引进新结,使其转化为二叉树,这样三目运算￥的多叉树可转化为二叉树,如图 5-9(b)所示,多目运算也可以以此为例转化为二叉树,以便于安排存储空间。

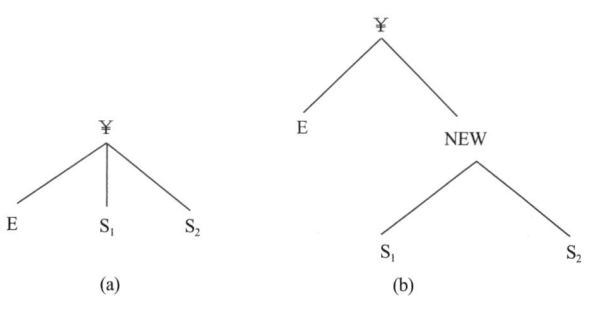

图 5-9　多叉树转化为二叉树

5.4.4 四元式和三地址代码

四元式主要由 4 部分组成：

(i)(op,arg1,arg2,result)

其中 op 是运算符，arg1,arg2 分别是第一和第二个运算对象，当 op 是一目运算时，常常将运算对象定义为 arg1，而 result 通常用来存储运算之后的结果。例如，表达式 $-C$ 和赋值语句 $X=a$ 的四元式可分别表示为：

(i)(@,C,—,T_i)

(j)(=,a,—,X)

四元式的第 4 个分量 result 是编译程序为存放中间运算结果而临时引进的变量，常称为临时变量，如 T_i；也可以是用户自定义变量，如 X。这样在后续的四元式中，若需要引用前面已定义的四元式结果，可以直接用已定义的变量名 T_i 或 X，而与四元式序号无关。因此，四元式之间的联系是通过临时变量或已定义的变量来实现的，这样易于调整和变动四元式，也为中间代码的优化工作带来很大方便。表 5-5 表示了一个表达式 $X=a*b+c/d$ 的四元式序列。

表 5-5 表达式的四元式序列

序号	四元式
(1)	($*$,a,b,T_1)
(2)	(/,c,d,T_2)
(3)	(+,T_1,T_2,T_3)
(4)	(=,T_3,—,X)

编译系统中，有时将四元式表示成另一种更直观、更易理解的形式——三地址代码。三地址代码形式定义为：

X=a op b

其中 X,a,b 可为变量名或临时变量名，a,b 还可为常数；op 是运算符，特别注意这种表示法与赋值语句的区别是每个语句的右边只能有一个运算符。据此表 5-5 的四元式序列可以表示成如下所示的三地址代码序列：

(1)T_1=a$*$b

(2)T_2=c/d

(3)T_3=T_1+T_2

(4)X=T_3

三地址代码形式突出表现了每一个四元式中参加运算的对象和结果变量，因此有两个地址为操作对象的地址，第 3 个为存放结果的临时变量或用户自定义变量的地址。这种表示形式有利于中间代码的优化和目标代码的生成。

5.5 递归下降语法制导翻译

递归下降分析法是语法分析阶段适合于自顶向下分析法的方法之一。用递归下降的分析方法进行语法分析的同时,可以在处理一个规则式的适当时候,如使用规则式 A→BCD,为非终结符 A 寻找匹配式,若当前处理的字符串正是 BCD,那么每处理一个符号,如 B,C,D 之后,随时加进有关该字符的语义子程序,而不需要等到规则式右部所有符号扫描完后再处理。

递归下降分析制导翻译法的特点是将语义子程序嵌入到每个递归过程中,通过递归子程序内部的局部量和参数传递语义信息。

考虑有关算术表达式的文法:

E→T{+T}
T→F{ * F}
F→i|(E)   (文法 5.2)

依据以上递归下降的语法制导思想,分别在非终结符 E,T,F 的递归程序中加入适当的语义动作,其详细程序如下:

```
E()                                   /* E—T{+T} */
{
    E⁽¹⁾.place:=T();                  /* 调用过程 T */
    do{
        scaner();                     /* 读进下一个符号 */
        E⁽¹⁾.place:=T();              /* 调用过程:T */
        T₁=newtemp;
        emit(E⁽¹⁾.place=E⁽¹⁾.place' + 'E⁽²⁾.Place);
    } while(sym=' + ');
    return(E⁽¹⁾.place);
}
T()                                   /* T→F{ * F} */
{
    T⁽¹⁾.place:=F();
    do{
        scaner();
        T⁽²⁾.place:=F();
        T⁽¹⁾=newtemp;
        emit(T⁽¹⁾.place=T⁽²⁾.place' * 'T⁽¹⁾.place);
    } while(sym=' * ';
```

```
        return(T⁽¹⁾.place);
}
F()                          /* F→i | (E) */
{
    if(sym==i)
    {
        scaner();
        return(i.place);
    }
    else if(sym=='(')
    {
        scaner();
        F.place=E;
        if(sym==')')
        {
            scaner();
            return(F.place);
        }
        else
            error();
    }
    else error();
}
```

5.6 自底向上语法制导翻译

5.6.1 简单算术表达式和赋值语句的翻译

简单算术表达式是一种仅包含简单变量的算术表达式,简单变量一般可为变量、常数等,但不含数组元素、结构、引用等复合型数据结构。简单算术表达式的计值顺序与四元式出现的顺序相同,因此很容易将其翻译成四元式形式。当然,对这些翻译方法稍加修改也可用于产生三元式或间接三元式。

实现简单算术表达式和赋值语句到四元式的翻译一般采取下列步骤:

(1)分析文法的特点;
(2)设置一系列语义变量,定义语义过程、语义函数;
(3)修改文法,写出每一规则式的语义子程序;
(4)扩充LR分析栈,构造LR分析表。

考虑以下文法:

$$A \rightarrow i = E$$
$$E \rightarrow E + E \mid E * E \mid -E \mid (E) \mid i \qquad (文法5.3)$$

显而易见,上述文法具有二义性,通过确定算符的结合性以及对算符规定优先级别等方法可避免二义性的产生。对此文法写出语义子程序,以便在进行归约的同时执行语义子程序。这些语义子程序中设置的语义变量、语义过程及函数是:

(1)对非终结符 E 定义语义变量 E.place。E.place 表示存放 E 值的变量名在符号表中的入口地址或临时变量名的整数码。

(2)定义语义函数 newtemp(),其功能是产生一个新的临时变量名字,如 T_1,T_2 等。具体实现时,每产生一个 T_i,就及时送到符号表,也可以不进符号表,直接将单词值用整数码表示。

(3)定义语义过程 emit(T=arg1 op arg2),emit 的功能是产生一个四元式,并及时填进四元式表中。

(4)定义语义过程 lookup(i.name),其功能是审查 i.name 是否出现在符号表中,在则返回其指针,否则返回 NULL。

利用以上定义的语义变量、过程、函数等,根据文法5.3,写出每一个规则式的语义子程序。

(1) $A \rightarrow i = E$ {p=lookup(i.name);
                    if(p==NULL) error();
                    else emit(p'=' E.place)}

(2) $E \rightarrow E^{(1)} + E^{(2)}$ {E.place=newtemp();
                    emit(E.place'=' $E^{(1)}$.place ' + ' $E^{(2)}$.place)
                    }

(3) $E \rightarrow E^{(1)} * E^{(2)}$ {E.place=newtemp();
                    Emit(E.place '=' $E^{(1)}$.Place ' * ' $E^{(2)}$.place)
                    }

(4) $E \rightarrow (E^{(1)})$ {E.place=$E^{(1)}$.place;}

(5) $E \rightarrow i$ {p=lookup(i.name);
                    if(p!=NULL) E.place=p;
                    else error();
                    }

在规则式(1)的语义子程序中,首先执行语义过程 lookup(i.name),找到变量 i 在符号表中的地址并送到 p,判断 p 是否为空,p 为空时显示出错,否则向四元式表中填入一个四元式(p=E.place),即在归约的同时生成了四元式。规则式(3)的语义子程序功能与规则式(2)相似,不同的是执行"*"运算。

5.6.2 布尔表达式的翻译

程序设计语言中,表达式一般由运算符与运算对象组成。布尔表达式的运算符为布尔算符,即¬、∧ 和 ∨,或为 not,and 和 or,其运算对象为布尔变量,也可为常量或关系表达式。关系表达式的运算对象为算术表达式。其运算符为关系运算符,即<,≤,=,≥,>,≠等,关系运算符的优先级相同,但不得结合,其运算优先级低于任何算术运算符。布尔算符的运算顺序一般为¬,∧,∨,且∧和∨服从左结合,其运算优先级低于任何关系运算符。对布尔运算、关系运算、算术运算的运算对象的类型,可以不区分布尔型或算术型,因为不同类型的变换工作将在需要时强制执行。下面,将遵循以上的运算约定讨论下列文法生成的布尔表达式。

$$E \to E \land E \mid E \lor E \mid \neg E \mid (E) \mid i\ rop\ i \mid i \qquad \text{(文法 5.4)}$$

计算布尔表达式的值一般有两种方法,第一种方法是仿照计算算术表达式的思想,按照布尔表达式的运算顺序,一步一步计算出其真假值。假设逻辑值 true 用 1 表示,false 用 0 表示,布尔表达式 1 or(0 and not 0)and 1 的计值过程是:

```
  1 or(0 and not 0) and 1
= 1 or(0 and 1) and 1
= 1 or 0 and 1
= 1 or 0
= 1
```

另一种方法是根据布尔运算的特点,实施某种优化措施。即不必一步一步地计算布尔表达式中所有运算对象的值,而是由布尔运算符与主要运算对象共同决定是否计算其他运算对象的值。

将布尔表达式翻译成四元式,可按照布尔表达式第一种计值方法,即参照算术表达式计值方法的翻译,由这种方法得到文法 5.4 的每个规则式的语义子程序,详见如下定义:

$E \to E^{(1)} \lor E^{(2)}$　　　{E. place=newtemp;

　　　　　　　　　　emit(E. place$'$=$'$E$^{(1)}$. place$'$ ∨ $'$E$^{(2)}$. place)}

$E \to E^{(1)} \land E^{(2)}$　　　{E. place=newtemp;

　　　　　　　　　　emit(E. place$'$=$'$E$^{(1)}$. place$'$ ∧ $'$E$^{(2)}$. place)}

$E \to \neg E^{(1)}$　　　　　{E. place=newtemp ;

　　　　　　　　　　emit(E. place$'$=$'$ $'$¬ $'$E$^{(1)}$. place)}

$E \to (E^{(1)})$　　　　　{E. place=E$^{(1)}$. place}

$E \to i^{(1)}\ op\ i^{(2)}$　　　{E. place=newtemp;

　　　　　　　　　　emit(if i$^{(1)}$. place op i$^{(2)}$. place goto nextq + 3);

　　　　　　　　　　emit(E. place=0);

　　　　　　　　　　emit(goto nextq + 2);

　　　　　　　　　　emit(E. place=1)}

$E \to i$　　　　　　　{E. place=i. place}

根据翻译布尔表达式的第二种方法的思想,可以用 if-then-else 来解释布尔运算¬,∨,∧。

若有 A∧B,用 if 语句解释为:if A then B else false。

若有 A∨B,用 if 语句解释为:if A then true else B。

若有¬A,用 if 语句解释为:if A then false else true。

5.6.3 控制语句的翻译

在程序设计语言中,控制语句一般形式为:

if-then,if-then-else,while-do

控制语句的翻译

这些语句将遵循以下文法。其中非终结符 L 表示语句串, A 表示赋值语句, S, E 定义同前。

G[S]: (1) S→if E then S$^{(1)}$
(2) S→if E then S$^{(1)}$ else S$^{(2)}$
(3) S→while E do S$^{(1)}$
(4) S→A
(5) L→L$^{(1)}$; S
(6) L→S

(文法 5.5)

布尔表达式 E 出现在上述语句中作为转移条件,其翻译方法在上一节中已介绍过。对 if E then S$^{(1)}$ else S$^{(2)}$,其 E.true 直到扫描到"then",产生 S$^{(1)}$ 的第一个四元式序号时,才将该标号作为 E 的真链的待填值填入 E.true,而 E.false 直到扫描到"else",产生 S$^{(2)}$ 的第一个四元式序号时,才能将其标号作为 false 的假链待填值填入 false 中。以语句 S →if E then S$^{(1)}$ else S$^{(2)}$ 为例,进一步分析如下。

该语句中 S$^{(1)}$ 是 E 为真时的执行体,这个执行体的最后一个四元式必须使控制流不再执行 S$^{(1)}$。因此应该是一个无条件转移四元式(goto 0),该四元式第四区段值是什么,即它应该转到哪里?纵观整个语句代码结构,它必须到 S$^{(2)}$ 整个语句处理完后再回填这个值,即 S$^{(2)}$ 后面的第一个四元式序号。如果 S$^{(1)}$ 也是控制语句,当某种条件不满足时,也需从 S$^{(1)}$ 中间某个位置转出而且还需跳过 S$^{(2)}$ 范围,因此对非终结符 S(和 L)设置有一个语义变量 S.CHAIN(和 L.CHAIN)记忆所有待填信息的四元式链,直到翻译完整个控制语句后再回填。

为了在扫描控制语句的每一时刻都不失时机地处理和回填有关信息,可以适当地将文法改写,并据此写出 if 语句各规则式相应语义子程序。

(1) S→CS$^{(1)}$
(2) C→if E then
(3) S→T^{P}S$^{(2)}$
(4) T^P→CS$^{(1)}$ else

根据程序设计语言的处理顺序,首先用规则式(2)C→if E then 进行归约,这时在"then"后可以产生 E 的真出口地址。因此将"then"后的第一个四元式回填至 E 的真出口地址。E 的假出口地址作为待填信息放在 C 的语义变量 C.CHAIN 中,即

C→ if E then   {backpatch(E.true, nextq);
                 C.CHAIN=E.false;}

接着用规则式(1)S→CS$^{(1)}$ 继续向上归约。这时已经处理到 C→if E then S$^{(1)}$,注意到归约时 E 的真出口已经处理,由于 E 不成立时转移地址 V 与 S$^{(1)}$ 语句待填的转移地址相同,E 的假出口放在了 C.CHAIN 中,但此时转移地址仍未确定,S$^{(1)}$ 的待填转移地址的链放在了 S$^{(1)}$.CHAIN 中,所以与 S$^{(1)}$ 的语义值 S$^{(1)}$.CHAIN 一并作为 S 的待填信息链,用函数 merge 将这两个待填信息链在一起,其链头值保留在 S 的语义值 S.CHAIN 中,即

S→CS$^{(1)}$ {S.CHAIN=merge(C.CHAIN, S$^{(1)}$.CHAIN)}

如果 if 语句没有"else"及其后续部分,在规则式(1)(2)归约为 S 后随即可以产生后

续第一个四元式地址,以此回填 S 的语义值。如果 if 语句为 if-then-else 形式,用规则式:$T^P \rightarrow CS^{(1)}$ else 继续归约。

归约时首先产生 $S^{(1)}$ 语句序列的最后一个无条件转移四元式,它的标号保留在 g 中。

```
(i)(S⁽¹⁾第一个四元式)    /*E 的真出口 */
...
(q)(goto 0)             /*q 的第四区段有待回填*/
(nextq)                 /*"else"后的第一个四元式,E 的假出口*/
```

5.6.4 循环语句的翻译

一般程序设计语言中,常见到如下形式的 for 循环语句:

for i=$E^{(1)}$ step $E^{(2)}$ until $E^{(3)}$ do $S^{(1)}$

上式中,i 是循环控制变量,$E^{(1)}$ 是 i 的初值,$E^{(3)}$ 是终值,$E^{(2)}$ 称为步长,$S^{(1)}$ 是循环体。for 循环语句的代码结构如图 5-10 所示。

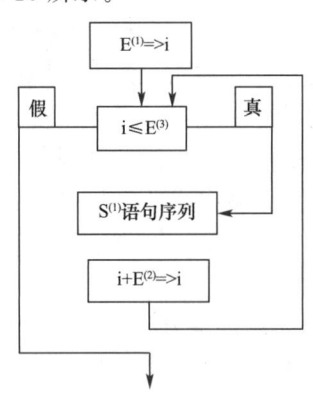

图 5-10 for 循环语句的代码结构

为了简化翻译工作,假设步长为正整数,按高级语言的定义,图 5-10 可以理解为一组基本语句:

```
i=E⁽¹⁾
goto OVER;
AGAIN:i=i + E⁽²⁾;
OVER:if(f<E⁽³⁾)
{S⁽¹⁾;
goto AGAIN;}
```

5.6.5 简单说明语句的翻译

程序设计语言中,程序中的每个名字(例如变量名)都必须在使用前进行说明。说明语句的功能就是对编译系统说明每一个名字及其性质。简单说明语句的一般形式是用一个基本字来定义某些名字的性质,如整型变量、实型变量等。

简单说明语句语法定义如下,其中 integer,real 为基本字,用来说明名字的性质,这里分别表示整型、实型。其相应的翻译工作是将名字及其性质登录在符号表中。

```
D→integer <namelist>
 | real < namelist>
Namelist<namelist>,id | id
```
(文法 5.6)

用上述文法的规则式进行归纳时,按照自底向上制导翻译,首先将所有名字 id 归约为一个名字表 namelist 后,才能将 namelist 中所有名字的性质登录在符号表里。这样必须用一个队列(或栈)来保存 namelist 中的所有名字。这就好像对一批人员注册,首先准备一个能容纳所有人员的房间,待全体人员都在房间到齐后再成批注册。事实上,采取每到一个人员就进行及时注册的方法,不需占用房间。这样既省空间又省时间,还可以避免错误。为此,在扫描过程中,每遇到一个名字,就把它及其性质及时登录在符号表中。归约过程中涉及这些名字及其性质时,就可以直接到符号表中进行查找,而不需要占用额外空间保存 namelist 中名字的信息。基于上述思想,文法 5.6 改写成新的文法如下:

```
D→D⁽¹⁾,id
 | integer id
 | real id
```
(文法 5.7)

根据文法 5.7 而设计的语义动作如下。D 的语义子程序中设置了一个过程和一个语义变量。过程 FILL(W,A)的功能是把名字 W 和性质 A 登录在符号表中。考虑到一个性质说明(如 integer)后有可能是一系列名字,设置非终结符 D 的语义变量 D.ATT 传递相关名字性质。

(1) D→integer id
　　{FILL(id,int);
　　D.ATT=int}
(2) D→real id
　　{FILL (id,real);
　　D.AT=real}
(3) D→D⁽¹⁾,id
　　{FILL(id,D⁽¹⁾.ATT);
　　D.ATT=D⁽¹⁾.ATT}

5.6.6 含数组元素的赋值语句的翻译

程序设计语言中,数组是用来存储有规律或同类型数据的数据结构,数组中每一个元素在计算机中占有相同的存储空间 W,W 又称为存储宽度。如果在编译时就已经知道一个数组存储空间,称该数组为静态数组,否则为动态数组。本节主要讨论静态数组元素的引用如何翻译。数组的一般定义为:

$a[l_1:u_1,l_2:u_2\cdots,l_k:u_k\cdots,l_n:u_n](1 \leqslant k \leqslant n)$

其中,a 是数组名,l_k 称为数组下标的下限,u_k 为上限。变量 k 为数组的维数。如 $k=1$ 称为一维数组,$k=2$ 称为二维数组,$k=n$ 时称为 n 维数组。

在计算机内,最简单的方法是用一组连续存储单元来表示一个数组,因此可看作一维结构。若数组 $a[l_1:u_1]$ 的元素存放在一维连续单元里,每个元素宽度为 w 则数组元素 a

$[i]$ ($l_1 \leqslant i \leqslant u_1$)的地址可以定义为：

$b_1 + (i - l_1) * w$

上式中，b_1 是数组 a 的第一个元素的相对地址，称为起始地址，整理上式后得到 $i * w + (b_1 - l_1 * w)$。

注意到括号中的 &、A 等 3 项值在处理数组说明时可以计算出来，设 $C = b_1 - l_1 * w$，得到 $i * w + C$。因此，可以得到一维数组元素 $a[i]$ 的相对地址。

对于二维或二维以上的数组，必须事先约定存储顺序。常见的有按行为序存放或按列为序存放。若 a 是一个 2 行 3 列的二维数组 $a[1:2,1:3]$，按行或按列存放的结果分别进行表示，如图 5-11 所示。

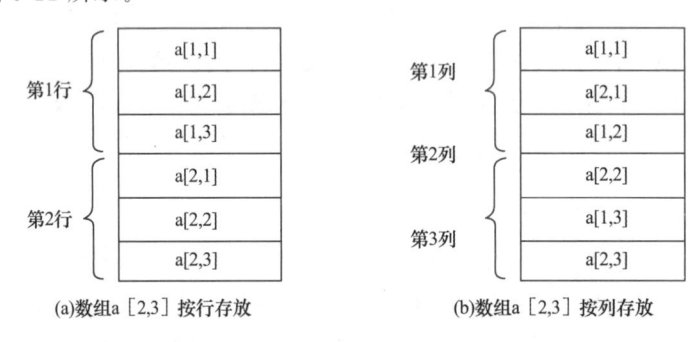

图 5-11 约定顺序的存储结构表达

设 n 维数组 a 中每个元素存储宽度 $w=1$，b 是数组 a 的首地址，若按行存放，则 a 的第 i 个元素 $a[1,3]$ 的地址 D 为：$D = b + (i_1 - l_1)d_2 d_3 \cdots d_n + (i_2 - l_2)d_3 d_4 \cdots d_n + \cdots + (i_{n-1} - l_{n-1})d_n + (i_n - l_n)$ ($d_i = u_i - l_{i+1}, i = 1, 2, \cdots, n$)

按照上面分解的特点，整理得到两个部分：bap 和 Vap

$D = bap + Vap$

其中

$bap = a - (\cdots ((l_1 d_1 + l_2) d_3 + l_3) d_4 + \cdots l_{n-1}) d_n + l_n$

$Vap = (\cdots ((i_1 d_2 + i_3) d_3 + i_3) d_4 + \cdots + i_{n-1} d_n) + i_n$

分析 bap 中的各项，如 $l_i, d_i, i = 1, 2, \cdots, n$，在处理说明语句时就可以得到。因此 bap 值可以在编译时计算出来后保存在数组 a 的相关符号表项里。以后只要是计算数组 a 中的元素，仅计算 Vap 值，直接调用 bap 值，避免了多次重复计算。

5.6.7 过程和函数调用语句的翻译

过程和函数调用语句的翻译是为了产生一个调用序列和返回序列。如果在过程 P 中有过程调用语句 call Q，则当目标程序执行到过程调用语句 call Q 时，过程调用步骤如下：

(1)为被调用过程 Q 分配活动记录的存储空间；

(2)将实在参数传递给被调用过程 Q 的形式单元：

(3)建立被调用过程 Q 的外围嵌套过程的层次显示表，以便存取外围过程数据；

(4)保留被调用时刻的环境状态，以便调用返回后能恢复过程 P 的原运行状态；

(5)保存返回地址(通常是调用指令的下一条指令地址);

(6)在完成上述调用序列动作后,生成一条转子指令,转移到被调用过程的代码段开始位置。

在过程调用结束返回时:

(1)如果是函数调用,则在返回前将返回值存放到指定位置;

(2)恢复过程的活动记录;

(3)生成返回地址的指令,返回到过程P。

编译阶段对过程和函数调用语句的翻译工作主要是参数传递。参数传递的方式很多,在此只讨论传递实在参数地址(传地址)的处理方式。

如果实在参数是一个变量或数组元素,则直接传递它的地址;如果实参是其他表达式,如 A + B 或 2,则先把它的值计算出来并存放在某个临时单元 T 中,然后传送 T 的地址。

5.7 本章小结

本章主要介绍语义分析阶段采用的语法制导翻译方法以及中间代码的生成。

属性文法是说明语义的一种工具。属性描述了计算机处理对象的特征。属性文法定义为一个三元组 AG=(G,V,E),它将文法 G、属性 V 和属性的断言 E 有机结合在一起,准确地描述了处理(或归约或推导)每一个规则式时的语义分析工作。属性的断言用语义规则描述,有时用语义子程序描述,这是本章的重点。

中间代码有多种形式。本章主要介绍了逆波兰式、三元式、间接三元式、树形表示、四元式和三地址代码等。注意各种不同形式之间的区别,要求能根据已知条件写出以上各种形式的中间代码。

语法制导翻译技术分为两类:自顶向下的语法制导翻译方法和自下向上的语法制导翻译方法。

自顶向下语法制导翻译中主要介绍了递归下降的语法制导翻译。

自下向上语法制导翻译中主要介绍了对简单算术表达式和赋值语句、布尔表达式、条件语句、循环语句、简单说明语句和含数组元素的赋值语句等的翻译。

本章的关键概念如下:语义分析、属性文法、语法制导翻译、中间语言、抽象语法树、逆波兰式、三元式、四元式、递归下降语法制导翻译、自下向上语法制导翻译。

习题 5

1.选择题(从下列各题提供的备选答案中选出一个或多个正确答案写在题干中的横线上)

(1)编译中的语义处理有两个任务,分别是_____。

A. 静态语义审查   B. 审查语法结构   C. 执行真正的翻译   D. 审查语义结构

(2)在编译程序中安排中间代码生成的目的是_____。

A. 便于进行存储空间的组织   B. 利于目标代码优化

C. 利于提高目标代码的质量   D. 利于编译程序的移植

(3)属性文法的形式定义包括_____。

A. 上下文无关文法   B. 上下文有关文法

C. 属性的有穷集合   D. 属性的断言或谓词的有穷集

(4)以下说法正确的是_____。

A. 语义规则中的属性有两种：综合属性和继承属性

B. 终结符只有继承属性，它由词法分析器提供

C. 非终结符可以有综合属性，但不能有继承属性

D. 属性值在分析过程中可以进行计算，但不能传递

(5)已知某文法的属性文法定义如下：

产生式	语义规则
S → ABC	{B.u=S.a
	A.u=B.v+C.e
	S.b=A.v}
A → a	{A.v:=2*A.u}
B → b	{B.v=B.u}
C → c	{C.e=2}

以下哪些属性是该属性文法的综合属性_____。

A. S.b   B. A.u   C. B.v   D. C.e

(6)编译过程中比较常见的中间语言有_____。

A. 逆波兰式   B. 三元式   C. 四元式   D. 树形表示

(7)四元式表示法的优点有_____。

A. 便于四元式表的变动   B. 节省存储空间

C. 便于优化处理   D. 便于编译程序的移植

(8)中缀表达式(a+b)/(c−d)的逆波兰表示是_____。

A. abcd−/+   B. ab+cd−/   C. abcd+/−   D. ab+cd−/

(9)后缀式 iiii−/↑ 的中缀表达式是_____。

A. i↑(i/(i−i)   B. (i−i)/i↑i   C. i↑(i−i)/i   D. (i−i)↑i/i

(10)表达式(a+b)/c−(a+b)*d对应的间接三元式表示如下，其中三元式表中第(3)号三元式应为_____。

间接码表		三元式表		
(1)		OP	ARG1	ARG2
(2)	(1)	+	a	b
(1)	(2)	/	(1)	c
(3)	(3)			
(4)	(4)	−	(2)	(3)

A.（*,(2),d）　　B.(+,a,b)　　C.（*,(1),d）　　D.（*,(1),(2)）

(11)将赋值语句 A：=B*(－C)+D*(E－F)翻译成下面的三地址代码。

$T_1 := -C$
$T_2 := B * T_1$
————————
$T_4 := D * T_3$
$T_5 := T_2 + T_4$
$A := T_5$

其中空白处应该填写_____。
A. $T_3 := T_2 + D$　　B. $T_3 := D * E$　　C. $T_3 := E - F$　　D. $T3 := F - E$

(12)布尔表达式的数值翻译方法中,关系表达式 a<b 翻译成中间代码序列如下,空白处应该填写的序号是_____。

100：if a<b goto（　　）
101：t=0
102：goto 104
103：t=1
104：c=a+b
A. 101　　B. 102　　C. 103　　D. 104

(13)给定属性文法 G(P)语法制导定义如下：

产生式	语义规则
P → D	print(D.i)
D → D_1 ; D_2	D.i := D_1.i + D_2.i
D → id : T	D.i := 1
D → id : label	D.i := 1

假设语法单位 P 对应程序,D 对应声明语句,id 对应标识符,T 对应类型,按照该属性文法的定义,下列说法中正确的是_____。

A. D.i 表示 D 对应的声明语句的数目
B. D.i 表示 D 对应的声明语句中的标识符的数目
C. 在该文法生成的程序中,可以在声明语句中声明多个变量名
D. 该文法生成的程序只能包含有一个声明语句

(14)有一语法制导翻译定义如下：

S→bAb　　　　{print "1"}
A→(B　　　　　{print "2"}
A→a　　　　　{print "3"}
B→aA)　　　　{print "4"}

若输入序列为 b(a(a(aa)))b,且采用自底向上的分析方法,则输出序列为_____。
A. 32224441　　B. 34242421　　C. 12424243　　D. 34442212

(15)文法 G[S]及其语法制导翻译定义如下：

产生式	语义动作
S′ → S	print(S.num)
S → (L)	S.num = L.num + 1
S → a	S.num = 0
L → L$^{(1)}$,S	L.num = L$^{(1)}$.num + S.num
L → S	L.num = S.num

若输入为(a,(a)),且采用自底向上的分析方法,则输出为_____。

A. 0　　　　B. 1　　　　C. 2　　　　D. 4

(16) 产生式 E → E$^{(1)}$ + E$^{(2)}$ 的语义动作中关于 E.type 的语义规则可定义如下:

{ if E$^{(1)}$.type = integer and E$^{(2)}$.type = integer
　　　　E.type: = integer
　　else E.type: = real }

下面的说法正确的是_____。

A. 整型表达式和整型表达式做加法,结果是整型

B. 整型表达式和整型表达式做加法,结果是实型

C. 整型表达式和实型表达式做加法,结果是整型

D. 整型表达式和实型表达式做加法,结果是实型

(17) 关于程序设计语言中的布尔表达式,下列说法中正确的是_____。

A. 布尔表达式在程序中可以用于逻辑演算,以及将逻辑计算的结果用作控制语句的条件

B. 在不同的程序设计语言中,布尔表达式的计算规则是一样的

C. 在不同的程序设计语言中,布尔表达式的计算规则可能是不同的

D. 对于一个程序设计语言,布尔表达式的计算可以有不同的翻译方法,但是计算得到的逻辑结果(真假值)应当是一样的

(18) 下面的错误通常是在编译的语义分析阶段发现的有_____。

A. 关键字拼写错误,如把 while 误写为 whlie

B. 实参和形参的类型不一致

C. 所引用的变量没有定义

D. 数组下标越界

2. 填空题

给出下列文法的适合自底向上翻译的语义动作,使得当输入串是时其输出串是 12020。

　　(1) A → aB　　{_____}

　　(2) A → c　　 {_____}

　　(3) B → Ab　　{_____}

3. 判断题(正确的在括号内打"√",错误的在括号内打"×")

(　　)(1) 对任何一个编译程序来说,产生中间代码是不可缺少的一部分。

(　　)(2) 目前多数编译程序进行语义分析的方法采用语法制导翻译法,这是因为语法制导翻译法是一种形式化系统。

(　　)(3)一个属性文法包含一个上下文无关文法和一系列语法规则。
(　　)(4)终结符既可以有综合属性,也可以有继承属性。
(　　)(5)自底向上语法制导翻译法的特点是语法分析栈与语义分析栈不需同步操作。
(　　)(6)自底向上语法制导翻译法的特点是栈顶形成句柄,在归约之前执行相应的语义动作。
(　　)(7)逆波兰表示法表示表达式时不需要使用括号。
(　　)(8)逆波兰表达式 ab+cd+* 所代表的中缀形式的表达式是 a+b*c+d。
(　　)(9)a=b+c 的三元式代码表示为：
①(+,b,c)
②(=,①,a)
(　　)(10)数组元素的地址计算代码的翻译与数组的存贮方式没有关系。
(　　)(11)程序中计算布尔表达式,一定要计算完该表达式的所有子表达式后才能得到的结果。
(　　)(12)在属性文法中,综合属性可用于"自底向上"传递信息,继承属性可用于"自顶向下"传递信息。

4.给出下面表达式的逆波兰式、三元式及四元式表示。
(1)a*b+(c-d)/e
(2)-(a+b/c*d)
(3)A=(x-y)*z*(y-1)

5.表达式 E 的"值"描述如下：

产生式	语义动作
(1)S′→E	{print E.val}
(2)E→E$^{(1)}$+E$^{(2)}$	{E.val=E$^{(1)}$.val + E$^{(2)}$.val}
(3)E→E$^{(1)}$*E$^{(2)}$	{E.val=E$^{(1)}$.val * E$^{(2)}$.val}
(5)E→(E$^{(1)}$)	{E.val=E$^{(1)}$.val}
(5)E→n	{E.val=n.LEXVAL}

如采用 LR 分析法,给出表达式(5*4+8)*2 的语法树并在各节点注明语义值 VAL。

6.现有文法 G：
E→E+T | T
T→T*F | F
F→P↑F | P
P→(E) | i
在其递归下降语法分析程序内添加产生四元式的语义动作。

7.修改下面的文法并给出语义动作(便于填写名字和性质)。
D → namelist integer | namelist real
namelist → i,namelist | i

8.什么是属性文法？
9.语法制导翻译的基本思想是什么？

第6章 符号表

在编译程序工作的各个阶段经常需要收集、使用出现在源程序中的各种信息,为了方便起见,通常把这些信息用一些表格进行记录、存储和管理,如常量表、数组信息表等,这些表格通常称为符号表或名字表。符号表是编译程序中主要的数据结构之一。符号表在编译过程中主要起两方面的重要作用:一是辅助语义的正确性检查,二是辅助目标代码的生成。本章主要介绍下面3个方面的内容:

(1)符号表的组织和内容
(2)符号表的结构与存放
(3)符号表的管理

6.1 符号表概述

在编译程序中,符号表用来存放源程序中各种有用的信息,在编译的各个阶段不断地需要对这些信息进行访问、添加和更新。因此,合理地组织符号表,使符号表占据尽量少的存储空间的同时,提高符号表的访问效率,从而可以提高编译程序的执行效率。

严格地说,符号表是一个包含程序中的变量、子程序、常量、过程定义、数组信息等内容的数据库。作为符号表的管理程序应该具有快速查找、快速删除、易于使用、易于维护等特点。

由于程序设计语言种类的不同和目标计算机的不同,对于同一类符号表,如变量表,它的结构和内容会有所差异,但抽象地看,符号表都是由一些表项组成的二维表格,每个表项可以分为两部分:第一部分是名字域,用来存放符号(名字)或其内部码;第二部分是属性域,用来记录与该项名字相对应的各种属性和特征。符号表的形式如图6-1所示。

符号表最简单的组织方式是固定名字域和属性域的长度,让所有的表项具有统一的

第6章 符号表

	符号表	
	名字域	属性域
第1表项	名字1	属性1
	⋮	⋮
第N表项	名字N	属性N

图 6-1 符号表的形式

格式,这种符号表的特点是易于组织和管理。对于标识符的长度有限制的语言,可按标识符最大允许的长度来确定名字域的大小。例如,标准 Fortran 语言规定标识符的长度不得超过 6 个字符,因此,可以把名字域的长度定为 6 个字符,标识符直接填到名字域中,不足 6 位的标识符用空格补足;但是,有许多语言对标识符的长度几乎不加限制(如标准 Pascal),或标识符的长度变化范围太大(如 PL/1 语言,标识符长度可达 31 个字符),在这种情况下,如果按照标识符最大长度来确定名字域的长度,则势必会浪费大量的存储空间。在具体实现时,可以采用一种间接方式,把符号表中全部标识符集中存放到一个字符串表或字符串数组中,在符号表的名字域中存放一个指针和一个整数,或在名字域中仅存放一个指针,而在各标识符的首字符之前放一个整数。在这里,指针用来指示标识符的位置,整数指明标识符的长度。符号表间接存放标识符的方式如图 6-2 所示。

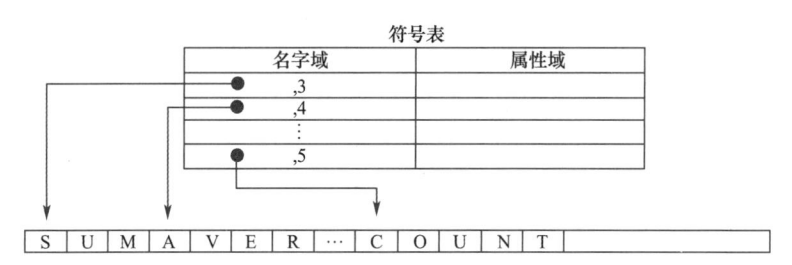

(a) 符号表间接方式1

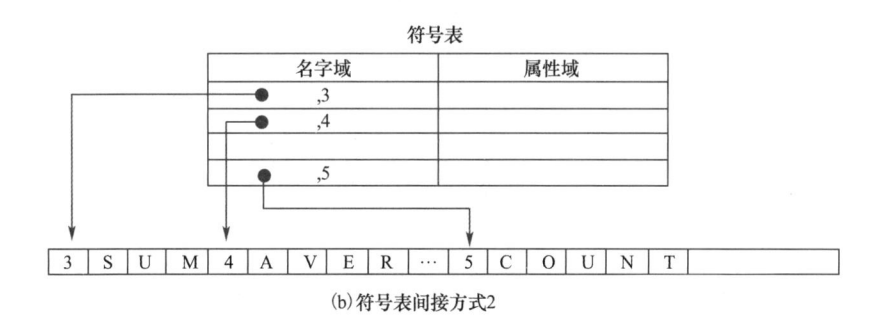

(b) 符号表间接方式2

图 6-2 符号表间接存放标识符的方式

符号表中属性域的内容因名字域的内容不同而不同,因此,各个属性所占的空间大小往往也不一样,按照统一格式安排这些属性值显然不合适,那么,可把一些公共属性直接放在符号表的属性域中,而把其他特殊属性另外存放,在属性域中附设一个指示器,指向存放特殊属性的地方。例如,对于数组来说,需要存储的信息有维数、下界、数组的存储区域等,如果把这些属性与其他名字全部集中存放在一张符号表中,处理起来很不方便。

因此，常采用如下方式，即专门开辟若干单元存放数组的某些补充属性。这些存放数组的补充属性的单元称为数组信息向量。程序中所有数组信息向量集中存放在一起组成了数组信息向量表(或称数组信息表)。如图 6-3 所示，给出了一种数组信息向量形式，其中 d_i 表示数组第 i 个下标的界差。

维数	数组首地址
d_1	
d_2	
d_3	
⋮	
d_n	

图 6-3 数组信息向量

一般来说，对于数组、过程及其他一些包含属性内容较多的名字，都可采用上述方法，即另外开辟一些附加表，用于存放不宜全部存放在符号表中的内容，而在符号表中保留与附加表相联系的地址信息。

原则上讲，一个编译程序使用一张统一的符号表就够了，但是在源程序中，由于不同种类的符号起着不同的作用，相应于各类符号所需记录的信息往往不同，因此，大多数编译程序都是根据名字的不同种类，分别建立不同的符号表，如常数表、变量名表、数组信息表、过程信息表、保留字表、特殊符号表、标准函数名表等，这样处理起来比较方便。

从编译系统构建符号表的过程来区分，符号表可分为静态表和动态表两大类。

静态表：在编译前事先构造好的表，如关键字表、标准函数名表等。

动态表：在编译过程中根据需要构建的表，如变量名表、数组信息表、过程信息表等。

编译过程中，静态表的内容不会发生变化，而动态表则可能会不断地变化。

以上介绍了符号表的组织和符号表的种类，不论哪种类型的符号表，都由名字域和属性域两大部分组成。出现在符号表中的属性值在一定程度上取决于程序设计语言的性质，对不同语言或不同的编译程序来说，符号表的内容会有所不同，但其主要内容包括：符号的名字、符号的类型、目标地址、数组的维数、过程参数、过程或函数是否递归等。

在变量表中存放了变量的类型和变量的存储单元地址两方面的属性。因为，在编译过程中，目标代码地址(变量的存储单元地址)必须与程序中的每一个变量相联系，该地址将指向运行时变量值存放的相对位置。当一个变量第一次出现时，就将其目标代码地址填入符号表，当这个变量再次出现时，就可以从符号表中检索出该地址，并填入存取该变量值的目标指令中。

总之，符号表应包括符号的所有相关属性，以便于编译过程中辅助语义的正确性检查及辅助目标代码的正确生成。

符号表作为编译程序中的一个重要数据结构，其组织和内容体现了系统性和完整性的思想。在解决实际问题时，同样需要全面考虑相关因素，构建完整、系统的解决方案。

6.2 符号表的结构与存放

6.2.1 线性符号表

符号表中较简单和较容易实现的数据结构是线性表(又称无序符号表),它是按程序中符号出现的先后次序建立的符号表,编译程序不做任何整理次序的工作,如图 6-4 所示。

项数	名字域	属性域
1	a	…
2	b_1	…
3	sum	…
4	ave	…
⋮	⋮	⋮

线性符号表

图 6-4　线性符号表

对于显式说明的程序设计语言,则根据各符号在程序的说明部分出现的先后顺序将符号的名字及其属性填入表中;对于隐式说明的程序设计语言,则根据各符号首次引用的先后顺序将符号的名字及其属性填入表中。

在编译过程中,当需要查找线性表中的符号时,只能采用线性查找的方法,即从表的第一项开始直到表尾进行一项一项的顺序查找。当符号表比较大时,采用该方法查找效率很低。例如,一个含有 N 个表项的线性表,查找其中一项内容,平均要做 N/2 次比较。当符号表比较小(如小于 20 项)时,采用线性表非常合适,因为它结构简单而且节省存储空间。

6.2.2 有序符号表

为了提高查表速度,可以在构建符号表的同时,把各符号按照一定的顺序进行排列(一般按照字典顺序),显然,这样的符号表是有序的。如图 6-5 和图 6-6 所示。

项数	名字域	属性域
1	a	…
2	ave	…
3	b_1	…
4	sum	…
⋮	⋮	⋮

有序符号表

图 6-5　有序符号表(一)

对于有序符号表,每次填表前首先要进行查表操作,以确定要填入的符号在符号表中的位置,这样一来,难免会造成原有符号的移动,所以这种方法在填入符号时会增加移动开销。

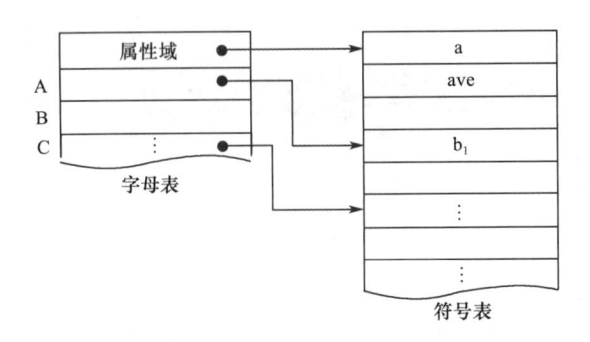

```
           属性域
        ┌─────┬──●─────────→┌─────────┐
      A │     │             │    a    │
      B │     │  ●──────┐   ├─────────┤
      C │     │         └──→│   ave   │
        │  ⋮  │  ●──┐       ├─────────┤
        └─────┘     │       │         │
         字母表     └──────→│   b₁    │
                            ├─────────┤
                            │    ⋮    │
                            ├─────────┤
                            │    ⋮    │
                            ├─────────┤
                            │    ⋮    │
                            └─────────┘
                              符号表
```

图 6-6　有序符号表(二)

对于有序符号表,一般采用折半查找法进行查表,即首先从表的中项开始比较,如果找不到,则根据比较结果,将查找范围折半,直到找到或查完为止。使用这种查找法对一个含有 N 项的符号表来说,查找其中一项最多只需做 $1+\log_2^N$ 次比较。

还有一种有序符号表可按图 6-6 的方式来构建,即建立两张表,一张字母表,一张符号表。字母表中的每一个字母对应符号表中以该字母开头的那些符号的开始位置。

这种有序符号表相当于建立了一个字母索引表,查找某符号时,首先根据该符号的首字符由字母表确定它在符号表中的区域,然后对该区域进行线性查找。一般来说,这种查找要比简单的线性查找有效,但其缺点是对应每一个字母,在符号表中的区域需预先设定,所以会造成空间的浪费。

6.2.3　散列符号表

散列符号表是大多数编译程序采用的一种符号表。符号表采用散列技术相对来讲具有较高的运行效率。

散列符号表又称哈希符号表,其关键在于引入了哈希函数,将程序中出现的符号通过哈希函数进行映射,得到的函数值作为该符号在表中的位置。

哈希函数一般具有如下性质:

(1)函数值只依赖于对应的符号。

(2)函数的计算简单且高效。

(3)函数值能比较均匀地分布在一定范围内。

构造散列函数的方法有很多,例如除法散列函数、乘法散列函数、多项式除法散列函数、平方取中散列函数等。散列表的表长通常是一个定值 N,因此,散列函数应该将符号名的编码散列成 0 到 N−1 之间的某一个值,以便每一个符号都能散列到这样的符号表中。

由于用户使用的符号名是随机的,所以很难找到一种散列函数使得符号名与函数值一一对应。如果两个以上不同符号散列到了同一表项位置,这种情况称为散列冲突或碰撞。冲突是不可避免的,因此,解决冲突问题也是构建散列符号表要考虑的重要问题。处理冲突的办法主要有顺序法、倍数法、链表法等。

现介绍用一种"质数除余法"构建散列函数的方法。

(1)根据各符号名中的字符确定正整数 h,这可以利用程序设计语言中字符到整数的转换函数来实现。

(2)把上面确定的整数除以符号表的长度 n,然后取其余数。这些余数就作为各符号的散列位置。如果 n 是质数,散列的效果较好,即冲突相对较少。

(3)处理冲突可以采用链表法,即将出现冲突的符号用指针链接起来。

例如,假设现有 5 个符号 C1、C2、C3、C4、C5,转换成正整数 h 分别为 87、55、319、273、214,符号表的长度为 5,那么利用"质数除余法"得到散列符号表的形式,如图 6-7 所示。

符号	正整数	h/5
C1	87	2
C2	55	0
C3	319	4

符号表

	名字域	属性域
0	C2	
1		
2	C1	
3	C4	
4	C3	

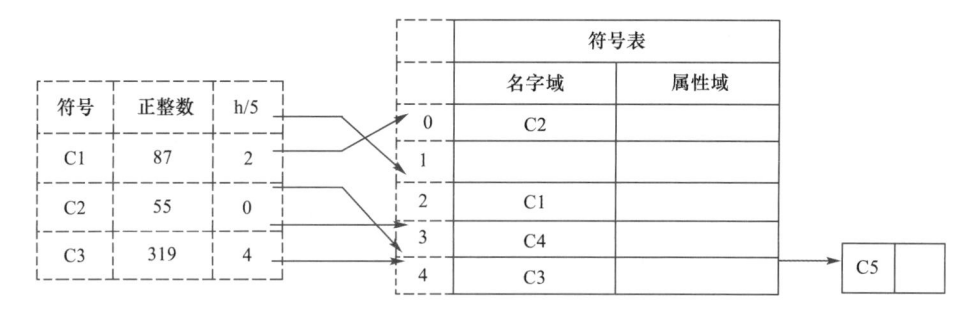

C5

图 6-7 散列符号表

使用散列符号表的查表过程是:如果查找符号 S,首先计算 hash(S),根据散列函数值即可确定符号表中的对应项,如果该表项中的符号是 S,即为所求;否则通过链指针继续查找,直到找到或到达链尾为止。

显然,采用散列技术查询效率较高,因为查找时只需进行少量比较或不需要进行比较即可定位。到目前,散列符号表可以说是符号表中用得最多的一种数据结构。

从符号表的结构和存放上来看,符号表的结构设计直接影响到其存放和使用的效率。这个道理可以扩展到计算机专业知识的各个领域,即结构与功能之间存在着密切关系,这是设计和优化数据结构时需要考虑的因素。另一方面,在存放符号表时,需要权衡空间和时间的使用,在实际应用中如何在有限的资源下实现最优的性能,对资源进行合理管理和优化。

6.3 符号表的管理

6.3.1 符号表的建立

在编译过程中,一个标识符在源程序中每出现一次都需要与符号表打一次交道,可见符号表在整个编译过程中的重要性。开始编译时,需要对符号表进行初始化,即定义、建立符号表的初始状态。

符号表的不同结构要求不同的初始化方法。一般来说,符号表的初始状态有两种:一种是渐增符号表,二是定长符号表。无论哪种形式,在初始状态时,表的内容都应该为空。

(1) 渐增符号表:符号表的表长是渐增变化的。如线性符号表和有序符号表,在编译开始时,符号表中没有任何表项,随着编译的进行,符号逐渐填入,表长逐渐增长。

(2) 定长符号表:符号表的表长是确定的。如散列符号表,其表长通常是确定的,在编译开始时,符号表中没有任何表项,因此,表长并不反映已填入的表项个数,随着编译的进行,符号逐渐填入,但是表长不变。表项是否填入取决于该符号表中是否已存在该表项的表项值。

为了提高编译程序的处理能力,缓解散列冲突,有些编译程序中采用了可扩展表长的散列符号表。

在编译过程中,符号表管理程序的调用点主要取决于编译程序"遍"的数目和性质,如图 6-8 所示。

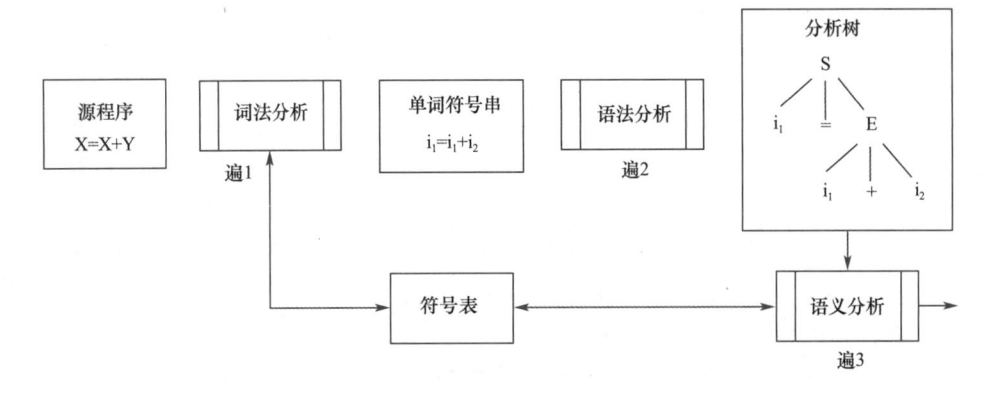

图 6-8 多遍编译程序

在多遍扫描的编译程序中,符号表将在"词法分析遍"内创建。标识符在符号表中的位置形成了由扫描器所产生的单词符号的一部分。例如,源程序中的语句 X=X+Y 经词法分析后,产生 $i_1=i_1+i_2$ 这样的单词符号串(假定 X、Y 分别占有符号表的位置 1 和 2)。"语法分析遍"中对该符号串进行分析,检查语法的正确性,并产生某种语法结构(如分析树),然后在"语义分析遍"中对语法结构进行语义的正确性分析,最后生成目标代码的指令。由于许多与标识符有关的属性直到语义分析或代码生成阶段才能相继填入符号表,所以,在语法分析阶段可以不使用表处理程序。

如果词法分析、语法分析、语义分析和代码生成各阶段的工作合在一遍完成,那么与符号表打交道的可能只局限于语义分析和代码生成部分。因为在语义分析和代码生成阶段,就有可能识别正在处理的是一个说明语句,由说明语句所说明的标识符的属性,在代码生成期间即可填入表中,如图 6-9 所示。

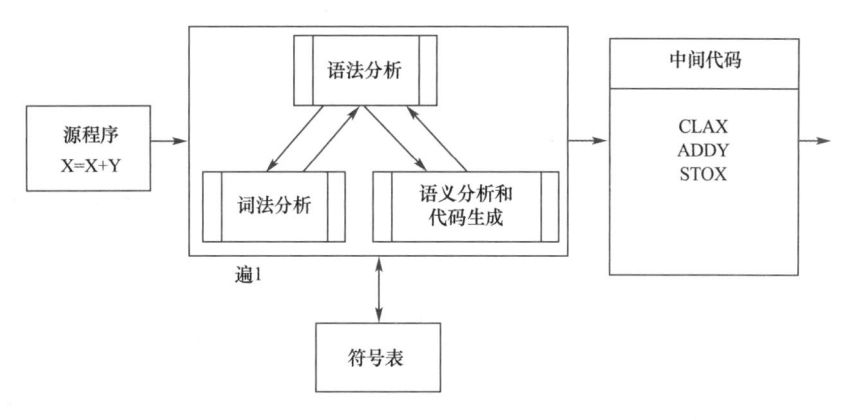

图 6-9 合并遍的编译程序

6.3.2 符号表的查填

在整个编译过程中,对符号表的操作大致有以下几种:
(1)对给定的符号,查找该符号是否已在表中;
(2)对没有查到的符号,往表中填入该符号;
(3)对已查到的符号,查询它的有关信息;
(4)对已查到的符号,往表中增加或更新它的某些信息;
(5)删除一个或一组无用的表项。

不同种类的表格所涉及的操作往往也不同,但其基本操作是相同的,首先是查表,其次是填表。

对于不同的程序设计语言,查填符号表的形式可分为如下两种情况。

1. 隐式说明语言的符号表查填

隐式说明的程序设计语言是指对标识符的类型有一些隐含规定的语言,如 Fortran 语言。在 Fortran 语言中有一个"I-N"规则,该规则约定,凡是以 I、J、K、L、M、N 六个字母之一开头的自定义标识符,其变量类型隐含为整型,而以其余字母开头的自定义标识符,其变量类型均为实型。有了这样的约定,Fortran 程序中出现的标识符,可以不用进行语句说明。因此,在隐式说明语言程序的编译过程中,语句部分每出现一个标识符都需要查表,只有当标识符第一次出现时才能将它登记填表。

2. 显示说明语言的符号表查填

显示说明的程序设计语言是指对标识符的类型必须强制定义的语言,也就是说,凡是程序中需要引用的所有标识符都必须在引用前进行说明,例如 C 语言等。在显示说明语言的程序中,一般分为两部分:说明部分和语句部分。在说明部分出现的标识符,首先要查表,判断该标识符是否已经在表中,若在表中查不到(未被说明),那么对于分程序嵌套结构型的语言(如 Pascal)来说可能有未定义和外层定义两种情况。此时建立辅助名表(子符号表),把查不到的标识符暂时归结到上层,然后到外层去查,一直查到整个程序结束,若还查不到,说明该标识符未定义,输出出错信息。

符号表结构不同,查填方式也相同。要把一个新的符号添加到符号表中,首先要确定填表的位置。

(1)对于线性符号表,查找符号只能采用顺序查找的方法,填入的新符号只能放在原符号表的尾部,因此,需要设计一个尾指针指向符号表的最后一个表项。

(2)对于有序符号表,查找符号可以采用折半查找法,填入的新符号根据其在符号表中按字典排序所确定的位置,将该位置以后的所有表项依次下移一个表项的位置,然后在确定的位置填入新符号。

(3)对于散列符号表,查找符号要采用散列函数,新符号填入要通过散列函数决定填入符号的位置。

6.4 本章小结

符号表是编译程序中主要的数据结构之一。符号表在编译过程中主要起辅助语义的正确性检查和辅助目标代码的生成两方面的重要作用。本章主要介绍了符号表的组织和内容、符号表的结构与存放以及符号表的建立和查填等。

本章的关键概念如下:符号表、静态表、动态表。

习题 6

1.选择题(从下列各题四个备选答案中选出一个或多个正确答案写在题干中的横线上)

(1)在编译过程中,符号表的主要作用是_____。

A.帮助错误处理 B.辅助语法错误检查

C.辅助上下文语义正确性检查 D.辅助目标代码生成

(2)符号表的查找一般可以使用_____。

A.顺序查找 B.折半查找 C.杂凑查找 D.排序查找

(3)下列关于标识符和名字的叙述中,正确的是_____。

A.标识符有一定的含义 B.名字是一个没有意义的字符序列

C.名字有确切的属性 D.以上说法都不正确

(4)关于符号表,以下说法正确的是_____。

A.符号表都是由词法分析程序建立,由语法分析程序使用

B.如果符号表名字栏中标识符不按种属分类,则符号表结构简单,容易确定一个固定长度统一安排

C.对一般程序设计语言,其编译程序的符号表应包含哪些内容及何时填入这些信息不能一概而论

D. 符号表组织方式中间接方式是指直接填入源程序中定义的标识符及其相关信息

(5)抽象地看,符号表的每一项均包含_____。

A. 名字栏　　　　B. 类型栏　　　　C. 属性栏　　　　D. 值栏

(6)在一个符号表上通常可以进行以下哪些操作_____。

A. 往表中填入一个新标识符　　　　B. 更新或删除一个或一组无用的项

C. 对给定的名字,填写或更新某些信息　　D. 对给定的名字,查询是否已在表中

2. 判断题(正确的在括号内打"√",错误的打"×")

(　　)(1)名字就是标识符,标识符就是名字。

(　　)(2)符号表由词法分析程序建立,由语法分析程序使用。

(　　)(3)符号表是编译程序主要的数据结构之一,主要用来存放程序语言中出现的有关标识符的信息。

(　　)(4)符号表的建立可以采用线性表、散列表等不同的数据结构。

3. 描述符号表的结构和内容。

4. 描述符号表的结构与存放方式。

5. 如何建立和查找符号表?

第7章 运行时存储组织与管理

> 目标程序在目标机环境中运行时,都置身于一个运行时存储空间。通常,在有操作系统的情况下,目标程序将在自己的逻辑地址空间内存储和运行。这样,编译程序在生成目标代码时应明确程序的各类对象在逻辑地址空间内是如何存储的,以及目标代码运行时是如何使用和支配自己的逻辑存储空间的。本章主要介绍下面5个方面的内容。
> (1)运行时存储组织的作用、任务和布局
> (2)静态存储分配
> (3)栈式存储分配
> (4)堆式存储分配
> (5)活动记录

7.1 运行时存储组织概述

7.1.1 运行时存储组织的作用与任务

编译程序在生成目标程序之前应该合理安排好目标程序在逻辑地址空间中存储资源的使用,这便是运行时存储组织所涉及的问题。

编译程序所产生的目标程序本身的大小通常是确定的,一般存放在指定的专用存储区域,即代码区。相应地,目标程序运行过程中需要创建或访问的数据对象将存放在数据区。数据对象包括用户定义的各种类型的命名对象(如变量和常量)、作为保留中间结果和传递参数的临时对象及调用过程时所需的连接信息等。

语言特征的差异对于存储组织方面的不同需求往往取决于数据对象的存储分配。因此,本节讨论的主要内容是面向数据对象的运行时存储组织与管理。以下列举了运行时存储组织通常所关注的几个重要问题:

- 数据对象的表示。需要明确源语言中各类数据对象在目标机中的表示形式。
- 表达式计算。需要明确如何正确有效地组织表达式的计算过程。
- 存储分配策略。核心问题是如何正确有效地分配不同作用域或不同生命周期的数据对象的存储。
- 过程实现。如何实现过程/函数调用以及参数传递。

数据对象在目标机中通常是以字节(byte)为单位分配存储空间。例如,对于基本数据类型,可以设定基本数据对象的大小为:char 数据对象,1 个字节;integer 数据对象,4 个字节;float 数据对象,8 个字节;boolean 数据对象,1 个字节。对于指针类型的数据对象,通常分配 1 个单位字长的空间,如在 32 位机器上 1 个单位字长为 4 个字节。

对于数据对象的存放,不同的目标机可能在某些方面有不同的要求。例如,一些机器中的数据是以大端形式存放,而另一些机器中的数据则是以小端形式存放。许多机器会要求数据对象的存储访问地址以一定方式对齐,如必须可以被 2,4,8 等整除,这种情况下某些字节数不足的数据对象在存放时需要考虑留白处理。

复合数据类型的数据对象通常根据它的组成部分依次分配存储空间。对于数组类型的数据对象,通常是分配一块连续的存储空间。对于多维数组,可以按行进行存放,也可以按列进行存放。对于结构体类型,通常以各个域为单位依次分配存储空间,对于复杂的域数据对象可以另辟空间进行存放。对于对象类型(类)的数据对象,实例变量像结构体的域一样存放在一块连续的存储区,而方法(成员函数)则存放在其所属类的代码区。

表达式计算是程序状态变化的根本原因,频繁涉及存储访问的操作。通常,表达式计算大多利用栈区完成,临时量和计算结果(或指向它们的指针)的存储空间一般被分配在当前过程活动记录的顶部。

某些目标机设计了专门的运算数栈(或专用寄存器栈)用于表达式计算。对于普通表达式(不含函数调用)而言,一般可以估算出可否在运算数栈上实现完整的计算。在不能实现完整计算时,可以考虑在运算数栈上实现部分计算,而利用栈区辅助完成全部计算。当然,某些情况下表达式的计算只能利用栈区实现,比如对于使用了递归函数的表达式。

7.1.2 程序运行时存储空间的布局

虽然一般来说程序运行时的存储空间从逻辑上可分为"代码区"和"数据区"两个主要部分,但是为了方便存储组织与管理,往往需要将存储空间划分为更多的逻辑区域。具体的划分方法会依赖目标机体系结构,但一般情况下至少含有保留地址区、代码区、静态数据区以及动态数据区等逻辑区域。如图 7-1 所示,给出了一个程序运行时存储空间布局的典型例子。

程序运行时存储空间的布局

对于图 7-1 中各逻辑存储区域,下面分别予以简单解释:

(1) 保留地址区。专门为目标机体系结构和操作系统保留的内存地址区。通常,该区域不允许普通的用户程序存取,只允许操作系统的某些特权操作进行读写。

(2) 代码区。静态存放编译程序产生的目标代码。

(3) 静态数据区。静态存放全局数据,是普通程序可读可写的区域。该区域用于存放程序中用到的所有常量数据对象(如字符串常量、数值常量以及各种命名常量等),以及各

```
最高地址 ──→ 保留
              栈空间
                ↓

                ↑
              堆空间
              共享库以及
              分别编译模块
              静态数据
              代码
最低地址 ──→ 保留
```

图 7-1 程序运行时存储空间布局的典型例子

类全局变量和静态变量所对应的数据对象。

（4）共享库以及分别编译模块区。静态存放共享库模块和分别编译模块的代码和全局数据。运行库模块主要用来实现运行时支持，如 I/O、存储管理、执行期采样以及调试等方面的例程。分别编译模块主要包含编译系统或用户预先定制的有用子程序和软件包(如数学子函数库)。这些模块是通过链接/装入程序的装配而加入当前程序的存储空间的。

（5）动态数据区。运行时动态变化的堆区和栈区。图 7-1 中假设堆区从低地址端向高地址变化，栈区从高地址端向低地址端变化。程序开始执行时会初始化堆区和栈区。一旦堆区和栈区在某个时刻相遇，则会发生存储访问冲突，因此每个会使堆区和栈区增长的操作都必须检查是否会产生这种冲突。如果冲突发生，则可能的解决方法是调用垃圾回收或存储空间压缩程序将堆区和栈区分离。

值得注意的是，程序运行时的存储空间布局与目标机体系结构和操作系统密切相关。例如，IA-32 上某个 Linux 版本的用户程序虚拟存储空间，如图 7-2(a)所示，MIPS-32 上 System V 的用户程序虚拟存储布局空间，如图 7-2(b)所示。

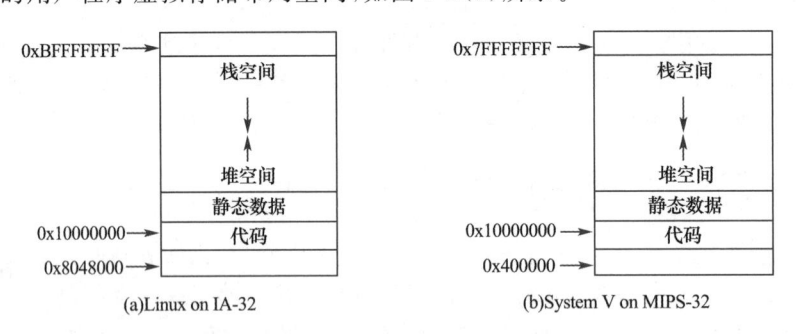

```
0xBFFFFFFF ──→  栈空间
                  ↓

                  ↑
                堆空间
                静态数据
0x10000000 ──→  代码
0x8048000  ──→
```
(a)Linux on IA-32

```
0x7FFFFFFF ──→  栈空间
                  ↓

                  ↑
                堆空间
                静态数据
0x10000000 ──→  代码
0x400000   ──→
```
(b)System V on MIPS-32

图 7-2 不同体系结构和操作系统的用户程序虚拟存储空间示例

7.2 静态存储分配

所谓静态存储分配，即在编译期间为数据对象分配存储空间。这要求在编译期间就可确定数据对象的大小，同时还可以确定数据对象的数目。

采用这种方式，存储分配极其简单，但也会带来存储空间的浪费。为解决存储空间浪费问题，人们设计了变量的重叠布局机制，如 Fortran 语言的 equivalence 语句。重叠布局带来的问题是使得程序难写难读。完全静态分配的语言还有另一个缺陷，就是无法支持递归过程或函数。

多数（现代）语言只实施部分静态存储分配。可静态分配的数据对象包括大小固定且在程序执行期间可全程访问的全局变量、静态变量、程序中的常量以及 class 的虚函数表等，如 C 语言中的 static 和 extern 变量，以及 C++ 中的 static 变量，这些数据对象的存储将被分配在静态数据区。

从道理上讲，或许可以将静态数据对象与某个绝对存储地址绑定。然而，通常的做法是将静态数据对象的存取地址对应到二元组（DataAreaStart，Offset）。Offset 是在编译时刻确定的固定偏移量，而 DataAreaStart 则可以推迟到链接或运行时刻才确定。有时，DataAreaStart 的地址也可以装入某个基地址寄存器 Register，此时数据对象的存取地址对应到二元组（Register，Offset），即所谓的寄存器偏址寻址方式。

然而，对于一些动态的数据结构，例如动态数组（C++ 中使用 new 关键字来分配内存）以及递归函数的局部变量等最终空间大小必须在运行时才能确定的场合，静态存储分配就无能为力了。

静态存储分配是在编译时确定变量的存储位置和大小。这一思想可以运用在专业学习和工作中，即提前规划和预见未来的重要性，以及如何通过合理的规划来避免资源浪费和冲突。

7.3 栈式存储分配

栈区是作为"栈"这样一种数据结构来使用的动态存储区，称为运行栈（run-timestack）。运行栈数据空间的存储和管理方式称为栈式存储分配，它将数据对象的运行时存储按照栈的方式来管理，常用于有效实现可动态嵌套的程序结构，如过程、函数以及嵌套程序块（分程序）等。

栈式存储分配

与静态存储分配方式不同，栈式存储分配是动态的，也就是说必须是运行的时候才能确定数据对象的存储分配结果。例如，对如下 C 代码片段：

```
int factorial(int n)
{
    int tmp;
    if(n<=1)
        return 1;
    else
    {
        tmp=n-1;
        tmp=n * factorial(tmp);
        return tmp;
    }
}
```

随着 n 的不同，这段代码运行时所需要的总内存空间大小是不同的，而且每次递归的时候 tmp 对应的内存单元都不同。

在过程/函数的实现中，参与栈式存储分配的存储单位是活动记录，运行时每当进入一个过程/函数，就在栈顶为该过程/函数分配存放活动记录的数据空间。当一个过程/函数工作完毕返回时，它在栈顶的活动记录数据空间也随即释放。在过程/函数的某一次执行中，其活动记录中会存放生存期在该过程/函数本次执行中的数据对象以及必要的控制信息单元。一般来说，运行栈中的数据通常都是属于某个过程/函数的活动记录，因此若没有特别指明，本书提到的活动记录均是指过程/函数的活动记录。

在编译期间，过程、函数以及嵌套程序块的活动记录大小（最大值）应该是可以确定的（以便进入的时候动态地分配活动记录的空间），这是进行栈式存储分配的必要条件，如果不满足则应该使用堆式存储管理。

栈式存储分配遵循后进先出（LIFO）的原则，体现了有序性和层次性的思想。在生活和工作中，保持有序性和层次性具有重要性，通过合理地安排能够提高工作效率和质量。

7.4 堆式存储分配

当数据对象的生存期与创建它的过程/函数的执行期无关时，例如，某些数据对象可能在该过程/函数结束之后仍然长期存在，就不适合进行栈式存储分配。一种灵活但是较昂贵的存储分配方法是堆式存储分配。在堆式存储分配中，可以在任意时刻以任意次序从数据段的堆区分配和释放数据对象的运行时存储空间。通常，分配和释放数据对象的操作是应用程序通过向操作系统提出申请来实现的，因此要占用相当多的时间。

堆区存储空间的分配和释放可以是显式的，也可以是隐式的。前者是指由程序员来负责应用程序的(堆)存储空间管理，可借助于编译器和运行时系统所提供的默认存储管理机制。后者是指(堆)存储空间的分配或释放不需要程序员负责，而是由编译器和运行时系统自动完成。

某些语言有显式的存储空间分配和释放命令，如 Pascal 中的 new/deposit，C++中的 new/delete。在 C 语言中没有显式的存储空间分配和释放语句，但程序员可以使用标准库中的函数 malloc() 和 free() 来实现显式的分配和释放。

某些语言支持隐式的堆区存储空间释放，这需要借助垃圾回收机制。例如，Java 程序员不需要考虑对象的析构，堆区存储空间的释放是由垃圾回收程序自动完成的。

对于堆区存储空间的释放，下面简单讨论一下不释放、显式释放以及隐式释放 3 种方案的利弊。

(1) 不释放堆区存储空间的方法。这种方法只分配空间，不释放空间，待空间耗尽时停止。如果多数堆数据对象为一旦分配后永久使用，或者在虚存很大而无用数据对象不致带来混乱的情形下，那么这种方案有可能是适合的。这种方案的存储管理机制很简单，开销很小，但应用面很窄，不是一种通用的解决方案。

(2) 显式释放堆区存储空间的方法。这种方法是由用户通过执行释放命令来清空无用的数据空间，存储管理机制比较简单，开销较小，堆管理程序只维护可供分配命令使用的空闲空间。然而，该方案的问题是对程序员要求过高，程序的逻辑错误有可能导致灾难性的后果。如图 7-3 中代码所示的指针悬挂问题。

(3) 隐式释放堆区存储空间的方法。该方案的优点是程序员不必考虑存储空间的释放，不会发生上述指针悬挂之类的问题，缺点是对存储管理机制要求较高，需堆区存储空间管理程序具备垃圾回收的能力。

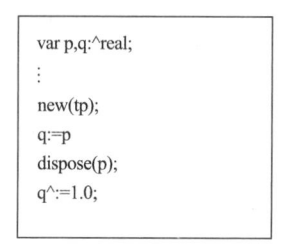

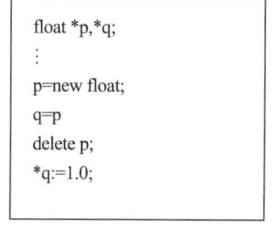

```
var p,q:^real;
⋮
new(tp);
q:=p
dispose(p);
q^:=1.0;
```
(a)Pascal代码片段

```
float *p,*q;
⋮
p=new float;
q=p
delete p;
*q:=1.0;
```
(b)C++代码片段

图 7-3　存在指针悬挂问题的代码片段

由于在堆式存储分配中可以在任意时刻以任意次序分配和释放数据对象的存储空间，因此程序运行一段时间之后堆区存储空间可能被划分成许多块，有些被占用，有些空闲。对于堆区存储空间的管理，通常需要好的存储分配算法，使得在面对多个可用的空闲存储块时，根据某些优化原则选择最合适的一个分配给当前数据对象。

以下是几类常见的存储分配算法：

(1) 最佳适应算法，即选择空间浪费最少的存储块。

(2) 最先适应算法，即选择最先找到的足够大的存储块。

(3) 循环最先适应算法，即起始点不同的最先适应算法。

另外，由于每次分配后一般不会用尽空闲存储块的全部空间，而这些剩余的空间又不适于分配给其他数据对象，因而在程序运行一段时间之后，堆区存储空间可能出现许多"碎片"。这样，堆区存储空间的管理中通常需要用到碎片整理算法，用于压缩合并小的存储块，使其更可用。

7.5　活动记录

7.5.1　过程活动记录

过程活动记录是指运行栈上的栈帧，它在函数/过程调用时被创建，在函数/过程运行过程中被访问和修改，在函数/过程返回时被撤销。栈帧包含局部变量、函数实参、临时值(用于表达式计算的中间单元)等数据信息以及必要的控制信息。

先通过一个简单的例子来说明过程活动记录在运行栈上被创建的过程。首先，图 7-4(a)中的程序从函数 main 开始执行，在运行栈上创建 main 的活动记录；其次，从函数 main 中调用函数 p，在运行栈上创建 p 的活动记录；最后，p 中调用 q，又从 q 中再次调用 q。结果，函数 q 被第二次激活时运行栈上的活动记录分配情况如图 7-4(b)所示。若某函数从它的一次执行返回时，相应的活动记录将从运行栈上撤销。例如，图 7-4 中的递归函数 q 执行完正常返回后的时刻，运行栈上将只包含 main 和 p 的活动记录。这里假定栈空间的增长方向是自底向上（不同于图 7-1），如不特别指明，本章后续部分也这样假设。如图 7-5 所示，活动记录中的数据通常是使用寄存器偏址寻址方式进行访问的，即在一个基地址寄存器中存放着活动记录的首地址，在访问活动记录某一项内容的时候，只需要使用该首地址以及该项内容相对这个首地址的偏移量，即可计算出要访问的内容在虚拟内存中的逻辑地址。

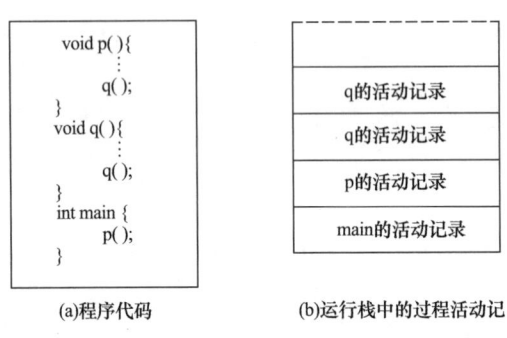

图 7-4 活动记录在运行栈上的分配

图 7-5 活动记录中数据对象的寻址

如图 7-6 所示，描述了一个典型过程活动记录的结构，其中的数据信息包括参数区、局部数据区、动态数据（如动态数组）区、临时数据区以及过程/函数调用所需要的其他数据信息等。FP 为栈帧的基地值寄存器；TOP 为栈顶指针寄存器，通常指向运行栈中下一个可分配的单元。FP 和 TOP 的组合所确定的区域即为当前活动记录的存储区。控制信息通常包含一些联系单元，如返回地址、静态链及动态链等。

图 7-6 典型的过程活动记录结构

下面来看有关过程活动记录的两个例子。

图 7-7 描述该函数的一个可能的初始活动记录，其中的数据信息依次包括实际参数 a (int 类型对象占 1 个单元)、局部变量 b(float 类型对象占 2 个单元)以及数组变量 c 的各个分量(每个分量各占 2 个单元)。假设控制信息占 3 个单元，那么数据对象 a 和 b 的偏移量分别为 3,4,6。数组 c 的第 $i(0 \leqslant i \leqslant 9)$ 个元素的偏移量为 $6+2i$。设当前栈帧指针寄

存器内容为$FP,则栈顶指针寄存器 TOP 的内容为$TOP=$FP+26。当语句 b=c[a]开始执行时,所使用的临时数据对象将从$TOP 开始分配存储空间。

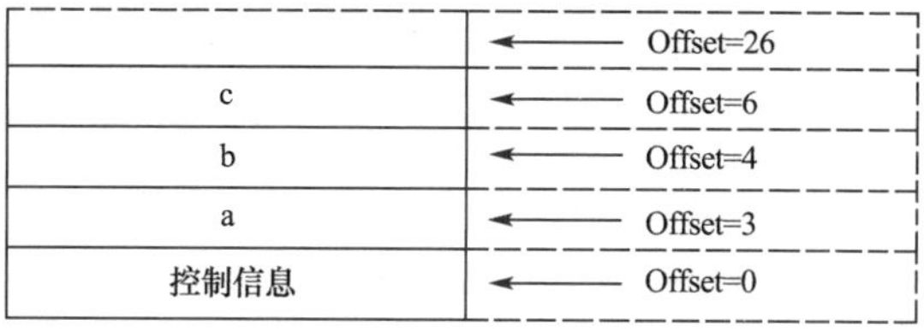

	← Offset=26
c	← Offset=6
b	← Offset=4
a	← Offset=3
控制信息	← Offset=0

图 7-7 不含动态数据区的过程活动记录

设有如下 C 代码片段:
```
static int N;
void p(int a)
{
    float b;
    float c[10];
    float d[10];
    float e;
    ...
}
```

其中,d 被声明为一个动态数组。

如图 7-8 所示,描述该函数的一个可能的初始活动记录,其中的数据信息依次包括:实际参数 a,局部变量 b,静态数组变量 c 的各个分量,动态数组 d 的内情向量和起始位置指针,然后是局部变量 e。对于动态数组 d,编译器并不能确定将需要多少存储空间,因此初始活动记录中占用了 2 个单元,其中内情向量单元用于存放 d 的上界 N,它的值将在运行时获得;另一个单元存放 d 的起始位置指针。如果采用相对$FP 的偏移量表示 d 的起始位置,那么可以在编译时确定 d 的起始偏移量为 offset=30(思考:当有 2 个或 2 个以上动态数组时,则第 2 个以后的数组将不能静态地确定起始位置)。数组 d 的第 $i(0 \leqslant i \leqslant N-1)$ 个元素的偏移量为 30+2i。设当前栈帧指针寄存器内容为$FP,则在为数组 d 的所有元素动态分配空间后,栈顶指针寄存器 TOP 的内容为$TOP=$FP+30+2N。

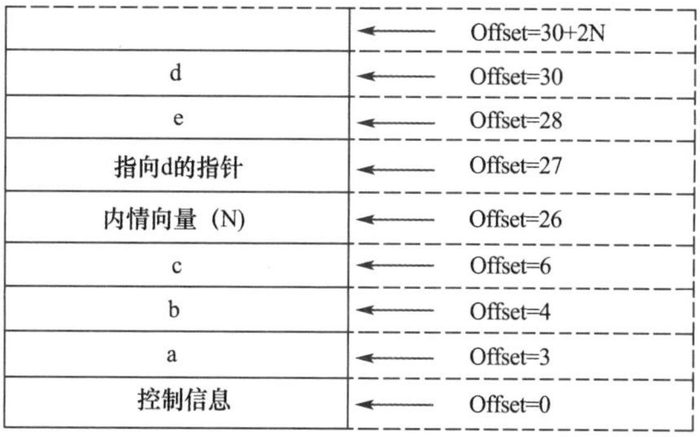

	← Offset=30+2N
d	← Offset=30
e	← Offset=28
指向d的指针	← Offset=27
内情向量 (N)	← Offset=26
c	← Offset=6
b	← Offset=4
a	← Offset=3
控制信息	← Offset=0

图 7-8 含动态数据区的过程活动记录

7.5.2 嵌套过程定义中非局部量的访问

Pascal、ML 等程序设计语言允许嵌套的过程/函数定义,这种情况下需要解决的一个重要问题就是非局部量的访问。如图 7-9 所示,是一个类 Pascal 程序的过程定义示例,其中过程 P 的定义内部含有过程 Q 的定义,而过程 Q 的定义中又含有过程 R 的定义。在嵌套的过程定义中,内层定义的过程体内可以访问包含它的外层过程中的数据对象。例如,在 R 的过程体内可以访问过程 Q、过程 P 以及主程序 main 所定义的数据对象。更确切地说,在过程 R 被激活时,R 过程体内部可以访问过程 Q 最新一次被调用的活动记录中所保存的局部数据对象,同样也可以访问过程 P 最新一次被调用的活动记录中所保存的局部数据对象,以及可以访问主程序 main 的活动记录中所保存的全局数据对象(假设全局数据对象也存放在栈区,此时 main 的活动记录总存在且是唯一的)。这种对于不在当前活动记录中的数据对象的访问称为非局部量的访问。

在 C 语言等不支持嵌套过程/函数定义的程序设计语言中,非局部量只有全局变量,通常情况下可以分配在静态数据区,所以本书不考虑这些语言中非局部量访问的问题。

对于非局部量的访问,常见的实现方法有以下几种。

1. Display 表

Display 表记录各嵌套层当前过程的活动记录在运行栈上的起始位置(基地址)。若当前激活过程的层次为 K(主程序的层次设为 0),则对应的 Display 表含有 K+1 个单元,依次存放着现行层、直接外层……,直至最外层的每一过程的最新活动记录的基地址。嵌套作用域规则可以确保每一时刻 Display 表内容的唯一性。Display 表的大小(最多嵌套的层数)取决于具体实现。

例如,对于图 7-9 中的程序,过程 R 被第一次激活后运行栈和 Display 寄存器 D[i] 的情况如图 7-10 左边所示(假设无其他调用语句)。当前 D[1] 指向过程 P 活动记录的基地址,而非另一个第 1 层过程 S 的活动记录。当过程 R 被第二次激活后,D[3] 则指向过程 R 最新的活动记录,如图 7-10 右边所示。

```
program main(I,O);
procedure P;
    procedure Q;
        procedure R;
            begin
                …R;…
            end;/*R*/
        begin
            …R;…
        end;/**/
    begin
        …Q;…
    end;/*P*/
procedure S;
    begin
        …P;…
    end;/*S*/
begin
    …S;…
end /*main*/
```

图 7-9 嵌套的过程定义

```
    TOP →  ┌──────────────┐              TOP →  ┌──────────────┐
    D[3] → │  R的活动记录  │              D[3] → │  R的活动记录  │
           ├──────────────┤                     ├──────────────┤
    D[2] → │  Q的活动记录  │              D[2] → │  Q的活动记录  │
           ├──────────────┤                     ├──────────────┤
    D[1] → │  P的活动记录  │              D[1] → │  P的活动记录  │
           ├──────────────┤                     ├──────────────┤
           │  S的活动记录  │                     │  S的活动记录  │
           ├──────────────┤                     ├──────────────┤
    D[0] → │ main的活动记录│              D[0] → │ main的活动记录│
           └──────────────┘                     └──────────────┘
```

图 7-10　Display 表

在过程被调用和返回时,需要对 Display 表进行维护,这涉及 Display 寄存器 D[i] 的保存和恢复。一种极端的方法是把整个 Display 表存入活动记录。若过程为第 n 层,则需要保存 D[0]～D[n]。一个过程(处于第 n 层)被调用时,从调用过程的 Display 表中自下向上抄录 n 个 FP 值,再加上本层的 FP 值。

例如,若采用这种方法,对于图 7-9 中的程序,过程 R 被第一次激活后 R 活动记录和 Q 活动记录中 Display 表的情况如图 7-11(a)所示。当过程 R 被第二次激活后,过程 R 的两个活动记录中 Display 表的情况如图 7-11(b)所示。

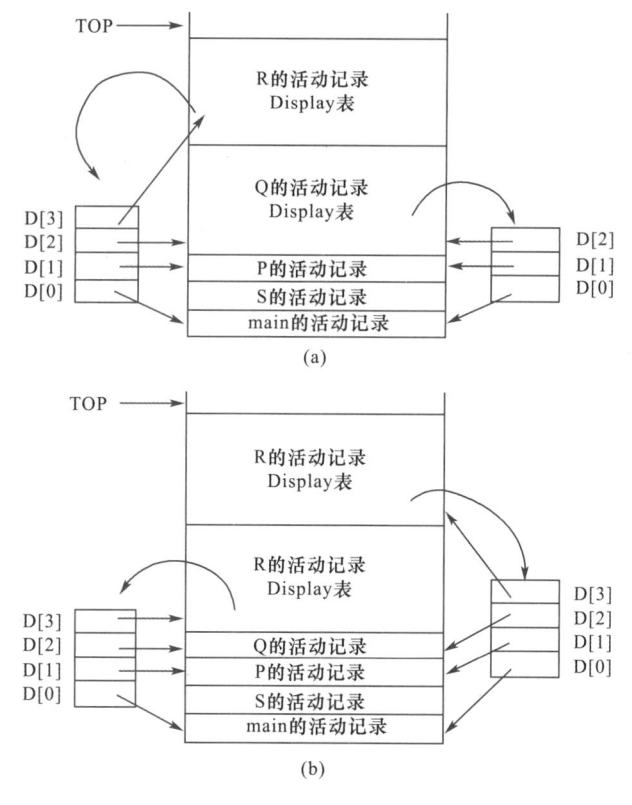

图 7-11　Display 表的维护(一)

显然,上述方案所记录的信息冗余度较大。可以采用的另一种方法是只在活动记录中保存一个 Display 表项,而在静态存储区或专用寄存器中维护一个全局 Display 表。如果一个处于第 n 层的过程被调用,则只需要在该过程的活动记录中保存 D[n] 先前的值;如果 D[n] 先前没有定义,那么用"_"代替。

例如，若采用第二种方法，对于图 7-9 中的程序，当过程 R 被第一次激活后，全局 Display 表以及各过程的活动记录中所保存的 Display 表项内容如图 7-12 左边所示。当过程 R 被第二次激活后，全局 Display 表以及各过程的活动记录中所保存的 Display 表项内容如图 7-12 右边所示。

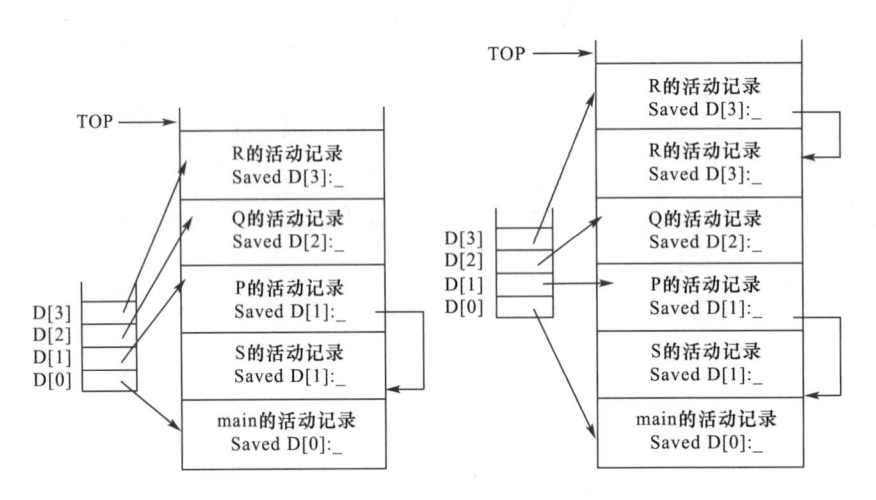

图 7-12　全局 Display 表的维护

为了进一步解释后一种方法，将图 7-9 中的程序略加修改，在 R 的过程体中原来调用 R 之处现改为调用 P，如图 7-13 所示。同样，假设无其他调用语句，则该程序的过程调用序列为 main, S, P, Q, R, P, Q, R, …若采用第二种 Display 表维护方法，对于图 7-13 中的程序，在执行前两轮 P, Q, R 调用序列时，全局 Display 表的内容以及各过程的活动记录中所保存的 Display 表项内容如图 7-13 右边所示。为了不致混淆，把其中第二轮调用序列表示为 P′, Q′, R′。从该图中可以看出，D[0] 总是对应主程序的活动记录；在第一次调用 P 时，D[1] 由原来指向 S 的活动记录改为指向 P 的活动记录，而在 P 的活动记录中记录 S 活动记录的基地址以便从 P 返回时恢复原先的 D[1] 值；在第一次调用 Q 和 R 时，由于 D[2] 和 D[3] 无定义，所以它们的活动记录中所保存的 Display 表项也无定义；在第二次调用过程 P 时，D[1] 的活动记录改为指向该过程的一个新活动记录(P′)，而将原来的 P 活动记录基地址保存于 P′活动记录的 Display 表项中；第二次调用过程 Q 和 R 时，情况也类似。

2. 静态链

Display 表的方法要用到多个存储单元或多个寄存器，但有时并不情愿这样做。一种可选的方法是采用静态链，也称访问链，即在所有活动记录都增加一个域，指向定义该过程的直接外过程(或主程序)运行时最新的活动记录(的基址)。

与静态链对应的另一个概念是动态链，也称控制链。在过程返回时，当前活动记录要被撤销，为回卷到调用过程的活动记录(恢复 FP)，需要在被调用过程的活动记录中有这样一个域，即动态链，指向该调用过程的活动记录(的基址)。

例如，对于图 7-9 中的程序，当过程 R 被第一次激活后，运行栈以及各个活动记录的静态链和动态链域的情况如图 7-14 左边所示(假设无其他调用语句)。又如，对于图 7-13

```
program main(I,O);
procedure P;
    procedure Q;
        procedure R;
            begin
                ...P;...
            end;/*R;/
        begin
            ...P;...
        end;/*Q*/
    begin
        ...Q;...
    end;/*P*/
procedure S;
    begin
        ...P;...
    end;/*S*/
begin
    ...S;...
end./*main*/
```

calls	P	Q	R	P'	Q'	R'
D[3]	–	–	R	R	R	R'
D[2]	–	Q	Q	Q	Q'	Q'
D[1]	P	P	P	P'	P'	P'
D[0]	main	main	main	main	main	main
saved	S	–	–	P	Q	R

图 7-13 Display 表的维护示例

中的程序,当过程 P 被第二次激活后,运行栈以及各个活动记录的静态链和动态链域的情况如图 7-14 右边所示。

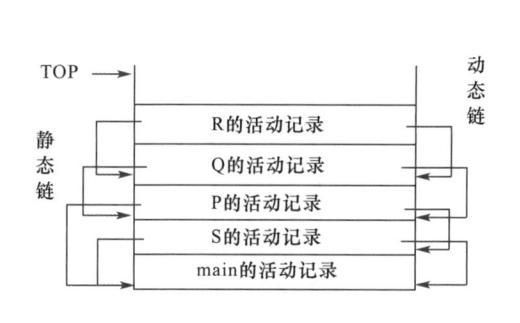

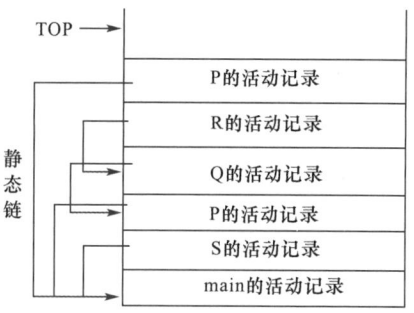

图 7-14 动态链与静态链

采用静态链比采用全局 Display 表的方法容易实现,但在进行非局部量访问时效率要比后者差。

3. 嵌套程序块的非局部量访问

一些语言(如 C 语言)支持嵌套的块,在这些块的内部也允许声明局部变量,同样要解决依嵌套层次规则进行非局部使用(访问)的问题。常见的实现方法有两种:

将每个块看作内嵌的无参过程,为它创建一个新的活动记录,称为块级活动记录。该方法的代价很高。

由于每个块中变量的相对位置在编译时就能确定下来,因此可以不创建块级活动记录,仅需要借用其所属的过程级活动记录就可解决问题(参见下面的例子)。例如,对如下 C 代码片段:

```
int p()
{
    int A;
    ...
    {
        int B,C;
        ...
    }
    {
        int D,E,F;
        ...
        {
            int G;
            .../* here */
        }
    }
}
```

针对上述代码片段中的嵌套程序块的非局部量访问，可以采用过程级活动记录，如图 7-15 所示。从图中可以看出，当程序运行至 /* here */ 处时，存放 D 和 E 的空间重用了曾经存放 B 和 C 的空间。

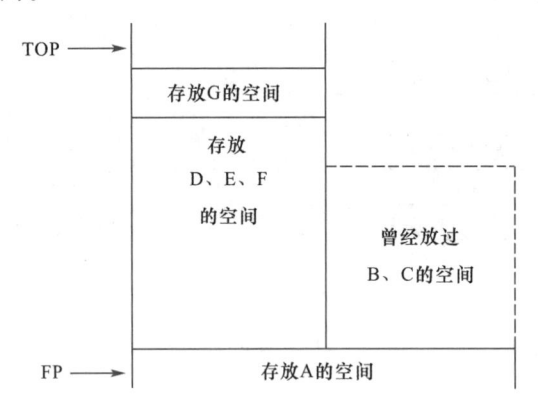

图 7-15 过程级活动记录中嵌套程序块的存储分配

7.6 本章小结

本章简要叙述运行时存储组织的作用与任务，程序运行时存储空间的典型布局以及常见的运行时存储分配策略，然后重点讨论了实现栈式存储分配时栈帧（活动记录）的组织。

程序运行时存储空间的分配策略主要有静态存储分配、栈式存储分配和堆式存储分配三种,运行时系统以过程的活动记录为单位分配数据空间。

静态存储分配策略:由于各种数据占用空间的大小都能在程序运行之前确定,因此可以在程序运行前确定其存放的位置。

栈式存储分配策略:如果没有过程的嵌套定义,分配时可以将整个存储空间设计成一个栈,每当调用一个过程时就将它的活动记录压入栈,在栈顶形成过程工作时的数据区,当过程结束时再将其活动记录弹出栈。这样,在每个过程的活动记录中,记录前一个过程活动记录的 FP 值就可以正常进行分配了。如果过程能够嵌套定义,通常采用 Display 表的方法记录每个活动记录的最外层的活动记录的 FP 值,来解决程序中变量运用问题。

堆式存储分配策略:由于用户能随时分配、回收存储空间,因此需要一个对应的分配策略。常见的分配策略有最佳适应法、最先适应法和循环最先适应法等,在具体实施时可以酌情采用。

本章关键概念如下:代码区、数据区、静态数据区、动态数据区、栈区、堆区、静态存储分配、栈式存储分配、堆式存储分配、过程活动记录、静态链、动态链。

习题 7

1.选择题(从下列各题四个备选答案中选出一个或多个正确答案写在题干中的横线上)
(1)现有编译技术中目标程序数据空间的分配策略有_____。
　　A.静态存储分配策略　　　　　　　B.动态存储分配策略
　　C.最佳分配策略　　　　　　　　　D.时钟分配策略
(2)在动态存储分配时,可以采用的分配方法是_____。
　　A.最佳动态存储分配　　　　　　　B.分时动态存储分配
　　C.堆式动态存储分配　　　　　　　D.栈式动态存储分配
(3)Fortran 语言编译中的存储分配策略是_____。
　　A.动态存储分配策略　　　　　　　B.最佳分配策略
　　C.静态分配策略　　　　　　　　　D.时钟分配策略
(4)在编译中,动态存储分配的含义是_____。
　　A.在编译阶段对源程序中的量进行存储分配
　　B.在运行阶段对源程序中的量进行存储分配
　　C.在说明阶段对源程序中的量进行存储分配
　　D.以上都不正确

2.填空题
(1)运行时系统以过程的_____为单位分配数据空间。
(2)在编译中,动态存储分配的含义是在_____阶段对程序中的量进行存储分配。
(3)如果一种程序语言允许数据对象能够自由地分配和释放,对于这种语言通常采用_____方法。

3.判断题(正确的在括号内打"√",错误的打"×")

（   ）(1)静态数组的存储空间应在编译时确定。

（   ）(2)动态数组的存储空间在编译时就可完全确定。

（   ）(3)如果一种程序语言允许数据对象能够自由地分配和释放,那么选择栈式存储分配最适合。

4.描述程序运行时存储组织的作用和任务。

5.描述程序运行时存储空间的布局。

6.常见的存储分配策略有哪些？它们分别适合哪些场景？

7.Display表的作用是什么？

8.解释下列术语。

代码区、数据区、静态数据区、动态数据区、栈区、堆区、静态存储分配、栈式存储分配、堆式存储分配、过程活动记录、静态链、动态链

第 8 章 代码优化

代码优化是指对源程序或中间代码进行等价变换,使得变换后的程序能生成更有效的目标代码。代码优化包括对中间代码的优化、源程序的优化以及有效利用目标机的资源等。本章主要介绍对中间代码的优化方式。执行代码优化的程序称为优化程序,也称为优化器。本章主要介绍下面 3 个方面的内容:

(1)优化的基本概念
(2)局部优化
(3)循环优化

8.1 代码优化概述

代码优化是指为了提高目标程序的质量而对源程序或中间代码进行的各种合理的等价变换,使得从变换后的程序出发能生成更有效的目标代码。质量指的是目标程序所占的存储空间的大小以及运行时间多少。因此,代码优化的目的是提高目标程序的质量,既要尽量缩小存储空间,还要尽量提高运行速度,但是,代码优化并不能保证得到的目标代码是最优的,而仅仅是一种相对的合理性。

代码优化的含义、原则和分类

代码优化应遵循如下的原则:

(1)等价原则。代码优化必须保持程序语义不变。优化不能改变程序输入输出,也不能引起错误。

(2)有效原则。变换后程序的运行效率比原来程序的运行效率更高,速度更快,占用空间更少。

(3)合算原则。应使变换所做的努力是值得的,即应尽量以最小的代价获得更好的优化效果。

优化涉及的范围比较广,从算法设计到目标代码生成阶段,编译器可在编译的各个阶段进行。首先在源代码设计阶段,程序员可以通过选择好的算法和语句来提高源程序的质量;

其次，在设计语义动作时，可以考虑如何生成高质量的中间代码；对编译产生的中间代码，可以进行专门的优化工作，以改进代码的效率；在目标代码这一级上，可以考虑如何有效地利用寄存器，如何选择指令，以及进行处理机的优化等。本章着重讨论中间代码的优化。

中间代码的优化是指对中间代码进行各种等价变换，它不依赖于具体的计算机。目标代码的优化是指在目标代码生成之后进行的，它在很大程度上依赖具体的计算机。

优化涉及的范围比较广，从不同角度可以对优化进行不同的分类。

1. 与机器的相关性

从优化与机器是否相关的角度来看，优化可分为与机器无关的优化和与机器有关的优化。

与机器无关的优化是在源代码或中间代码一级上进行的优化工作，主要包括基本块优化和循环优化等。

与机器相关的优化是在目标程序一级上进行的优化工作，主要包括寄存器的优化、多处理机的优化、特殊指令的优化和无用代码的消除等。显然，与机器相关的优化在很大程度上依赖于具体的计算机。

2. 优化范围

从优化涉及的程序范围的角度来看，优化又可分为局部优化、循环优化和全局优化。

局部优化通常是在只有一个入口和一个出口的基本程序块上进行的优化。因为只存在一个入口和一个出口，又是线性的，即逐条顺序执行的，处理起来比较简单，开销小，但优化效果稍差。

循环优化主要是针对循环中可能反复执行的代码序列进行的优化，对提高目标代码的效率至关重要的。

全局优化指的是在整个程序范围内非线性程序块上进行的优化。因此，需要分析比基本块更大的程序块乃至整个源程序的控制流程，需要考虑较多的因素，优化比较复杂，开销较大，但效果较好。

代码优化追求的是精益求精，不断提升代码的执行效率。在学习和工作中也应该追求卓越、持续改进，关注细节对于整体效果的影响。

8.2 局部优化

如果进行优化时只考查一个基本块内的语句则称为局部优化，在整个程序范围内进行的优化称为全局优化。本节讨论局部优化，在优化前，通常将代码序列划分为基本块，再在基本块内进行优化。

8.2.1 基本块的划分方法

基本块是指程序中一个顺序执行的语句序列，其中只有一个入口和一个出口，并且入口是基本块的第一个语句，出口是基本块的最后一个语句。对一个基本块来说，执行时只能从其入口进，从出口出，基本块内的

基本块的划分方法

语句序列要么都被执行,要么都不执行。因此,划分基本块就是准确定义程序中的入口、出口语句。

> **算法 8-1** 基本块的划分方法
> 1. 确定基本块的入口,其原则是
> (1)第一个语句
> (2)转移语句能转到的语句
> (3)紧跟在转移语句后面的语句
> 2. 确定基本块的出口语句,其原则是
> (1)下一个入口语句的前导语句
> (2)转移语句(包括转移语句本身)
> (3)停语句(包括停语句本身)
> 3. 对上述求出的每一个入口语句到下一个出口语句之间的语句序列就是一个基本块。
> 4. 一般把过程调用语句作为一个单独的基本块。
> 5. 删去那些不属于任何基本块的语句。凡是不包含在任何基本块中的语句,都是控制流不可达的语句,从而也是不会被执行到的语句,将其删除。

【例 8-1】 给以下三地址序列划分基本块。

(1) read X
(2) read Y
(3) R = X mod Y
(4) if R == 0 goto(8)
(5) X = Y
(6) Y = R
(7) goto(3)
(8) write Y
(9) halt

解 根据划分基本块的算法 8-1 可以确定,三地址代码式(1)(3)(5)(8)是入口语句;代码式(2)(4)(7)(9)是出口语句,因此,可以划分为 4 个基本块:基本块 B_1 由语句(1)(2)构成,B_2 由语句(3)(4)构成,B_3 由语句(5)(6)(7)构成,B_4 由语句(8)(9)构成。划分的基本块如图 8-1 所示。

(1) read X (2) read Y	B_1
(3) R = X mod Y (4) if R == 0 goto(8)	B_2
(5) X = Y (6) Y = R (7) goto(3)	B_3
(8) write Y (9) halt	B_4

图 8-1 例 8-1 划分的基本块

基本块之间有一定的先后顺序,这种顺序用有向图的形式表示出来称为流图,它将控制流信息增加到基本块的集合上,以基本块为单位,对理解代码生成算法很有用。程序流图的节点是基本块,如果一个节点的基本块的入口语句是第一条语句,则称此节点为首节点。如果在某个执行顺序中,基本块 B_2 紧接在基本块 B_1 之后执行,则从 B_1 到 B_2 画一条有向边。

如果满足以下两种情况之一,就说 B_1 是 B_2 的直接前驱,B_2 是 B_1 的直接后继。

(1)有一个转移语句(条件或无条件转移)从 B_1 的最后一条语句转移到 B_2 的第一条语句。

(2)在代码序列中,B_2 紧接在 B_1 的后面,并且 B_1 的最后一条语句不是一个无条件转移语句。

【例 8-2】 构造例 8-1 的基本块的流图。

解 例 8-1 的流图如图 8-2 所示。

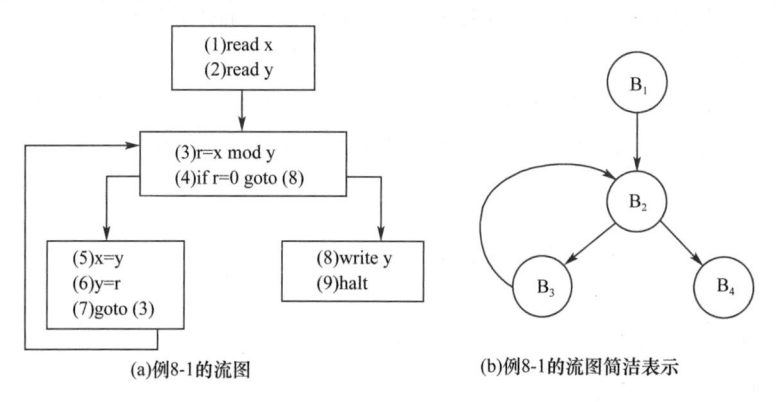

(a)例8-1的流图

(b)例8-1的流图简洁表示

图 8-2 例 8-1 的流图

8.2.2 基本块的优化技术

在基本块内,一般可以使用合并已知量、删除公共子表达式、删除无用赋值和复写传播等优化技术。合并已知量和删除公共子表达式等相对易于实现。对删除无用赋值,因为无法确定一个变量在基本块外是否被引用,所以仅讨论局限在一个基本块范围内的情况。

基本块的优化技术

1. 合并已知量

已知量是指常数或在编译时就能确定其值的变量。合并已知量是指若参加运算的两个对象在编译时都是已知量,则可以在编译时直接计算出它们的运算结果,不必等到程序运行时再计算。

【例 8-3】 某基本块中有指令如下:

$T_1 = 4$

$T_2 = 2 * T_1$

如果对 T_1 赋值后,中间的代码没有对它改变过,则对 T_2 计算的两个运算对象在编译时都是已知的,就可以在编译时计算出它的值,因此可以直接写成 $T_2 = 8$。

2. 删除公共子表达式

若某个表达式在两个或两个以上的四元式的右部出现,且表达式中各运算对象的值是一样的,则这个表达式称公共子表达式,显然对这样的表达式不必进行多次计算,只要计算一次,而将结果赋给各四元式的结果变量就可以了,这种优化就叫作删除公共子表达式,即公共子表达式只保留第一次的计算代码,而后面那些相同的子表达式的计算代码就被删除了。这种优化技术也可叫作删除多余运算。

【例 8-4】 某基本块中有指令:

$T_1 = S + R$
$A = T_2 * T_1$
$B = A$
$T_3 = S + R$

临时变量 T_1、T_3 的赋值指令中计算表达式是一样的,并且在两条指令之间没有对表达式中的运算对象 S、R 的值进行过修改,因此两个表达式的计算结果必然相同,这两个表达式就是公共子表达式。进行"删除公共子表达式"优化的结果是将指令"$T_3 = S + R$"改为:$T_3 = T_1$。

3. 删除无用赋值

对赋值语句 X=Y,若在程序的任何地方都不引用 X,这时该语句执行与否对程序运行结果没有任何作用,这种语句称为无用赋值语句,可以删除。删除无用赋值语句,减少了无用的变量,使代码更简洁。

【例 8-5】 某基本块中有指令:

$T_1 = 2$
$T_2 = 5$
$T_3 = S - R$
$T_4 = S + R$
$A = T_2 * T_4$
$B = A$
$T_5 = T_4$
$T_6 = T_3 * T_5$
$B = T_6$

其中的临时变量 T_1 在赋值后没有被引用(假设仅在一个基本块内考虑临时变量的有效性),因此对 T_1 的赋值就没有意义了,该赋值指令可以删去。

另外,对变量 B 有两次赋值,且第一次的赋值并未被引用,所以第一次赋值也是无用的,也可以删去。

这个基本块在经过"删除无用赋值"的优化后,指令序列变为:

$T_2 = 5$
$T_3 = S - R$
$T_4 = S + R$
$A = T_2 * T_4$
$T_5 = T_4$
$T_6 = T_3 * T_5$
$B = T_6$

4. 复写传播

复写传播是指尽量不引用那些在程序中仅仅传递信息而不改变其值，也不影响其运行结果的变量。形如 A＝B 的指令称为复写指令，这一操作也简称为复写，复写传播这种变换的做法是：在复写指令 A＝B 的后续指令中尽可能用 B 代替对 A 的引用。

【例 8-6】 某基本块中有指令：

$T_4 = S + R$
$T_5 = T_4$
$T_6 := T_3 * T_5$

按复写传播的做法应该改为：

$T_4 = S + R$
$T_5 = T_4$
$T_6 := T_3 * T_4$

复写传播的目的是使得变量的赋值成为无用的机会增加了，因为在 A＝B 后尽量使用 B，就有可能使得 A 不被后续指令所引用，这样 A＝B 也就成为无用赋值了，可以将该指令删去，从而精简了指令和变量。本例中的临时变量 T_5 既然不被引用，也就不必赋值了，所以指令"$T_5 = T_4$"也可以删除。

8.2.3 基本块优化技术的实现

1. 基本块的 DAG 表示

为了便于对基本块进行优化，引进一种有效的数据结构——无回路有向图。

一个基本块的 DAG 是对其各个节点按如下方式进行标记的一个无回路有向图：

（1）DAG 中的叶节点用一个变量名或常数做标记，以表示该节点代表此变量或常数的值。如果叶节点用来代表一个变量 A 的地址，则用 addr(A) 作为该节点的标记。此外，因叶节点通常代表一个变量名的初值，所以对叶节点上所标记的变量名加上下标 0。

（2）DAG 内部节点用一个运算符作为标记，代表应用该运算符对其直接后继节点进行运算的结果。

（3）DAG 中各节点上，还可以附加一个或多个标识符，以表示这些标识符都具有该节点所代表的值。

在一个有向图中，从节点 n_i 到节点 n_j 的有向边用 $n_i \rightarrow n_j$ 表示，若存在有向边序列 $n_1 \rightarrow n_2, n_2 \rightarrow n_3, \cdots, n_{k-1} \rightarrow n_k$，则称节点 n_1 到节点 n_k 之间存在一条路径，或称 n_1 到 n_k 是

连通的。路径上有向边的数目称为路径的长度。如果存在一条路径,其长度≥2,n_i→⋯→n_j,且 $n_i = n_j$,则称该路径是一个环路。如果有向图中任一路径都不是环路,则称该有向图为无环路有向图。示例如图 8-3、8-4 所示。

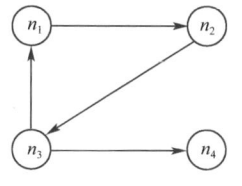

图 8-3　一个带环路的有向图　　　　图 8-4　一个无环路的有向图

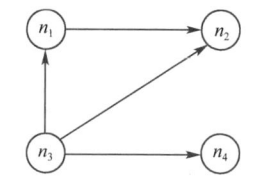

将一个无环路有向图按照前述方法给每一个节点加上相应的标识,就构成了一个 DAG,所以一个基本块的 DAG 是一种节点带有附加信息的 DAG。

程序设计语言的每一条中间代码指令(四元式)都可以表示成 DAG 的形式。按运算节点的后继节点个数的多少对四元式进行分类,分成 0 型(无后继)、1 型(1 个后继)、2 型(2 个后继)和 3 型(3 个后继)4 类。各类四元式及其对应的 DAG 见表 8-1,表中总是将父节点(一定是以运算符为标记的节点)画在上方,而将子节点(代表的是运算对象)画在下方,所以省略了父、子节点间箭弧上的箭头。为叙述方便,对每种形式的四元式进行了编号。

表 8-1 是单个的四元式所对应的 DAG。图中 n_i 为节点编号。节点下面的符号是各节点的标记(如运算符/变量名/常数),节点左/右两边的符号是节点的附加标识符。

表 8-1　　　　　　　　　四元式及其对应的 DAG

序号	类型	四元式形式	DAG
1	0 型	A=B	n_1 A / B
2	1 型	A=op B	n_2 A / op / n_1 B
3	2 型	A=B op C	n_3 A / op / n_1 B　n_2 C
4	2 型	A=B[C]	n_3 A / =[] / n_1 B　n_2 C

(续表)

序号	类型	四元式形式	DAG
5	2型	if B rop C goto(S)	n_3 rop，子节点 n_1 (B)、n_2 (C)
6	3型	D[C]=B	n_4 []=，子节点 n_1 (D)、n_2 (C)、n_3 (B)
7	0型	goto(S)	n_1 (S)

在下面介绍的由基本块构造DAG的算法中，假设每一个基本块仅含0,1,2型四元式。用大写字母，如A,B等表示四元式中的变量名(或常数)，函数NODE(A)表示A在DAG中的相应节点，其值可为n或无定义，n表示DAG中的一个节点值。

下面给出仅含0型、1型和2型四元式的基本块的DAG构造方法。

算法8-2 基本块的DAG构造算法
输入：基本块的四元式代码序列
输出：基本块对应的DAG
步骤：对基本块的每一个四元式，依次执行：

(1) 若NODE(B)=null，则建立一个以B为标记的叶节点，并定义NODE(B)为这个节点，然后根据下列情况，做不同的处理：

1.1 若当前四元式是0型，则记NODE(B)=n，转(4)

1.2 若当前四元式是1型，则转2.1

1.3 若当前四元式是2型，如果NODE(C)=null，则构造一标记为C的叶节点，并定义NODE(C)为这个节点；否则转2.2.

(2) 执行以下步骤：

2.1 若NODE(B)是以常数标记的叶节点，则转2.3，否则转3.1

2.2 若NODE(B)和NODE(C)都是以常数标记的叶节点，则转2.4，否则转3.2

2.3 执行 OP B(合并已知量)，令得到的新常数为。若NODE(B)是处理当前四元式时新建节点则予以删除；若NODE(P)=null，则建立以常数P为标记的节点n，置NODE(P)=n，转(4)

2.4 执行 B OP C(合并已知量)，令得到的新常数为。若NODE(B)和NODE(C)是处理当前四元式时新建节点则予以删除；若NODE(P)=null，则建立以常数P

为标记的节点 n,置 NODE(P)=n,转(4)

(3)查找公共子表达式

3.1 检查 DAG 中是否有标记为 OP,且以 NODE(B)为唯一后继的节点(查找公共子表达式)。若有,则把已有的节点作为它的节点并设该节点为 n;若没有,则构造一个新节点 n,转(4)

3.2 检查 DAG 中是否有标记为 OP,且其左/右后继分别为 NODE(B)和 NODE(C)的节点(查找公共子表达式)。若有,则把已有的节点作为它的节点,并设该节点为 n;否则构造一个新节点,转(4)

(4)若 NODE(A)=null,则把 A 附加到节点 n,并令 NODE(A)=n;否则,先从 NODE(A)的附加标记集中将 A 删去(注意,若 NODE(A)有前驱或 NODE(A)是叶节点,则不能将 A 删去),然后再把 A 附加到新的节点 n,并令 NODE(A)=n。

【例 8-7】 构造以下基本块 G 的 DAG。

$T_1 = 2$
$T_2 = 10/T_1$
$T_3 = S - R$
$T_4 = S + R$
$A = T_2 * T_4$
$B = A$
$T_5 = S + R$
$T_6 = T_3 * T_5$
$B = T_6$

解 以上基本块 G 的 DAG 构造过程如图 8-5 所示。

其中,图 8-5 中构造过程各个步骤的具体解释如下。

(a)加入 $t_1 = 2$ 的 DAG;

(b)加入 $t_2 = 10/t_1$ 的 DAG;

(c)加入 $t_3 = S - R$ 的 DAG;

(d)加入 $t_4 = S + R$ 的 DAG;

(e)加入 $A = t_2 * t_4$ 的 DAG;

(f)加入 B=A 的 DAG;

(g)加入 $t_5 = S + R$ 的 DAG;

(h)加入 $t_6 = t_3 * t_5$ 的 DAG;

(i)加入 $B = t_6$ 的 DAG。

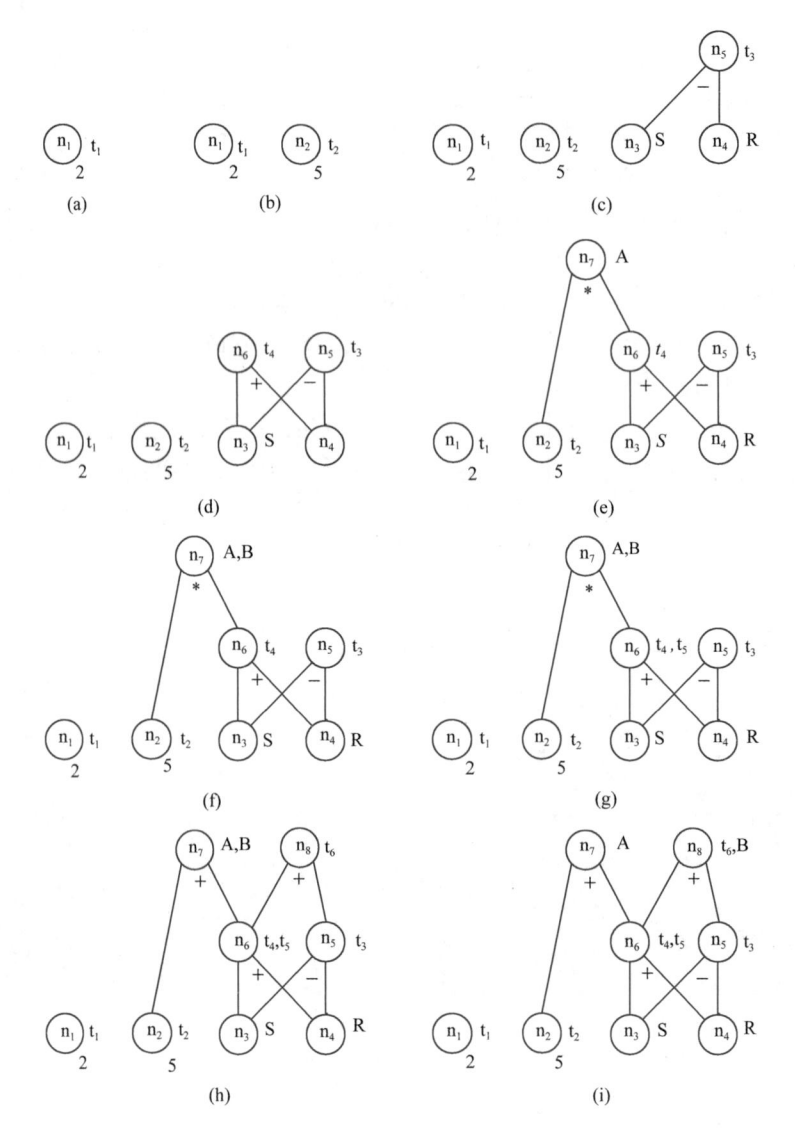

图 8-5 基本块的 DAG 构造过程

从算法 8-2 及本例中可以看出:

(1) 当运算对象是常数时,并不产生运算的内节点,而是直接执行该运算,对运算结果生成一个叶节点,这就完成了合并已知量的工作,如本例中对指令"$T_2=10/T_1$"的处理。

(2) 若查出 DAG 中已有计算该表达式的内节点,则不再产生新的运算节点,直接把结果变量附加到该内节点上,这样就完成了删除公共子表达式的工作,如本例中对指令"$T_5=S+R$"的处理。

(3) 在对结果变量进行处理时,先检查结果变量是否已附加在某一节点上,若有则加以删除,然后再将其附加到新的结果节点上。这一过程实际上是删除了对结果变量的重复赋值(前面的赋值是没有意义的无用赋值),如本例中对指令"$B=T_6$"的处理。

2. 优化技术的实现

利用 DAG 进行基本块优化处理的基本思想是:按照构造 DAG 节点的顺序,对每一个节点写出其对应的四元式表示。

【例8-8】 将图8-5(i)的DAG按节点构造顺序重写指令(包含各节点所有标识符的赋值指令),则例8-7基本块的指令序列被改造成:

$T_1 = 2$
$T_2 = 5$
$T_3 = S - R$
$T_4 = S + R$
$T_5 = T_4$
$A = 5 * T_4$　　　　　(注:运算节点是常数时直接使用该常数)
$T_6 = T_3 * T_4$
$B = T_6$

从重写的过程和结果可以看出,基本块已得到一定的优化,产生了以下效果。

(1)由于对常数的运算直接产生结果常数节点,所以使得已知量得到了合并(指令"$T_2 = 5$")。

(2)公共子表达式只生成一个运算节点,具有同一结果的标识符都作为附加标识符标在了该节点上。在重写四元式时,除了其中的一个标识符生成了运算指令外,其余的都采用复写指令进行赋值,这样既删除了公共子表达式,又增加了复写指令(指令"$T_5 = T_4$")。

(3)对于同一节点变量的引用,在重写指令时可以注意尽量引用非复写指令的结果变量,而尽量少引用复写指令的结果变量,从而实现复写传播变换(指令"$T_6 = T_3 * T_4$")。

(4)根据DAG重写指令时不会出现对同一变量的重复赋值的情况,这就删除了原基本块中的这种无用赋值指令(如B的赋值语句只剩"$B = T_6$")。

如果能够进一步了解变量被引用的情况,即后续指令是否引用该变量(这一属性也称变量的活跃性,若还将被引用则称变量是活跃的,否则就是非活跃的),则在根据DAG重写指令时只要生成活跃变量的相关指令就可以了,其他的无用赋值可以删除,从而使得基本块得到更进一步的优化。

本例中,若假设非临时变量A、B在出基本块后是活跃的,块中的T_i均为临时变量,且仅在基本块内有效,出了基本块后T_i均是不活跃的,则可得到以下重写的指令序列:

$T_3 = S - R$
$T_4 = S + R$
$A = 5 * T_4$
$B = T_3 * T_4$

显然,这是一个很好的优化结果。

在DAG上还可以得到以下信息。

(1)在基本块外被定值并在基本块内被引用的标识符一定是DAG中叶节点上的标记。

(2)在基本块内被定值并能够在后续指令中被引用的标识符是DAG各节点上的所有附加标识符。重写四元式时还有一个按何种顺序重写的问题,可以按原来构造节点的顺序进行,也可采用其他的顺序(这样还将有可能生成更为有效的目标代码)。但不管按哪种顺序,有一个原则是必须遵守的:先生成子节点的指令,后生成父节点的指令。

基本块内的局部优化是关注代码片段的优化,但这也需要考虑到整体程序的结构和性能。这体现了局部与整体的关系,以及如何在处理局部问题时兼顾整体利益。

对基本块进行优化时,需要将问题分解为更小、更易于处理的部分。这实际上是解决复杂问题的思路,即问题分解能力,以及逐步解决复杂问题的策略。

8.3 循环优化

循环是程序中那些可能反复执行的代码序列,在执行时要消耗大量的时间,所以进行代码优化时应着重考虑循环中的代码优化,这对提高目标代码的效率是至关重要的。在进行循环优化之前,必须确定在流图中哪些基本块构成一个循环。循环优化的主要技术有代码外提、强度削弱和删除归纳变量等。

通过优化循环结构,可以显著提高代码的执行效率。这体现了重复利用资源、减少冗余操作的重要性。基于循环的优化是一个持续的过程,需要不断尝试新的优化策略和方法。在专业知识的学习过程中,也应该保持持续改进的态度,勇于创新,不断探索新的优化途径。

8.3.1 循环的基本概念

1. 必经节点

在流图中如果从初始节点起,每条到达 n 的路径都要经过 d,就说节点 d 是节点 n 的必经节点,写成 d DOM n。根据这个定义,每个节点是它本身的必经节点;循环的入口是循环中所有节点的必经节点。

【例 8-9】考虑图 8-6 中的流图,此流图的开始节点是 1,开始节点是所有节点的必经节点。节点 2 是除节点 1 之外所有节点的必经节点,节点 3 仅是它本身的必经节点,因为控制可以沿着 2→4 的路径到达其他任何节点。节点 4 是除了 1、2 和 3 以外的所有节点的必经节点。因为从 1 出发的所有路径必须由 1→2→3→4 或 1→2→4 开始。节点 5 和 6 仅是它们本身的必经节点,因为控制流可以在 5 和 6 两个节点之间选择一个节点。节点 7 仅是它本身的必经节点。

节点 n 的所有必经节点的集合,称为节点 n 的必经节点集,记为 D(n)。图 8-6 中,D(2)={1,2,4}。若将 DOM 看作流图节点集上定义的一个关系,根据以上定义,它具有如下性质:

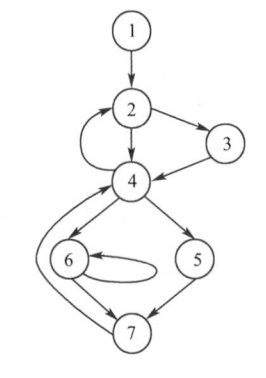

图 8-6 一个流图的例子

(1) 自反性。对流图中任意节点 a,有 a DOM a。
(2) 传递性。对流图中任意节点 a,b 和 c,若 a DOM b 和 b DOM c,则 a DOM c。
(3) 反对称性。若 a DOM b 和 b DOM a,则 a=b。

因此，关系 DOM 是一个偏序关系，因此，任何节点 n 的必经节点集是个有序集。下面给出在一个流图中寻找必经节点集的算法。

> **算法 8-3** 求流图中所有节点的必经节点集
> 输入：流图，其节点集为 P(P_0,P_1,P_2,?,P_n)，边集为，初始节点为 P_0
> 输出：每个节点的必经节点集合 D(m)，m＝0,1,2,…,n
> 步骤：
> 迭代执行下面的过程，最终，d 在 D(m) 中当且仅当 d dom m
> (1) D(0)＝{0}
> (2) for(m=1;m≤n;m++)   D(m)＝set{0～n};//初始化为全部节点构成的集合
> (3) while(任何 D(m) 出现变化)   do
> (4)   for(i=1;i≤n;i++)
> (5)   D(i)＝{i} ∪ ∩D(p)
> [其中 p 是 n 的直接前驱，∩D(p) 表示求所有 D(p) 的交集]

【**例 8-10**】 利用算法 8-3 求图 8-6 中的流图的必经节点集 D(n)。

根据算法，首先对所有节点的必经节点集进行初始化，首节点的必经节点集为它本身，即 D(1)＝{1}，其余节点的必经节点集初始化为所有节点构成的集合，即均为 {1,2,3,4,5,6,7}。

然后，找到每个节点的前驱节点。

再根据算法进行迭代，假定在算法第 4 行的 for 循环按节点的数值次序访问。节点 2 的前驱节点是 1 和 4，所以 D(2)＝{2} ∪ ({D(1) ∩ D(4)})。因为 D(1)＝{1}，D(4)＝{1,2,3,4,5,6,7}，所以由算法第 5 行得到 D(2)＝{1,2}。

考虑节点 3，它的直接前驱是 2。根据算法第 (5) 行得到：

D(3)＝{3} ∪ D(2)＝{3} ∪ {1,2}＝{1,2,3}
D(4)＝{4} ∪ (D(3) ∩ D(2) ∩ D(7))＝{4} ∪ ({1,2,3} ∩ {1,2} ∩ {1,2,3,4,5,6,7})＝{1,2,4}
D(5)＝{5} ∪ D(4)＝{5} ∪ {1,2,4}＝{1,2,4,5}
D(6)＝{6} ∪ D(4)＝{6} ∪ {1,2,4}＝{1,2,4,6}
D(7)＝{7} ∪ (D(5) ∩ D(6))＝{7} ∪ {1,2,4,5} ∩ {1,2,4,6}＝{1,2,4,7}

然后进行第二次迭代，各个节点的必经节点没有变化，算法停止。整个计算过程见表 8-2。

表 8-2   例 8-10 的计算过程

节点 m	1	2	3	4	5	6	7
前驱节点		{1,4}	{2}	{2,3,7}	{4}	{4,6}	{5,6}
初始化	{1}	{1,2,3,4,5,6,7}	{1,2,3,4,5,6,7}	{1,2,3,4,5,6,7}	{1,2,3,4,5,6,7}	{1,2,3,4,5,6,7}	{1,2,3,4,5,6,7}
第一次迭代	{1}	{1,2}	{1,2,3}	{1,2,4}	{1,2,4,5}	{1,2,4,6}	{1,2,4,7}
第二次迭代	{1}	{1,2}	{1,2,3}	{1,2,4}	{1,2,4,5}	{1,2,4,6}	{1,2,4,7}

2. 循环

必经节点的一个重要应用是确定流图中的循环。循环有如下两个基本性质：

(1) 循环必须有唯一的入口点，即入口节点；

(2) 至少有一条路径回到入口节点。

寻找流图中的循环的方法是找出流图中的回边。假设 n→d 是流图中的一条有向边，如果 d DOM n，则称 n→d 是流图中的一条回边。

【例 8-11】 寻找图 8-6 所示的流图中有哪些回边。

7→4 是一条有向边，又由于 4 DOM 7，所以 7→4 是回边。类似地，4→2，6→6 都是回边。

出口节点是指在循环中具有这样性质的节点：从该节点有一有向边引到循环通路以外的某节点。

求由回边 n→d 组成的循环的基本思想：首先确定循环的出口 n，判断 n 和 d，若 n≠d，求 n 的所有前驱节点，若前驱节点不是循环入口，再求前驱的前驱，直至求出的前驱都是 n 为止。

【例 8-12】 寻找图 8-6 所示的流图中的循环。

因为 4→2 是一条回边，节点 2 是入口节点，节点 4 是出口节点，因此，节点 {2,3,4} 构成一个循环；

6→6 是一条回边，6 既是入口节点又是出口节点，节点 {6} 构成一个循环；

7→4 是一条回边，节点 4 是入口节点，节点 7 是出口节点，节点 {4,5,6,7} 构成一个循环。

8.3.2 循环的优化技术

对循环中的代码，可以实行代码外提、强度削弱和删除归纳变量等优化技术。

1. 代码外提

代码外提是将循环中的不变运算提到循环外面。不变运算是指其运算结果不受循环影响的表达式。

若循环中存在有待外提的不变运算，实施代码外提优化前，在循环的唯一入口节点 B_1 前建立一个新节点 B_0，称 B_0 为循环的前置节点，B_0 是 B_1 的前驱，B_1 是 B_0 的唯一后继。原来流图中从循环外引向 B_1 的有向边，改为引向 B_0。如图 8-7 所示，循环中外提的代码全部提到 B_0 中。

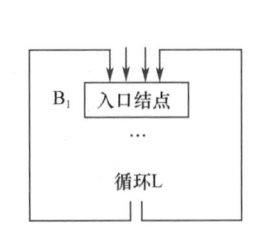

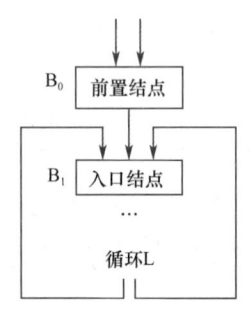

图 8-7 代码外提前设置一个前置节点 B_0

第8章 代码优化

循环中的不变运算并不是在任何情况下都可以外提的。分析图8-8所示的程序流图,图中有回边④→②,因此,{B₂,B₃,B₄}组成循环,B₄是循环出口节点。在B₃中,i=2是不变运算。

根据程序的执行顺序,若X<Y为真,执行B₃,这时执行i=2,若在此前提下转出循环后执行B₅,j=i=2;但是,若X<Y为假,不执行B₃,而是执行B₄,这时转出循环后j=i=1。

若将i=2提到循环外,则不论X<Y是否成立,最后j=i=2,显然,外提改变了原来程序的运行结果。

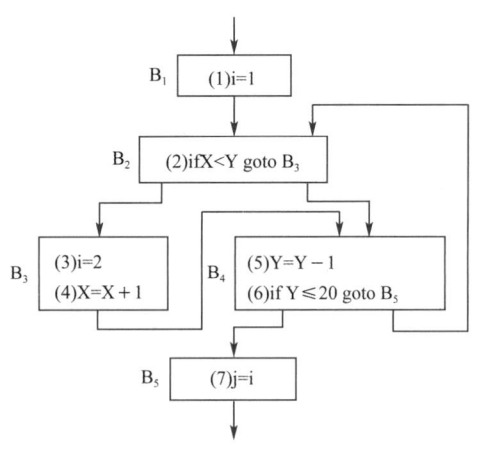

```
B₁  (1)i=1
         ↓
B₂  (2)if X<Y goto B₃
     ↓           ↓
B₃ (3)i=2    B₄ (5)Y=Y-1
   (4)X=X+1     (6)if Y≤20 goto B₅
         ↓
B₅  (7)j=i
         ↓
```

图8-8 程序流图

为什么不变运算不能随意外提呢？分析程序的控制流可以看出,B₃不是循环出口节点B₄的必经节点,这就是问题的关键所在。因此,当把一个不变运算提到循环的前置节点时,要求该不变运算所在的节点是循环所有出口节点的必经节点。其次,需要分析变量i的定值点和引用点,变量i的定值点是指变量i在该点被赋值或输入值,i的引用点是指在该点使用了i。"点"是指某一四元式的位置。若循环中变量i的所有引用点只是B₃中i的定值点所能到达的,i在循环中不再有其他定值点,并且出循环后不再引用i的值,那么,即使B₃不是B₄的必经节点,也可以把i=2外提到B₂中。

综上所述,当把循环中的不变运算A=B op C外提时,要求:

(1)循环中其他地方不再有A的定值点；
(2)循环中A的所有引用点都是而且仅仅是这个定值所能到达的。

根据上述讨论,下面给出查找不变运算和代码外提的算法。

算法8-4 查找循环L中的"不变运算"

(1)依次查看L中各基本块的每个四元式,如果它的每个运算对象或为常数,或定值点在L外,则将此四元式标记为"不变运算"；

(2)重复(1)直至没有新的四元式被标记为"不变运算"；

(3)依次查看尚未被标记为"不变运算"的四元式,若其每个运算对象或为常数,或定值点在L外,或只有一个到达定值点且该点上的四元式已标记为"不变运算",则将该四元式标记为"不变运算"。

算法 8-5 代码外提

(1) 用算法 8-4 求出循环 L 的所有不变运算。

(2) 对步骤(1)求出的每一个不变运算：

S：A = B op C 或 A = op B 或 A = B

检查是否满足以下条件①或②：

①a. S 所在的节点是 L 的所有出口节点的必经节点；

b. A 在 L 中其他地方未再定值；

c. L 中所有 A 的引用点只有 S 中的 A 的定值才能到达。

②A 在离开 L 后不再是活跃的，并且条件①的 b 和 c 成立。

注意：A 在离开 L 后不再是活跃的，是指 A 在 L 的任何出口节点的后继节点的入口处不是活跃的(从此点后不再被引用)。

(3) 按步骤(1)所找出的不变运算的顺序，依次把符合(2)的条件①或②的不变运算 S 提到 L 的前置节点中。但是，如果 S 的运算对象(B 或 C)是在 L 中定值的，那么只有当这些定值四元式都已外提到前置节点中时，才可把 S 也提到前置节点中。

执行算法时应注意：如果把满足(2)中条件②的不变运算 A=B op C 外提到前置节点中，那么执行完 L 后得到的 A 值，可能与不进行外提的情形所得 A 值不同。但是因为离开循环后不会引用该值，所以不影响程序运行结果。

2. 强度削弱

强度削弱是指把程序中执行时间较长的运算替换成执行时间较短的运算，以提高目标程序的执行效率。例如，把循环中的乘法运算替换成递归加法运算，不仅如此，强度削弱对加法运算也可实行。

例如，对于如下循环语句：

```
i=a;
while(i≤b)
{
    ⋮
    x=i*k;
    ⋮
    i=i+n;
}
```

假定 k 和 n 都是在循环中不变的常量，且在循环中没有 x 的其他定值点，那么，表达式 i*k 是常量 k 和变量 i 的线性表达式，x 的值依循环线性变化，从而这个线性表达式中的乘法运算可削减成加法运算，优化后的程序如下。

```
i=a;
x=a * k;
T=n * k;
while(i≤b)
{
    ⋮
    i=i + n;
    x=x + T;
}
```

对于强度削弱优化,尚无一种较为系统的处理方法。一般来说,强度削弱一般在下述情况下进行:

(1) 如果循环中有关于变量 i 的递归赋值 i=i ± C(C 是循环不变量),并且循环中关于变量 T 的赋值运算可化归为 T=K * i ± C_1(K 和 C_1 都是循环不变量),那么,对 T 的赋值运算可进行强度削弱。

(2) 进行强度削弱后,循环中可能出现一些新的无用赋值,如果这些变量在循环出口以后不是活跃变量,则可将其从循环中删除。

(3) 循环中下标变量的地址计算是有规律的运算,同时也耗时,可使用加减法进行地址的递归计算。

3. 删除归纳变量

实施强度削弱后,可进行删除归纳变量优化。处理时,首先确定循环中的基本归纳变量和归纳变量以及它们之间的线性关系。

如果循环中对变量 i 只有唯一的形如 i=i±C 的赋值,其中 C 为循环不变量,则称 i 为循环中的基本归纳变量。如果 i 是循环中的一个基本归纳变量,变量 j 在循环中的定值总是可化归为 i 的同一线性函数,即 j=C_1 * i±C_2,其中 C_1 和 C_2 都是循环不变量,则称 j 是与 i 同族的归纳变量。

显然,在循环中,一个基本归纳变量除用于自身的递归定值外,常用来计算同族的其他归纳变量或作为循环的控制变量,也可作为数组元素下标表达式中的变量等。由于在执行循环时,同族的各归纳变量之间同步变化,所以,在一个循环中,如果属于同一族的归纳变量有多个,那么就可以删去一些归纳变量的计算,以提高程序的执行效率。

如图 8-9(a)所示的流图,基本块 B_2 和 B_3 构成循环。可以看出,x 是循环中的一个基本归纳变量,而 i 是一个与 x 同族的归纳变量。因为基本归纳变量由 x=x+2 定值,所以可以把同族归纳变量的计算 i=3 * x 化归为 i=i+6,也算是一种强度削弱。这样,循环控制条件 x<100 可变换为 i<300。变换后的流图如图 8-9(b)所示。

假如基本归纳变量 x 在图 8-9(a)的循环中只用于计算归纳变量 i 和控制循环执行,当离开循环时就不活跃了。那么,在图 8-9(b)的循环中,基本归纳变量 x 的递归定值就变为了无用赋值。删除基本块 B_1 和 B_3 中 x 的无用赋值,就得到如图 8-9(c)所示的流图。结果,实现了对循环中基本归纳变量 x 的彻底删除。

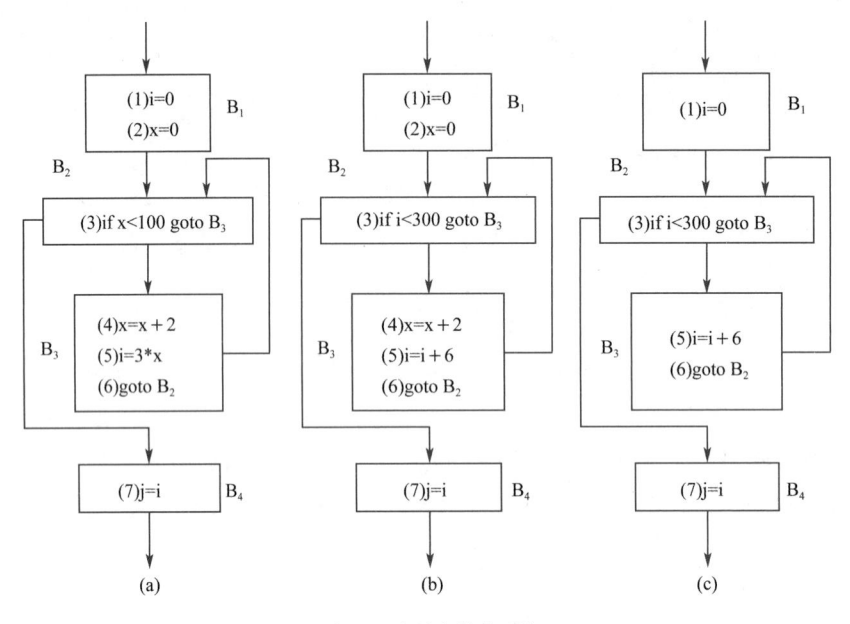

```
         ↓                              ↓                              ↓
  ┌──────────────┐ B₁          ┌──────────────┐ B₁          ┌──────────────┐ B₁
  │ (1)i=0       │             │ (1)i=0       │             │ (1)i=0       │
  │ (2)x=0       │             │ (2)x=0       │             │              │
  └──────────────┘             └──────────────┘             └──────────────┘
B₂                           B₂                           B₂
  ┌──────────────────────┐     ┌──────────────────────┐     ┌──────────────────────┐
  │(3)if x<100 goto B₃   │     │(3)if i<300 goto B₃   │     │(3)if i<300 goto B₃   │
  └──────────────────────┘     └──────────────────────┘     └──────────────────────┘
B₃    ┌──────────────┐     B₃   ┌──────────────┐       B₃   ┌──────────────┐
      │(4)x=x+2      │          │(4)x=x+2      │            │(5)i=i+6      │
      │(5)i=3*x      │          │(5)i=i+6      │            │(6)goto B₂    │
      │(6)goto B₂    │          │(6)goto B₂    │            │              │
      └──────────────┘          └──────────────┘            └──────────────┘
  ┌──────────────┐ B₄          ┌──────────────┐ B₄          ┌──────────────┐ B₄
  │ (7)j=i       │             │ (7)j=i       │             │ (7)j=i       │
  └──────────────┘             └──────────────┘             └──────────────┘
        (a)                           (b)                          (c)
```

图 8-9　归纳变量的删除

8.4　本章小结

本章介绍了代码优化，主要包括局部优化、循环优化和全局优化等。

本章的关键概念如下：代码优化、局部优化、循环优化、全局优化、基本块、DAG、流图、必经节点、回边、到达—定值。

习题 8

1. 选择题（从下列各题四个备选答案中选出一个或多个正确答案写在题干中的横线上）

(1) 编译程序中安排优化的目的是得到_____的目标代码。

A. 结构清晰　　　　　　　　　　B. 较短

C. 高效率　　　　　　　　　　　D. 使用存储空间最小

(2) 根据所涉及程序的范围，优化可分为_____。

A. 局部优化　　B. 函数优化　　C. 全局优化　　D. 循环优化

(3) 局部优化是局限于一个_____范围内的一种优化。

A. 循环　　　　B. 函数　　　　C. 基本块　　　D. 整个程序

(4)所谓基本块是指程序中一个顺序执行的语句序列,其中只有_____。
A. 一个子程序　　　　　　　　B. 一个入口语句和多个出口语句
C. 一个出口语句和多个入口语句　D. 一个入口语句和一个出口语句
(5)在编译程序采用优化的方法中,_____等是在程序基本块范围内进行的。
A. 删除无用赋值　B. 删除归纳变量　C. 删除多余运算　D. 合并已知量
(6)循环优化是指对_____中的代码进行优化。
A. 循环　　　　　B. 函数　　　　　C. 基本块　　　　D. 数组
(7)在编译程序采用的优化方法中,_____是在循环语句范围内进行的。
A. 删除多余运算　B. 删除归纳变量　C. 代码外提　　　D. 强度削弱
(8)设有下面代码,优化前代码:

```
b=c;
for(i=0;i<3;i++)
    d[i]=2*b+1
```

优化后代码:

```
b=c
z=2*b+1
for(i=0;i<3;i++)
    d[i]=z
```

实施的优化措施是_____。
A. 合并已知量　　　　　　　　B. 强度削弱
C. 代码外提　　　　　　　　　D. 删除公共子表达式
(9)以下关于代码优化原则说法正确的有_____。
A. 优化不应该改变程序运行的结果
B. 应该使得优化后所产生的目标代码运行时间较短
C. 应该使得优化后所产生的目标代码运行时占用的空间较少
D. 应尽可能以较低的代价取得较好的优化效果
(10)下面对代码优化描述正确的是_____。
A. 代码优化可以产生高效的编译程序
B. 代码优化会改变程序的执行顺序和功能
C. 代码优化是对编译程序进行等价变换,使之能生成更高效的目标代码
D. 代码优化必须保证优化后的代码与源程序在语义上是完全等价的
2. 填空题
(1)代码优化指的是对程序进行各种_____,使得变换后程序能生成_____的目标代码。
(2)程序控制流程图中的每一个节点对应程序中的一个_____。
(3)优化中,可把循环中的_____提到循环外面去,这种方法称为_____。
3. 判断题(正确的在括号内打"√",错误的打"×")
(　　)(1)优化的编译是指编译速度快的编译程序。

(   )(2)对任何一个编译程序来说,代码优化是不可缺少的一部分。

(   )(3)DAG 是一个可带环路的有向图。

(   )(4)转移语句是基本块的入口语句。

(   )(5)紧跟在条件转移语句后面的语句是基本块的入口语句。

(   )(6)循环查找使用程序控制流图,程序控制流图中循环有且只有一个出口节点。

(   )(7)在循环优化时,循环中的不变运算都可以进行代码外提。

(   )(8)程序控制流图是一个无环路的有向图。

4. 什么是代码优化？代码优化如何分类？常用的代码优化技术有哪些？

5. 什么是局部优化？如何进行局部优化？

6. 什么是循环优化？如何进行循环优化？

7. 解释下列术语。基本块、流图、DAG、循环、回边、必经节点。

8. 将以下中间代码划分为基本块。

```
(1) x=1
(2) i=0
(3) if i>=10 goto (7)
(4) x=x*i
(5) i=i+1
(6) goto (3)
(7) if x>500 goto(11)
(8) return 500
(9) return
(10) goto (13)
(11) return x
(12) return
(13) return
```

9. 已知有如下中间代码序列

```
(1) A=B*C
(2) D=B/C
(3) E=A+D
(4) F=2*E
(5) G=B*C
(6) H=G*G
(7) F=H*G
(8) L=F
(9) M=L
```

(1) 构造以上基本块的 DAG 对该基本块进行优化。

(2) 假设基本块中只有变量 G,L 和 M 在基本块后被引用,给出优化后的代码序列。

(3) 假设基本块中只有变量 L 在基本块后将被引用,给出优化后的代码序列。

10.已知有如下程序段：

(1) A=0

(2) I=0

(3) if I<10 goto (6)

(4) S=A+C

(5) B=D*C

(6) if B=10 goto (9)

(7) write B

(8) goto (11)

(9) I=I+1

(10) if I<10 goto (4)

(11) A = A+5

(12) if A<=20 goto (2)

(13) stop

(1)对程序段划分基本块,对划分的基本块进行编号,写出每个基本块包含的语句序号。

(2)画出程序控制流图(图中每个节点用基本块对应编号表示即可)。

(3)找出流图中的回边以及回边确定的循环。

第 9 章 目标代码生成

> 编译的最后一个阶段是目标代码生成，完成目标代码生成的程序称为目标代码生成器。目标代码生成就是要将与机器无关的中间代码翻译为某个具体机器的指令代码，目标代码可以是绝对机器代码、可重定位机器代码或汇编代码等。本章主要介绍下面 2 个方面的内容：
> (1) 目标代码生成的作用、形式和过程
> (2) 简单代码生成器实例
> (3) 代码生成器的自动生成技术

9.1 目标代码生成概述

目标代码生成的主要任务是把源程序的中间代码形式变换为依赖于具体机器的等价的目标代码。输入是编译前端输出的信息，包括中间代码或优化后的中间代码，以及带有存储信息的符号表，如图 9-1 所示。

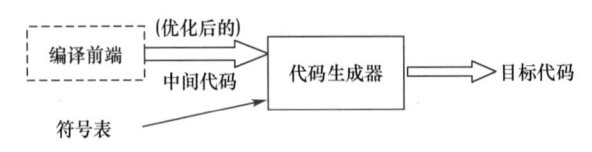

图 9-1 目标代码生成器的作用与地位

代码生成器生成的目标代码一般有如下 3 种形式。
(1) 能够立即执行的机器语言代码，通常存放在固定的存储区中，编译后可直接执行。
(2) 待装配的机器语言模块，当需要执行时，由连接装配程序把它们与另外一些运行子程序连接起来，组合成可执行的机器语言代码。
(3) 汇编语言程序，必须通过汇编程序汇编成可执行的机器语言代码。

一个高级程序设计语言程序的目标代码经常要反复使用，因此代码生成要着重考虑

代码的质量,即目标代码的长度和执行效率。生成的目标代码越短,访问存储单元的次数越少,它的质量就越高。

代码生成器最重要的评价指标是它能否产生正确的代码,在产生正确代码的前提下,使产生的目标代码更加高效,代码生成器本身易于实现、测试及维护也是重要的设计目标。为了产生较优的代码,需要着重考虑以下几个问题。

(1) 如何使生成的目标代码更短,运行效率更高。

(2) 如何充分合理地使用机器的寄存器,以减少目标代码运行时对内存单元的访问。

(3) 如何充分利用计算机的指令系统的特点,如何选择更高效的指令。

代码生成器的具体细节依赖于目标机和操作系统,下面从输入到输出再来深入理解目标代码生成过程的细节,以便更好地设计出高效的目标代码生成器。

1. 代码生成器的输入

代码生成器的输入是中间代码序列和符号表。中间代码有多种形式,如后缀式、三元式、四元式以及树等。本章仍然以四元式形式的中间代码为例,其他形式的中间代码的输入与其类似。

在编译前端已对源程序进行了扫描、分析和翻译,并进行了语义检查,产生了合理的中间代码(也可能经过了优化),而且语义正确。同时在处理声明语句的语义时将相关信息填入符号表中,知道了各个名字的数据类型,同时在经过存储分配的处理后,可以确定各个名字在所属函数的数据区内的相对地址。因此目标代码生成器可以利用符号表中的信息来决定中间代码中的名字所表示的数据对象在运行时的地址,它是可重定位的。

2. 代码生成器的输出

代码生成器的输出是目标程序。目标代码有若干种形式:绝对机器代码、可重定位机器代码和汇编代码等。大多数编译程序通常不产生绝对地址的机器代码。生成绝对机器代码的好处是:它可以被放在内存中的固定地方并且可立即执行,这样,小的程序可以被迅速地编译和执行,但在多任务多用户操作系统下,这是不现实的。生成可重定位的机器代码,允许子程序分别进行编译,生成一组可重定位模块,再由链接装配程序链接在一起并装入运行。虽然可重定位模块必须增加额外的开销来链接和装配,但带来的好处是灵活,子程序可以分别编译,也可以从目标模块中调用其他事先已编译好的程序模块。从某种程度上说,以汇编语言程序作为输出使代码生成阶段变得容易。因为在生成汇编指令后,可以使用已有的汇编器来辅助生成目标代码,大多数商业化的编译器在编译阶段也是生成汇编指令。虽然进行汇编需要额外的开销,但可以不必重复汇编器的工作,因此这种选择也是合理的。尤其是对内存小、编译必须分成几遍的机器更应该选择生成汇编代码。

3. 指令的选择

目标机指令集的性质决定了指令选择的难易程度,编译时选择生成哪些指令是在生成目标代码时考虑的一个重要因素。如果目标机不支持所定义的指令集中的指令和数据类型,那么每一种例外都要特别处理。指令的执行速度和机器特点也是考虑的重要因素。如果不考虑目标程序的效率,对每种类型的中间代码,可以直接选择指令,勾画出目标代码的框架。如中间代码(+,y,z,x),可以翻译为如下目标代码序列。

```
mov AX,y      //将 y 装入寄存器 AX
add AX,z      //z 与 AX 相加
mov x,AX      //将 AX 中的值存入 x 中
```

每次遇到"+"这个操作都可以这样来翻译。然而有些情况其实是不需要这三条指令的,如假定 y 已经在 AX 寄存器中了,那么第一条指令就可以省略。目标代码的质量取决于它的速度和大小。减少指令条数就意味着提高效率。同时,一个有着丰富指令集的机器可以为一个给定的操作提供几种实现方法,不同的实现所需的代码不同,有些实现方式可能会产生正确但不一定高效的代码。例如,如果目标机有"加 1"指令(INC),那么中间代码 x=x+1 就可以使用 INC x 实现,这是最高效的;如果没有 INC 指令,必须用下述加法运算的三条指令序列来实现。

```
mov AX,x      //将 x 放入寄存器 AX
add AX,#1     //AX 的值加 1,#表示常数
mov x,AX      //将 AX 中的值存回 x 中
```

4. 寄存器的分配

指令对寄存器的操作要比对存储单元的操作快,所以生成的代码都希望使用寄存器,但计算机中的寄存器较少,如何充分利用计算机的寄存器,对于生成好的代码是非常重要的。寄存器的分配要考虑:

(1)在程序执行的某一点上,选择哪些变量驻留在寄存器中。

(2)在随后的寄存器指派阶段,当确定某个变量装入寄存器中时,选择放入哪个寄存器中。也就是说,如果寄存器中都有数据,选择哪些变量的值继续留在寄存器中,哪些被替换为新的变量。大多数情况下,会考虑将最近的将来不会使用的寄存器内容写入变量中,将寄存器腾出来供当前要使用的变量使用。

然而,选择最优的寄存器指派方案是很困难的。如果还要考虑目标机的硬件或操作系统对寄存器的使用要遵循一些规则时,这个问题将更加复杂。

5. 计算顺序的选择

计算完成的顺序也会影响目标代码的有效性。有效计算顺序要求存放中间结果的寄存器数量少、访问次数少,从而提高目标代码的效率。

6. 存储管理

把源程序中的名字映射为运行时数据对象(存储单元)的地址是由编译前端和代码生成器共同完成的。中间代码中的名字所需的存储空间以及在函数数据区中的相对地址已经在运行时存储分配中计算,并在符号表中给出。如果要生成机器代码,必须将四元式代码中的标号变为指令的地址。在依次扫描中间代码时,维护一个计数器,记住到目前为止产生的指令字数,就可以推断出为该条四元式代码生成的第一条指令的地址。该地址可以在四元式代码中用另外一个域来保存。如果碰到跳转指令 j:goto i,且 j>i,就可以根据编号 i 找到第 i 条四元式代码所产生的第一条指令的地址;如果 j<i,此时第 i 条四元式代码还没有生成目标代码,只有使用指针链接,到生成第 i 条四元式代码时再回填,这与生成中间代码时的回填技术相似。其他的转移指令可以类似地计算。

9.2 简单代码生成器实例

为简单起见,先来考虑一个最简单的情况,它不考虑目标代码的效率,也不考虑对寄存器的选择,只是依次把每条中间代码根据算符的含义直接翻译为对应的 80X86 汇编指令。

一般情况下,假定指令中只使用一个寄存器,除非特殊指令需要使用多个寄存器时才使用。80X86 使用 AX、BX、CX、DX 4 个通用寄存器来存放数据。

这样的话,对每种类型的中间代码,可以直接选择汇编指令,勾画出代码的框架,如对形如(OP,arg1,arg2,result)形式的中间代码,可以考虑一般的目标代码生成策略,如图 9-2 所示。四元式包括 4 个部分:OP 是进行运算的操作,arg1 和 arg2 是两个操作数,result 是结果。根据大多数机器平台和汇编指令格式的要求,运算在寄存器中进行,因此在图 9-2 中,步骤①表示把 arg1 从存储器装入寄存器 1 中,如果第二个操作数也需要在寄存器中,还需要将 arg2 也装入寄存器 2 中,考虑普遍的情况,第二个操作数可以是内存变量,因此不装入寄存器。图中的步骤②表示寄存器 1 与 arg2 进行 OP 指定的运算,结果存放到寄存器 3 中,在 80X86 指令集中,寄存器 3 一般和寄存器 1 相同。图 9-2 中的步骤③表示将寄存器 3 中的结果存放到 result 指定的内存单元中。因此,一个双操作数的四元式至少要翻译为 3 条汇编指令代码,根据功能,有些中间代码甚至要翻译为 4 条汇编指令。

例如,一条加法操作的四元式代码(+,B,C,T1)可以翻译为下面的三条汇编指令。

(1) MOV AX,B
(2) ADD AX,C
(3) MOV T1,AX

第一条指令表示将 B 的值从内存中读入 AX 寄存器中,第二条指令表示将 AX 的值和内存单元中的 C 相加,结果存放到 AX 寄存器中,第三条指令将 AX 的值存放到内存单元 T_1 中。这样就完成了中间代码将 B 和 C 相加存放 T_1 中的功能。

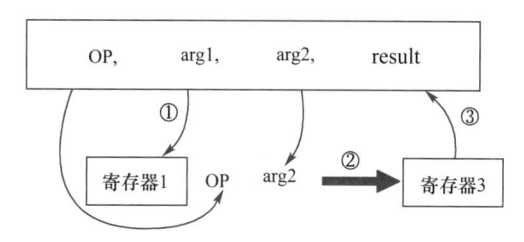

图 9-2 一般的目标代码生成策略

【例 9-1】 假定某程序段有如下 3 条中间代码。

(1) (+,B,C,T_1)
(2) (*,T_1,D,T_2)
(3) (+,T_2,E,A)

在把它翻译为汇编指令时，如果不考虑代码效率，可以根据每条指令的含义简单地按中间代码出现的顺序依次把每条中间代码映射为若干条汇编指令，即可实现目标代码生成。见表 9-1，"汇编代码"列就是针对每条四元式需要翻译的指令序列（此处没有考虑生成完整的程序的开始和结束部分）。

表 9-1　将基本块翻译为对应的汇编代码

四元式代码	汇编代码
(1)(+,B,C,T_1)	(1)MOV AX,B (2)ADD AX,C (3)MOV T_1,AX
(2)(*,T_1,D,T_2)	(4)MOV AX,T_1 (5)MOV BX,D (6)MUL BX (7)MOV T_2,AX
(3)(+,T_2,E,A)	(8)MOV AX,T_2 (9)ADD AX,E (10)MOV A,AX

从例 9-1 可以看出，简单的代码生成器就是读入中间代码的每条四元式，对应翻译为目标代码。简单代码生成的核心就是理解每条四元式的含义是什么，选择用怎样的目标代码来实现这条四元式的功能。因此，针对不同的指令系统，都需要对每条四元式所对应的汇编指令列出，见表 9-2，在翻译时，根据四元式的形式去查表就可以了。

表 9-2　各种四元式代码的翻译方法

序号	四元式代码	汇编代码	含义

(1)	(+,A,B,T)	MOV AX,A
		ADD AX,B
		MOV T,AX
			加法

(2)	(J,,,P)	JMP far ptr P_1	无条件跳转到 P_1，P_1 是中间代码 P 对应的第一条指令的地址
(3)	(&&,…)	…	
…			

表 9-2 中第(2)条是转移指令，在其翻译中，P_1 是第 P 条四元式所对应的第一条汇编指令的地址。其值采用 9.1 节中存储管理部分介绍的方法填写。

从正确性上看，简单代码生成器生成的目标代码没有问题，如表 9-1，但它却有很多冗余操作，这会大大降低目标代码运行的效率。从整体上看，汇编代码的第(4)和第(8)条是多余的，而且 T_1 和 T_2 是生成中间代码时引入的临时变量，源程序中并不存在这两个变量，也就是说，这两个变量是编译过程内部使用的，后续代码将不会再使用，所以第(3)和第(7)行两行代码也可以省掉。因此，如果考虑了效率和充分利用寄存器的问题之后，代码生成器不是生成上述 10 条汇编代码，而是只有如下 6 条。

(1)MOV AX,B
(2)ADD AX,C
(3)MOV BX,D
(4)MUL BX
(5)ADD AX,E
(6)MOV A,AX

为了能够做到只生成 6 条而不是 10 条，代码生成器必须提前了解一些信息：在产生第 2 条四元式（*，T_1，D，T_2）对应的目标代码时，为了省去第 4 条代码 MOV AX，T_1，就必须知道 T_1 的当前值已经在某个寄存器中，如 AX；为了省去将 T_1 的当前值保存在内存中的第 3 条代码 MOV T_1，AX，就必须知道以后 T_1 不会再被引用。这就需要对中间代码进行更大范围的分析。

9.3 代码生成器的自动生成技术

高级语言编译程序的代码生成部分在编译环节中起着关键性的作用，然而这部分工作很烦琐且容易出错，因此，希望能够自动生成代码生成器。

实现一个代码生成器的自动生成器具有明显的现实意义，但是面临着许多问题，如机器的体系结构不统一、自动生成的代码的质量问题、代码生成器应与机器无关的优化部分接口、合理的代码生成速度等。

现阶段代码生成器的自动生成器主要采用由形式描述进行驱动的技术，这种技术把目标机的每条指令的形式描述作为输入，将表示计算的中间语言代码与这种描述进行匹配来产生相应的指令。采用这种技术，对于不同的文法所产生的分析表可能不同，但是分析器的总控程序和分析模型都是一样的。同样，在代码生成器的自动生成中，虽然不同的机器有不同的指令，但针对所需要的效果来匹配特定的指令在本质上是相同的。

形式描述技术的主要优点是：把实现者从选择计算给定构造的代码中解放出来，实现者只需要以形式化描述每条目标指令的精确意义，生成器将自动地查询机器描述，找出完成所需计算的指令或指令串。但是，由于目标机的描述与代码生成算法混在一起，当描述改变时，算法也要有相应的变化。而自动生成器要完成指令的选择等烦琐的工作，产生的目标代码质量很大程度依赖于设计者的经验和能力。

9.4 本章小结

目标代码生成是编译的最后一个环节，它所完成的功能是将中间代码翻译成对应的目标代码。目标代码的形式有以下 3 种：机器语言、待装配的机器语言模块和汇编语言。这几种形式都和目标机的指令系统相关，目标机上的指令系统越丰富，代码生成的工作就越容易。

代码生成是一个烦琐的过程，因此，希望代码生成器能够自动生成。现阶段代码生成器的自动生成器采用的主要技术是由形式描述进行驱动的技术。

本章的关键概念：代码生成器。

习题 9

1.选择题(从下列各题四个备选答案中选出一个或多个正确答案写在题干中的横线上)

(1)目标代码生成时应该着重考虑的基本问题是_____。

A.如何使目标程序运行所占用的空间最小

B.如何使生成的目标代码最短

C.如何充分利用计算机寄存器,减少目标代码访问存储单元的次数

D.目标程序运行的速度快

(2)编译程序生成的目标代码通常有三种形式,它们是_____。

A.能够立即执行的机器语言代码　　　　B.汇编语言程序

C.待装配的机器语言代码　　　　　　　D.中间语言代码

(3)目标代码的质量主要指_____。

A.目标代码的可移植性　　　　　　　　B.目标代码的可修改性

C.目标代码的可理解性　　　　　　　　D.目标代码的长度和执行效率

2.判断题(正确的在括号内打"√",错误的打"×")

(　　)(1)生成的目标代码越短、访问存储单元的次数越少,目标代码的质量就越高。

(　　)(2)编译程序生成的目标代码都是能够立即执行的机器语言代码。

(　　)(3)目标代码生成时,不需要考虑目标计算机的指令系统。

(　　)(4)所有编译程序都有目标代码生成阶段。

3.目标代码的形式有哪些?

4.一个编译程序的目标代码生成阶段主要需要考虑哪些问题?

5.生成代码生成器的自动生成器需要解决哪些问题?

参考文献

[1] Alfred V Aho,Ravi Sethi,Jeffrey D Ullman. Compilers:principles,Techniques,and Tools. Second Edition[M]. 赵建华,郑滔,戴新宇译. 北京:机械工业出版社,2009.

[2] 刘铭,骆婷,徐丽萍,等. 编译原理[M]. 4版. 北京:电子工业出版社,2018.

[3] 李文生. 编译原理与技术[M]. 2版. 北京:清华大学出版社,2016.

[4] 黄贤英,王柯柯,曹琼,等. 编译原理及实践教程[M]. 3版. 北京:清华大学出版社,2019.

[5] 陈英,王贵珍. 编译原理学习指导与习题解析[M]. 北京:清华大学出版社,2011.

[6] 胡元义. 编译原理教程[M]. 4版. 西安:西安电子科技大学出版社,2015.

[7] 陈火旺,刘春林,谭庆平,等. 程序设计语言编译原理[M]. 3版. 北京:国防工业出版社,2022.

[8] 蒋宗礼,姜守旭. 编译原理[M]. 2版. 北京:高等教育出版社,2017.

[9] 陈意云. 编译原理[M]. 3版. 北京:高等教育出版社,2014.

[10] 陈意云,张昱. 编译原理习题精选与解析[M]. 3版. 北京:高等教育出版社,2014.

[11] 张莉,史晓华,杨海燕,金茂忠. 编译技术[M]. 北京:高等教育出版社,2016.

[12] 楼登. 编译原理与实践(英文版)[M]. 北京:机械工业出版社,2002.

[13] Andrew W Appel,Maia Ginsburg. 现代编译原理C语言描述(修订版)[M]. 赵克佳,黄春,沈志宇译. 北京:人民邮电出版社,2018.

[14] Keith Cooper,Linda Torczon. Engineering a Compiler(Second Edition)[M]. Morgan Kaufmann,2011.

[15] 王生原,董渊,张素琴,等. 编译原理[M]. 3版. 北京:清华大学出版社,2015.

[16] StevenS. Muchnick. 高级编译器设计与实现[M]. 赵克佳,沈志宇译. 北京:机械工业出版社,2005.

[17] 何炎祥. 编译原理[M]. 4版. 武汉:华中科技大学出版社,2023.

[18] 鲁斌. 编译原理与实践[M]. 北京:北京邮电大学出版社,2020.

[19] 姜淑娟. 编译原理与实现[M]. 2版. 北京:清华大学出版社,2021.

[20] 史涯晴,贺汛. 编译方法导论[M]. 北京:机械工业出版社,2021.

[21] 李维华,岳昆,周小兵. 编译原理[M]. 北京:科学出版社,2022.

[22] 杨金民,陈果,黎文伟. 编译技术与应用[M]. 北京:清华大学出版社,2023.

[23] 华保健,高耀清. 毕昇编译器原理与实践[M]. 北京:清华大学出版社,2022.

[24] 蒋宗礼,姜守旭. 形式语言与自动机理论[M]. 4版. 北京:清华大学出版社,2023

习题答案

习题1

1. 选择题

(1)C (2)A (3)AC (4)CB (5)B (6)A
(7)B (8)D (9)D (10)D
(11)CD (12)C

2. 判断题

(1)× (2)√ (3)√ (4)× (5)√ (6)× (7)×
(8)× (9)× (10)√ (11)× (12)× (13)×

3. 参考答案

编译程序是一种翻译程序,它将高级语言所写的源程序翻译成等价的机器语言或汇编语言的目标程序。

4. 参考答案

(1)词法分析;(2)语法分析;(3)语义分析和中间代码生成;(4)代码优化;(5)目标代码生成。

5. 参考答案

见正文第1章图1-5。

6. 参考答案

"遍",是指对源程序或其等价的中间语言程序从头到尾扫描一遍,并完成规定加工处理工作的过程。

7. 参考答案

将编译程序划分成前端和后端,可以在多种源语言和多种目标语言的开发过程中,灵活搭配组合,消除重复开发的工作量,提高编译系统的开发效率。

8. 参考答案

(1)预处理器。预处理器对用户所写源程序进行相应的处理,以产生编译程序的输入,主要完成宏处理、文件包含、语言扩充等功能;

(2)汇编程序。有些编译程序产生汇编语言的目标代码,然后由汇编程序做进一步的处理,生成可重定位的机器代码。

(3)连接装配程序。连接装配程序的作用是把多个经过编译或汇编的目标模块连接装配成一个完整的可执行程序。

习题 2

1.选择题

(1)B　(2)C　(3)BCD　(4)ABC　(5)CD　(6)B　(7)AC　(8)CD　(9)BC
(10)B　(11)C　(12)B　(13)C　(14)AB　(15)C　(16)AC　(17)ABC
(18)B　(19)AB　(20)B　(21)A　(22)ACD

一、判断题

(1)√　(2)×　(3)×　(4)×　5)×　(6)√　(7)×　(8)√　(9)×　(10)√
(11)×　(12)√　(13)√　(14)√　(15)×　(16)×　(17)√

3.参考答案

(1) S→AB
　　A→ab | aAb
　　B→cB | ε

(2) S→AB
　　A→ab | aAb
　　B→cd | cBd

(3) S→aaS | a

(4) S→aaSb | bb | ab

(5) S→0S1 | A
　　A→1A0 | ε

(6) S→ab | aab | aSb | aaSb

(7) S→ABC
　　A→aaA | a
　　B→bbB | bb
　　C→aaC | a

(8) S→AB
　　A→aaA | ε
　　B→bbbB | ε

4.参考答案

(1) $L(G[S]) = \{a^n cb^n \mid n \geq 0\}$

(2) $L(G[S]) = \{ x \mid x \in \{0,1,2\}^+ \}$

(3) $L(G[S]) = \{(010)^n \mid n \geq 1\}$

(4) $L(G[S]) = \{ ab^n a \mid n \geq 0\}$

(5)L(G[S])={ x| x∈{10,01}$^+$ }

(6)L(G[S])={x∈{a,b}$^+$,a 和 b 个数相同}

5. 参考答案

语法树如图 A-1 所示

```
        S
       /|\
      ( L )
       /|
      L , S
      |  /|\
      S ( L )
           |
           S
           |
           a
```

图 A-1

该句型的短语有:(S,(a))、S、(a)、S、a、(a),直接短语有:S、a,句柄为 S。

6. 参考答案

(1)该文法对于句子 aaaba 有两棵不同的语法树,所以该文法是二义性文法。

(2)该文法对于句子 abbb 有两棵不同的语法树,所以该文法是二义性文法。

7. 参考答案

S→S or A｜A

A→A and B｜B

B→not B｜F

F→0｜1｜(S)

8. 参考答案

(1)3 型文法

(2)3 型文法

(3)2 型文法

(4)2 型文法

9. 参考答案

(1)删除多余规则后的文法变换为:G′=({S,A,B},{d,e},P,S)

P:S→Bd

　B→Ae

　A→Ad｜d

(2)删除多余规则后的文法变换为:G′=({S,U},{a},{ S→aS｜U ,U→a },S)

10. 参考答案

(1)最左推导:A⇒ B=C ⇒ b=C⇒b=B○B⇒b=a○B⇒b=a+B⇒b=a+c

最右推导:A⇒ B=C ⇒ B=B○B⇒B=B○c⇒B=B+c⇒B=a+c⇒b=a+c

(2)语法树如图 A-2 所示。

图 A-2

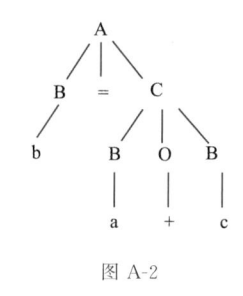

(3)短语:b=a+c、b、a、+、c、a+c

直接短语:b、a、+、c

句柄:b

(4)是二义性文法,b=a+b-c 可以得到两棵不同的语法树。

习题3

1. 选择题

(1)C (2)C (3)D (4)D (5)B (6)C (7)C (8)C (9)B (10)A
(11)B (12)D (13)D (14)B (15)B (16)D (17)A (18)D (19)C
(20)A (21)AC (22)AC (23)ACD (24)ABD (25)BC

2. 判断题

(1)√ (2)√ (3)× (4)× (5)√ (6)× (7)√ (8)√ (9)× (10)×
(11)× (12)√ (13)× (14)× (15)× (16)√ (17)√ (18)× (19)×
(20)× (21)√ (22)× (23)√

3. 参考答案

(1)(0|1)*01

(2)(0|1)*(00|11)

(3)(0|1)*100(0|1)*

(4)(1|01)*0*

4. 参考答案

正规式(ab)*a 与正规式 a(ba)* 等价,因为两个正规式的最小的 DFA 相同,证明两个正规式描述的正规集是相同的,所以是等价的。

5. 参考答案

(1)文法生成的正规式是 a(b|aa)*b

(2)文法生成的正规式是(01|10)*(01|10)

(3)文法生成的正规式是 b*ab(b|ab)*

(4)文法生成的正规式是 10|(0|11)0*1

6. 参考答案

(1)S→aS|bS|aC

C→a|b
(2)S(1A|0B|1C
   A→0
   B→0B|1
   C→1B

7.参考答案

(1)R=(a|b)*a(a|b) 最小化 DFA 状态转换图如图 A-3 所示。

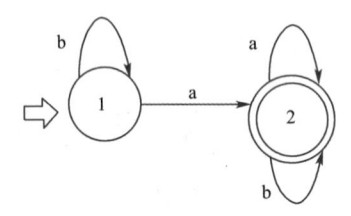

图 A-3

(2)R=(a*b)*ba(a|b)* 最小化 DFA 状态转换图如图 A-4 所示。

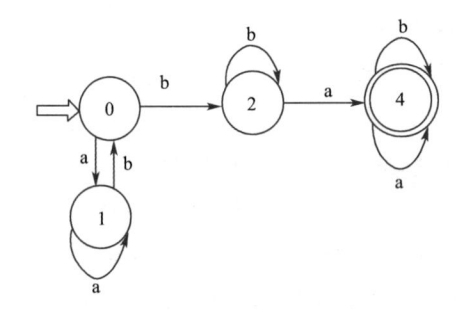

图 A-4

(3)R=b*abb*(abb*)* 最小化 DFA 状态转换图如图 A-5 所示。

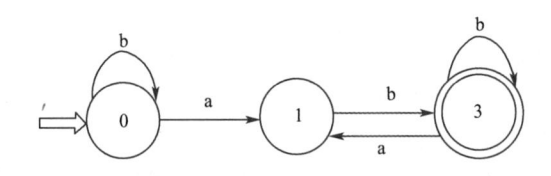

图 A-5

(4)R=(a|b)*abb 最小化 DFA 状态转换图如图 A-6 所示。

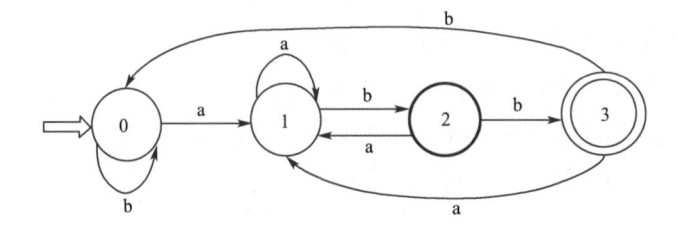

图 A-6

(5) R＝b*a(b|ab)* 最小化 DFA 状态转换图如图 A-7 所示。

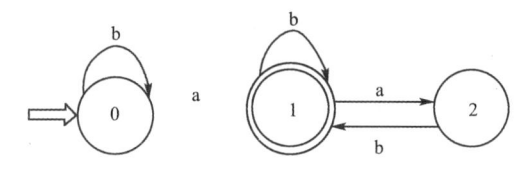

图 A-7

8～11 题：答案略。

习题 4

1. 选择题

(1) AB (2) C (3) B (4) C (5) BC (6) B (7) C (8) C (9) C (10) D
(11) B (12) ABCD (13) BC (14) AD (15) B (16) AC (17) CD (18) A
(19) ABC (20) B (21) AC (22) D (23) ABC

2. 判断题

(1) √ (2) × (3) √ (4) × (5) √ (6) × (7) × (8) × (9) × (10) √
(11) × (12) × (13) √ (14) √ (15) × (16) √

3. 参考答案

(1) S→PS′
    S′→aPS′|fS′|ε
    P→bP′
    P′→p|ε

(2) A→aA′
    A→ABe | ε
    B→dB′
    B′→bB′|ε

4. 参考答案

(1) 文法的每一个非终结符的 FIRST 集和 FOLLOW 集如下：

FIRST(A) = FIRST(BCc) ∪ FIRST(gDB) = FIRST(B) ∪ FIRST(C) ∪ {c} ∪ {g}
= {b} ∪ FIRST(D) ∪ {a} ∪ {c,g} = {a,b,c,d,g}

FIRST(B) = FIRST(bCDE) ∪ {ε} = {b，ε}

FIRST(C) = FIRST(DaB) ∪ FIRST(ca) = FIRST(D) ∪ {a} ∪ {c} = {a,c,d}

FIRST(D) = FIRST(dD) ∪ {ε} = {d，ε}

FIRST(E) = FIRST(gAf) ∪ {c} = {g,c}

FOLLOW(A) = {f，$}

FOLLOW(B) = {a，c，d，f，g，$ }

FOLLOW(C) = {c，d，g}

FOLLOW(D) = {a，b，c，g，f，$ }

FOLLOW(E) = {a，c，d，f，g，$ }

(2)求得 SELECT 集如下：

SELECT(A→BCc) ∩ SELECT(A→gDB)＝FIRST(BCc) ∩ FIRST(gDB)
＝{ FIRST(B) ∪ FIRST(C) } ∩ {g} ＝{a,b,c,d} ∩ {g} ＝Φ

SELECT(B→bCDE) ∩ SELECT(B→ε)＝FIRST(bCDE) ∩ FOLLOW(B)
＝{b} ∩ {a，c，d，f，g，$} ＝Φ

SELECT(C→DaB) ∩ SELECT(C→ca)＝FIRST(DaB) ∩ FIRST(ca) ＝{a，d}
∩{c} ＝Φ

SELECT(D→dD) ∩ SELECT(D→ε)＝FIRST(dD) ∩ FOLLOW(D)
＝{d} ∩ {a，b，c，g，f，$} ＝Φ

SELECT(E→gAf) ∩ SELECT(E→c)＝FIRST(gAf) ∩ FIRST(c) ＝{g} ∩ {c}
＝Φ

因此该文法为 LL(1) 文法。

5．参考答案

(1)文法 G 的每个非终结符的 FIRST 集和 FOLLOW 集见表 A-1。

表 A-1

	FIRST	FOLLOW
E	{ (，id }	{)，$ }
E′	{ +，ε }	{)，$ }
T	{ (，id }	{ +，)，$ }
T′	{ *，ε }	{ +，)，$ }
F	{ (，id }	{ +，*，)，$ }

(2)根据 LL(1)文法定义，对非终结符 E′，T′，F 有

SELECT(E′→+TE′) ∩ SELECT(E′→ε)＝FIRST(+TE′) ∩ FOLLOW(E′)
＝{ + }∩{)，$ } ＝Φ

SELECT(T′→*FT′) ∩ SELECT(T′→ε)＝FIRST(*FT′) ∩ FOLLOW(T′)
＝{ * }∩{ +，)，$ } ＝Φ

SELECT(F→id) ∩ SELECT(F→(E))＝FIRST(id) ∩ FIRST((E)) ＝{ id }
∩{ (} ＝Φ

对非终结符 A 的任意两个不同规则 A(α｜β)，显然满足 SELECT(A(α)) ∩ SELECT(A(β))＝Φ，所以该文法是 LL(1)文法。

(3)文法 G 的预测分析表见表 A-2。

表 A-2

	id	+	*	(	)	$
E	E→TE′			E→TE′		
E′		E′→+TE′			E′→ε	E′→ε
T	T→FT′			T→FT′		
T′		T′→ε	T′→*FT′		T′→ε	T′→ε
F	F→id			F→(E)		

(4) 文法 G 的递归下降分析程序如下。
```
main()
{
    Scaner();
    E();
        if (sym == '$')
            printf("success");
        else printf("fail");
}
E()
{
    T();
    E'();
}
E'()
{
    if (sym == '+')
    {
        Scaner();
        T();
        E'();
    }
    else if ((sym! = ')') && (syni ! = '$'))
        error();
)
T()
{
    F();
    T'();
}
T'()
{
    if (sym == '*')
    {
        Scaner();
        F();
        T'();
    }
```

```
        else if (sym ? Follow(T′))
            error();
}
F()
{
    if (sym = = ′id′)
        Scaner();
    else if (sym = = ′(′)
    {
        Scaner ();
        E();
        if (sym = = ′)′)
            Scaner ();
        else
            error ();
    }
    else
        error ();
}
```

6. 参考答案

(1)文法 G[S]为左递归文法,消去文法左递归后的文法 G′[S]为

S→A

A→BA′

A′→iBA′ | ε

B→CB′

B′→+CB′ | ε

C→)A * | (

因为对非终结符 A′,B′,C 有

SELECT(A′→iBA′) ∩ SELECT(A′→ε)=FIRST(iBA′) ∩ FOLLOW(A′)

={i} ∩ { * , $ } =Φ

SELECT(B′→+CB′) ∩ SELECT(B′→ε)=FIRST(B′→+CB′) ∩ FOLLOW(B′)

={+} ∩ {i, * , $ } =Φ

SELECT(C→)A *) ∩ SELECT(C→ ( )=FIRST( )A *) ∩ FIRST(( ) =Φ

所以改写后的文法 G′[S]为 LL(1)文法。

(2)文法 G′[S]的每个非终结符的 FIRST 集和 FOLLOW 集见表 A-3。

表 A-3

状态	FIRST	FOLLOW
S	{ (,) }	{ $ }
A	{ (,) }	{ $, * }
A′	{ i , ε }	{ $, * }
B	{ (,) }	{ i , * , $ }
B′	{ + , ε }	{ i , * , $ }
C	{ (,) }	{ + , i , * , $ }

(3)文法 G′[S]的预测分析表见表 A-4。

表 A-4

状态	(	i	+	)	*	$
S	S→A			S→A		
A	A→BA′			A→BA′		
A′		A′→iBA′			A′→ε	A′→ε
B	B→CB′			B→CB′		
B′		B′→ε	B′→+CB′		B′→ε	B′→ε
C	C→(			C→)		*

7. 参考答案

(1)对文法 G[S]的非终结符 S、A、A′有

SELECT(S→（A）) ∩ SELECT(S→aAb) ＝Φ

SELECT(A→eA′) ∩ SELECT(S→dSA′) ＝Φ

SELECT(A′→dA′) ∩ SELECT(A′→ε)＝FIRST(dA′) ∩ FOLLOW(A′)＝{ d } ∩ { b，) } ＝Φ

所以该文法为 LL(1)文法。

(2)用 C 语言写出该文法的递归下降分析程序如下。

S()
{
    if (sym ＝＝'(')
    {
        scaner ( );
        A ();
        if (sym ＝＝ ')')
            scaner ( );
        else
            error ();
    }
    else if (sym ＝ ＝ 'a')
    {
        scaner ( );

```
            A ();
            if ( sym = = 'b')
                scaner ();
            else
            error ();
    }
        else
        error ();
    }
        A()
        {
            if ( sym == 'e' )
            {
                scaner ( ) ;
                A'();
            }
            else if ( sym == 'd')
            {
                scaner ( );
                S( );
                A'( );
            }
        else
                error ();
}
A'()
{
    if ( sym == 'd')
    {
        scaner ( );
        A'( );
    }
        else if ( ( sym ! = 'b' ) && (sym ! = ')' ) )
            error ();
}
main ()
{
    scaner ( );
```

```
    S();
    if ( sym == ′ $ ′)
        printf ( "success");
    else
        prinf ("error");
}
```

8. 参考答案：

(1)构造其预测分析表,见表 A-5。

表 A-5

状态	a	b	c	$
S	S→aBc	S→bAB		
A	A→aAb	A→b		
B		B→b	B→ε	B→ε

(2)分析过程见表 A-6。

表 A-6

符号栈	输入串	规则
$ S	bab $	
$ BAb	bab $	S→bAB
$ BA	ab $	
$ BbAa	ab $	A→aAb
$ BbA	b $	
$ Bbb	b $	A→b
$ Bb	$	失败

9. 参考答案

首先将文法拓广,并对规则进行编号：

0. S′→S

1. S→AS

2. S→b

3. A→SA

4. A→a

(1)识别文法活前缀的 DFA 如图 A-8 所示。

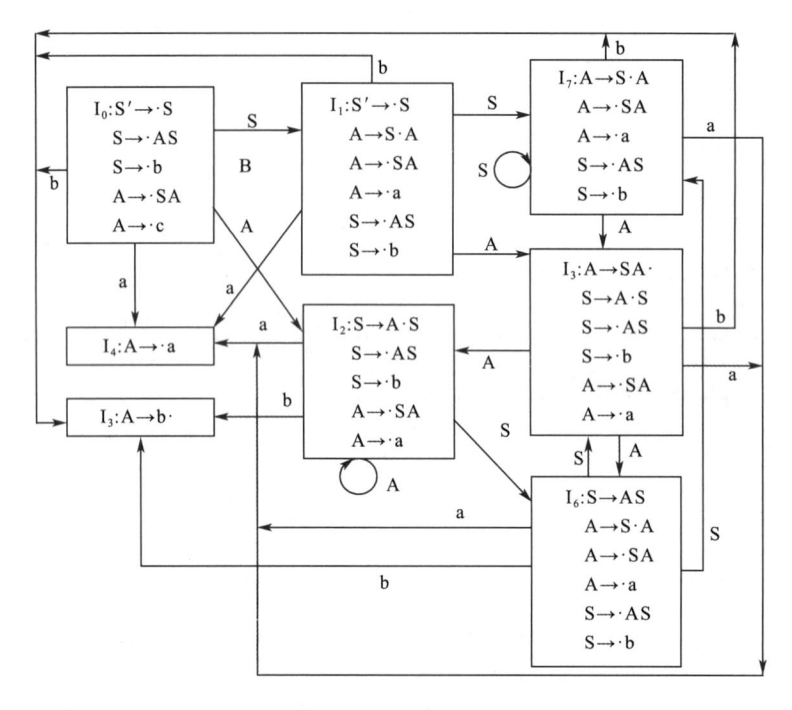

图 A-8

(2) 由图中不难看出,项目集 I_1,I_5,I_6 中存在着"移进-归约"冲突,所以该文法不是 LR(0) 文法。

(3) 由于文法句子 abab 对应如图 A-9 所示。

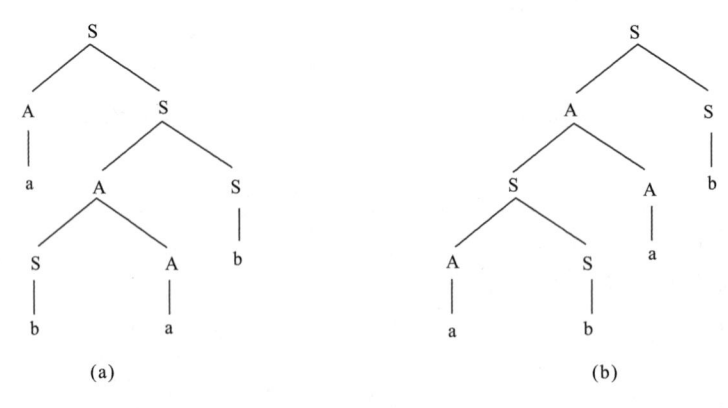

图 A-9

图中有两棵不同的语法树,所以该文法为二义性文法,任何二义性文法绝不是 SLR(1) 文法。

(4)由上一问的回答可知,该文法是二义性文法,任何二义性文法不是 LALR(l)或 LR(1)文法。

10. 参考答案

首先将文法拓广,并对规则进行编号。

0. S′→S

1. S→rD

2. D→D,i

3. D→i

(1)识别文法活前缀的 DFA 如图 A-10 所示。

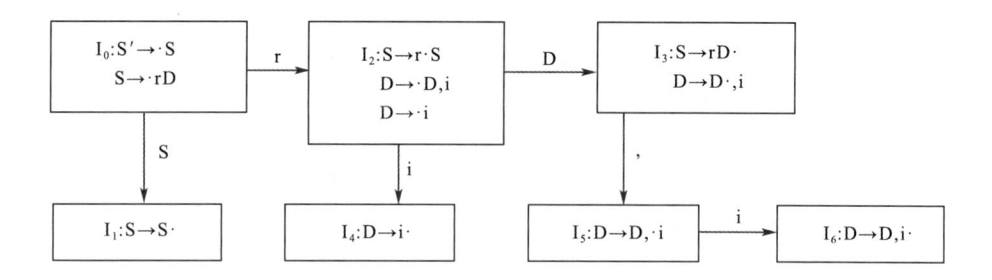

图 A-10

(2)由图中看出,项目集 I_3 中有"移进-归约"冲突,该文法不是 LR(0)文法。

(3)对项目集 I_3:{ S→rD·,D→D·,i},由于 FOLLOW(S) ∩ {,} = {$} ∩ {,} = Φ。

即 I_3 中"移进-归约"冲突可以用 SLR(1)法解决,所以该文法为 SLR(1)文法。

11. 参考答案

首先将文法拓广,并给出每条规则编号。

0. S′→S

1. S→aA

2. S→bB

3. A→0A

4. A→1

5. B→0B

6. B→1

(1)识别活前缀的 DFA 如图 A-11 所示。

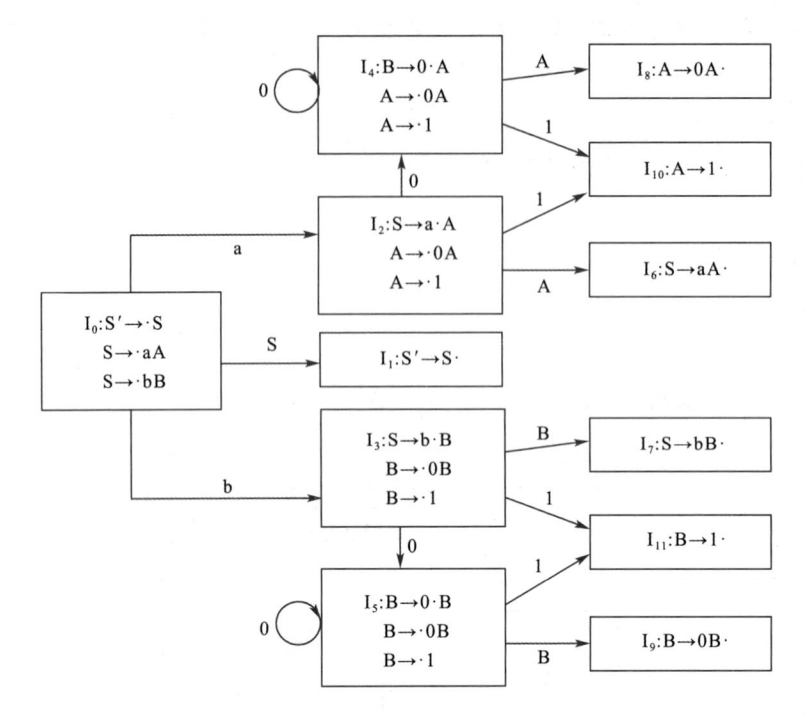

图 A-11

(2)该文法为 LR(0)文法。它的 12 个 LR(0)项目集中均不含有冲突项目,即不存在移进项目和归约项目并存或多个归约项目并存的情况。其 LR(0)分析表见表 A-7。

表 A-7

状态	ACTION					GOTO		
	a	b	0	1	$	S	A	B
0	S_2	S_3				1		
1					acc			
2			S_4	S_{10}			6	
3			S_5	S_{11}				7
4			S_4	S_{10}			8	
5			S_5	S_{11}				9
6	r_1	r_1	r_1	r_1	r_1			
7	r_2	r_2	r_2	r_2	r_2			
8	r_3	r_3	r_3	r_3	r_3			
9	r_5	r_5	r_5	r_5	r_5			
10	r_4	r_4	r_4	r_4	r_4			
11	r_6	r_6	r_6	r_6	r_6			

12. 参考答案

首先将文法拓广,并对规则进行编号。

0. S′→S

1. S→aSb

2. S→aSd

3. S→ε

直接构造LR(0)项目集如下。

I_0:	S′→·S
	S→·aSb
	S→·aSd
	S→·
I_1:	S′→S·
I_2:	S→a·Sb
	S→a·Sd
	S→·aSb
	S→·aSd
	S→·
I_3:	S→aS·b
	S→aS·d
I_4:	S→aSb·
I_5:	S→aSd·

检查每个项目集 I_i 可知,项目集 I_0 和 I_2 中有"移进-归约"冲突,因此该文法不是LR(0)文法。

又因为 FOLLOW(S) = { b, d, $ } ∩ {a} = ∅,所以项目集 I_0 和 I_2 中"移进-归约"冲突可以用SLR(1)方法解决。因此该文法是SLR(1)文法,但不是LR(0)文法

13. 参考答案

首先将文法拓广,并对规则进行编号。

0. S′→S

1. S→BB

2. B→cB

3. B→d

(1) 构造该文法的LR(1)项目集族和转换函数,如图 A-12 所示。

分析每一个 LR(1) 项目集可知,它们均不含"移进-归约"冲突或"归约-归约"冲突。所以该文法为LR(1)文法。

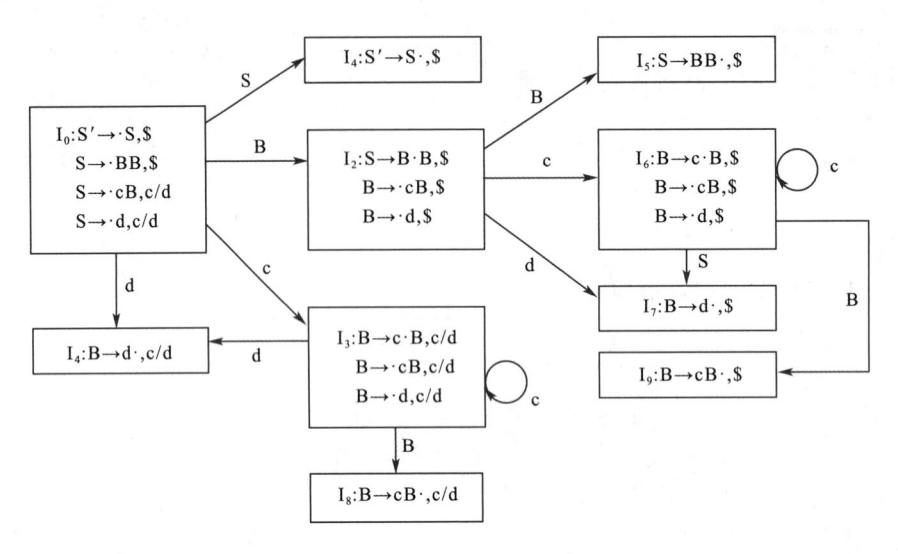

```
                    S
    ┌─────────────┐───→┌──────────────┐        ┌──────────────┐
    │I₀:S'→·S,$   │    │I₄:S'→S·,$    │        │I₅:S→BB·,$    │
    │ S→·BB,$     │ B  │              │   B  ↗ │              │
    │ S→·cB,$     │───→│I₂:S→B·B,$    │ c   ┌──────────────┐
    │ S→·cB,c/d   │    │ B→·cB,$      │───→│I₆:B→c·B,$    │⟲ c
    │ S→·d,c/d    │    │ B→·d,$       │    │ B→·cB,$      │
    └─────────────┘    └──────────────┘    │ B→·d,$       │
         │ d      ↘ c                      └──────────────┘
         │          ↘                          │  d    │ B
         ↓            ↘                        ↓       ↓
    ┌─────────────┐    ┌──────────────┐    ┌──────────┐
    │I₄:B→d·,c/d  │←───│I₃:B→c·B,c/d  │    │I₇:B→d·,$ │
    └─────────────┘ d  │ B→·cB,c/d    │    └──────────┘
                       │ B→·d,c/d     │⟲ c  ┌──────────┐
                       └──────────────┘    │I₉:B→cB·,$│←─── B
                              │ B          └──────────┘
                              ↓
                       ┌──────────────┐
                       │I₈:B→cB·,c/d  │
                       └──────────────┘
```

图 A-12

(2) LR(1)分析表见表 A-8。

表 A-8

状态	ACTION			GOTO	
	c	d	$	S	B
0	S₃	S₄		1	2
1			acc		
2	S₆	S₇			5
3	S₃	S₄			8
4	r₃	r₃			
5			r₁		
6	S₆	S₇			9
7			r₃		
8	r₂	r₂			
9			r₂		

14. 参考答案

首先将文法拓广,并对规则进行编号。

0. S'→S

1. S→aAd

2. S→bBd

3. S→aBe

4. S→bAe

5. A→x

6. B→x

构造它的 LR(1) 项目集。

I_0:	$S' \to \cdot S$, \$
	$S \to \cdot aAd$, \$
	$S \to \cdot bBd$, \$
	$S \to \cdot aBe$, \$
	$S \to \cdot bAe$, \$
I_1:	$S' \to S \cdot$, \$
I_2:	$S \to a \cdot Ad$, \$
	$S \to a \cdot Be$, \$
	$A \to \cdot x$, d
	$B \to \cdot x$, e
I_3:	$S \to b \cdot Bd$, \$
	$S \to b \cdot Ae$, \$
	$A \to \cdot x$, d
	$B \to \cdot x$, e
I_4:	$S \to aA \cdot d$, \$
I_5:	$S \to aB \cdot e$, \$
I_6:	$A \to x \cdot$, d
	$B \to x \cdot$, e
I_7:	$S \to bB \cdot d$, \$
I_8:	$S \to bA \cdot e$, \$

检查每个项目集 L 可知,它们均不含有"移进-归约"冲突或"归约-归约"冲突,因此,文法是 LR(1) 文法。

合并同心集 I_6 和 I_9:则 I_{69} 为

{ $A \to x \cdot$, d/e, $B \to x \cdot$, d/e }

出现了"归约-归约"冲突,因此该文法是 LR(1) 文法,但不是 LALR(1) 文法。

15. 参考答案

首先将文法拓广,并对规则进行编号。

0. $S' \to S$

1. $S \to (S)$

2. $S \to \varepsilon$

构造该文法的 LR(0) 项目集族和转换函数,如图 A-13 所示。

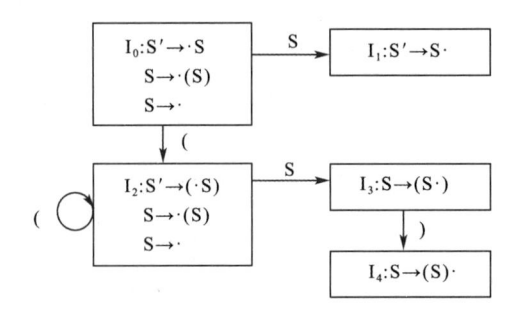

图 A-13

该文法不是 LR(0) 文法。因为在 I_0 和 I_2 中含有"移进-归约"冲突。但是 I_0 和 I_2 中的"移进-归约"的冲突可以用 SLR(1) 方法解决。

FOLLOW(S) = {) ，$ } ∩ { ( ) = Φ，

所以该文法是 SLR(1) 文法。其 SLR(1) 分析表见表 A-9。

表 A-9

状态	ACTION			GOTO
	(	)	$	S
0	S_2	r_2	r_2	1
1			acc	
2	S_2	r_2	r_2	3
3		S_4		
4		r_1	r_1	

16 题答案略。

习题 5

1. 选择题

(1) AC (2) BD (3) ACD (4) A (5) ACD (6) ABCD (7) AC (8) D (9) A (10) C (11) C (12) C (13) AB (14) B (15) C (16) AD (17) ACD (18) BCD

2. 填空题

(1) printf('0')； (2) printf('1')； (3) printf('2')；

3. 判断题

(1) × (2) × (3) × (4) × (5) × (6) × (7) √ (8) × (9) × (10) × (11) × (12) √

4. 参考答案

(1) 逆波兰式：ab * cd－e/＋

三元式：

① (* ,a,b)

②(-,c,d)
③(/,(2),e)
④(+,(1),(3))

四元式表示：
①(*,a,b,T1)
②(-,c,d,T2)
③(/,T2,e,T3)
④(+,T1,T3,T4)

(2)逆波兰式：abcd/*+@

三元式：
①(/,b,c)
②(*,(1),d)
③(+,a,(2))
④(@,(3),)

四元式：
①(/,b,c,T1)
②(*,T1,d,T2)
③(+,a,T2,T3)
④(@,T3,,T4)

(3)逆波兰式 Axy-z*y1-*=

三元式：
①(-,x,y)
②(*,(1),z)
③(-,y,1)
④(*,(2),(3))
⑤(=,A,(4))

四元式：
①(-,x,y,T1)
②(*,T1,z,T2)
③(-,y,1,T3)
④(*, T2,T3,T4)
⑤(=,T4,-, A)

5.参考答案如图 A-14 所示。

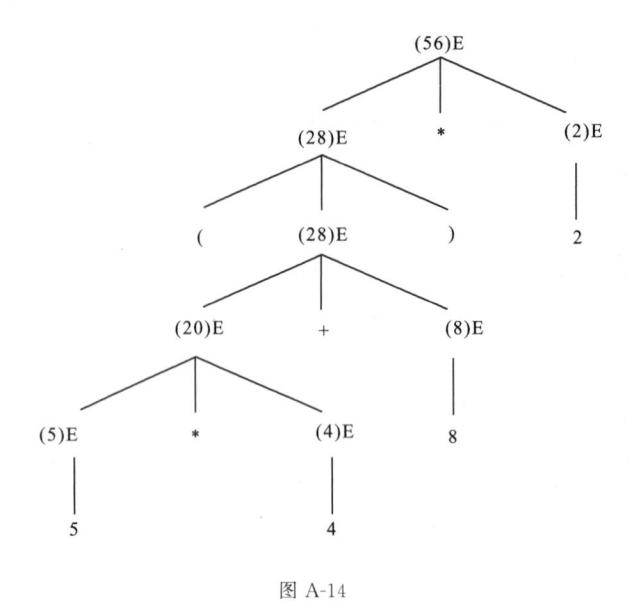

```
                        (56)E
                    /     |     \
                (28)E     *     (2)E
              /   |   \            |
             (   (28)E  )          2
                / | \
            (20)E + (8)E
            / | \      |
        (5)E  *  (4)E  8
         |       |
         5       4
```

图 A-14

6. 参考答案

```
E( )
{
    E⁽¹⁾.place = T( );
    while (sym == '+')
    {
        advance( );
        E⁽²⁾.place = T( );
        T₁ = newtemp( );
        gen(+, E⁽¹⁾.place, E⁽²⁾.place, T₁);
        E⁽¹⁾.place = T₁;
    }
    return E⁽¹⁾.place;
}
T( )
{
    T⁽¹⁾.place = F( );
    while (sym == '*')
    {
        advance( );
        T⁽²⁾.place = F( );
        T₁ = newtemp( );
        gen(+, T⁽¹⁾.place, T⁽²⁾.place, T₁);
        T⁽¹⁾.place = T₁;
```

```
    }
    return T⁽¹⁾.place;
}
F()
{
    F⁽¹⁾.place = P();
    while (sym == '↑')
    {
        advance();
        F⁽²⁾.place = F();
        T₁ = newtemp();
        gen(↑, F⁽¹⁾.place, F⁽²⁾.place, T₁);
        return T₁;
    }
    return F⁽¹⁾.place;
}
P()
{
    if (sym == 'i')
    {
        advance();
        return entry(i);
    }
    else if (sym == '(')
    {
        advance();
        place = E();
        if (sym == ')')
        {
            advance();
            return place;
        }
        else error;
    }
    else error;
}
```

7. 参考答案

将文法改为

D→namelist，D$^{(1)}$｜i integer｜i real

namelist→namelist，I，｜i

产生式对应的语义动作如下：

(1)D→i integer ｛FILL(ENTRY(i)，int)；D.ATT：=int｝

(2)D→i real ｛FILL(ENTRY(i)，real)；D.ATT：=real｝

(3)D→namelist，D$^{(1)}$

｛

    for 栈 namelist.STACK 的每一项 p　do

    ｛

        FILL(p，D$^{(1)}$.ATT)；D.ATT=D$^{(1)}$.ATT

    ｝

｝

(4)namelist→i ｛建立一个栈 STACK，把 ENTRY(i)插入栈内｝

(5)namelist→namelist，i ｛p=p+1，把 ENTRY(i)插入栈内｝

8题、9题：答案略。

习题 6

1. 选择题

(1)CD　(2)ABC　(3)C　(4)C　(5)AC　(6)ABCD

2. 判断题

(1)×　(2)×　(3)√　(4)√

3～5题：答案略。

习题 7

1. 选择题

(1)AC　(2)CD　(3)C　(4)B

2. 填空题

(1)活动记录　(2)运行　(3)堆式存储分配

3. 判断题

(1)√　(2)×　(3)×

4～8题：答案略。

习题 8

1. 选择题

(1)C　(2)ACD　(3)C　(4)D　(5)ACD　(6)A

(7)BCD　(8)C　(9)ABCD　(10)D

2. 填空题

(1)等价变换，高效率　(2)基本块　(3)不变运算，代码外提

3. 判断题

(1)× (2)× (3)× (4)× (5)√ (6)× (7)× (8)×

4~7题:答案略。

8. 参考答案

基本块:1~2,3,4~6,7,8~10,11~12,13

9. 参考答案

(1)DAG 如图 A-15 所示。

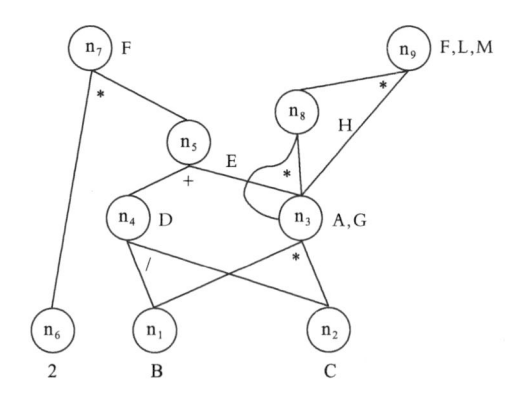

图 A-15

(2)假设基本块中只有变量 G、L 和 M 在基本块后被引用,则优化后的代码为:

G = B * C

H = G * G

L = H * G

M = L

(3)假设基本块中只有变量 L 在基本块后被引用,则优化后的代码为:

G = B * C

H = G * G

L = H * G

10. 参考答案

(1)划分基本块见表 A-10。

表 A-10

基本块编号	语句序号
1	1
2	2-3
3	4-5
4	6
5	7-8
6	9-10
7	11-12
8	13

（2）程序控制流图如图 A-16 所示。

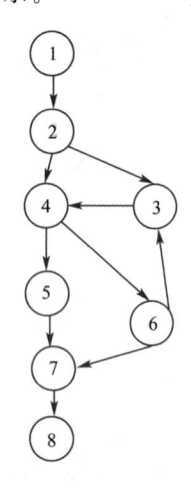

图 A-16

（3）回边 7—>2

回边确定的循环{2,3,4,5,6,7}

习题 9

1. 选择题

(1)BC (2)ABC (3)D

2. 判断题

(1)√ (2)× (3)× (4)√

3～5 题:答案略。